Food 식품가공저장학
Processing
Preservation

PREFACE

머리말

21세기에 접어들면서 식품과 관련된 분야는 최고의 핫이슈가 되고 있다. 일반인들이 건강, 요리, 영양, 위생과 관련된 수많은 정보를 접하고 이를 식생활에 접목시키는 노력은 정말 대단하다. 하지만 가공식품에 대한 인식은 매우 왜곡되어 있는 것이 현실이다. '통조림에 방부제를 첨가하여 상하지 않는다', '기름에 튀긴 너겟이 5년이 돼도 상하지 않는데, 그 이유는 화학물질 때문이다'와 같은 가공에 대한 이해 부족이 주는 잘못된 상식은 우리 주변에 너무나도 많다.

가공식품의 사용 빈도는 더욱더 다양하고 넓어지고 있다. 단체급식 분야에서도 미리 가공 처리되어 있는 곰탕, 설렁탕, 낙지볶음 등의 사용 빈도가 많아지고 있고, 외식 분야 역시 가공 처리된 소스, 식재료의 사용이 일반화되고 있다. 대기업 역시 다양한 식품가공공장을 운영하면서 급식과 외식 분야에 공급하고 있다.

하지만 식품가공과 관련된 교재들을 보면 대부분 식품가공, 식품공학과 학생들을 위해 만들어져 있어, 식품영양학과나 조리학과의 비전공 학생들에게 가르치기에는 어려운 면이 있었다. 본 교재는 가공식품을 공장에서 직접 만드는 것보다는 가공공정을 간단하게 이해하고, 가공식품의 종류를 알며, 시중에 유통되는 제품을 적용할 수 있는 능력을 키우는 데 중점을 두어 집필하여 비전공 학과 학생도 쉽게 이해할 수 있도록 하였다. 아울러 각 장마다 가공식품의 품질관리 및 저장과 관련된 실험 실습을 첨가하여 간단한 도구를 이용, 직접 가공공정을 보여 줌으로써 식품가공과정을 이해하는 데 도움을 주었다.

본 교재가 가공식품에 대한 이해와 올바른 사용에 도움을 줄 수 있기를 바란다.

2016년 2월

저자 일동

CONTENTS

차례

Chapter 08 육제품

Chapter 09 수산품

CONTENTS 차례

Chapter 12 커피

Chapter 13 전통발효식품

Chapter 1

식품가공 및 저장학개론

1. 식품과 식품가공의 정의
2. 가공식품의 분류
3. 가공 중의 조작

Chapter

1

❶ 식품과 식품가공의 정의

식품의 정의는 매우 어렵다. 수업 중 학생들에게 식품의 정의를 물으면 대부분은 우선 '먹는 것 혹은 먹을 수 있는 것'이라고 답한다. 하지만 과거 구황식품으로도 사용되었던 '백토白土'에 대해 말하면 학생들은 말을 바꾼다. 백토는 말 그대로 '하얀 흙'으로 분명 '먹는 것 혹은 먹을 수 있는 것'이라는 정의에 적합하지만 이를 두고 식품이라 하지는 않는다. 또한 수면제, 소화제 등의 약품도 분명 먹는 것이지만 이것을 식품이라고 부르진 않는다. 이 설명을 들으면 학생들은 다시 식품의 정의를 '영양소를 포함하고 있는 먹는 것 혹은 먹을 수 있는 것'이라고 바꾼다. 하지만 이것 역시 식품의 정의로 95% 정도는 맞는 설명이지만 100% 맞다고 볼 수는 없다.

몇몇 문헌에서 식품의 정의를 찾아보면 다음과 같다. 우리나라 「식품위생법」에서는 '식품이라 함은 모든 음식물을 말하며 다만 의약으로 섭취하는 것은 예외로 한다.'라고 정의하고 있다. 세계보건기구WHO에서는 식품을 '인간이 섭취할 수 있도록 완전 가공 또는 일부 가공한 것 또는 가공하지 않아도 먹을 수 있는 모든 것'이라 정의하고 있다. 일부 학자들은 식품을 '식량을 그대로 또는 단순 처리한 후 작은 유통단위로 가공성과 저장성, 부가가치성을 향상시킨 가공식품'이라고 정의하고 있다.

이상의 내용을 통해 보았을 때 식품에 대한 정의는 매우 어렵고 한마디로 표현하는 것이 불가능하다는 것을 알 수 있다. 식품에 사용되는 식품원재료 역시 그 종류가 수천 가지나 된다. 수많은 식재료를 잘 관리하기 위해서는 이들을 체계적으로 분류하여 관리할 필요성이 있다. 〈식품공전〉[1]에서는 식품원재료를 식물성 원료 12종류, 동물성 원료 3종류로 나누어서 체계적으로 관리하고 있다(표 1-1).

1) 식품공전이란 식품의약품안전처에서 만드는 공전으로 식품 일반에 대한 기준 및 규격, 장기보존식품의 기준 및 규격, 식품별 기준 및 규격 등이 포함되어 있다.

표 1-1 | 식품원재료의 분류

식물성 원료

대분류	소분류	품목
곡류	–	쌀, 보리, 밀, 메밀, 조, 수수, 옥수수, 귀리, 호밀, 고량미, 율무, 기장, 피, 퀴노아, 트리티케일 등
서류	–	감자, 고구마, 토란, 마, 카사바(타피오카), 곤약(구약) 등
콩류	–	대두, 녹두, 완두, 강낭콩, 동부, 팥, 잠두, 피전피, 리마콩, 이집트콩, 그린콩, 렌즈콩, 작두콩 등
견과 종실류	땅콩 또는 견과류	밤, 호두, 은행, 잣, 땅콩, 아몬드, 피칸, 캐슈너트, 개암, 마카다미아, 피스타치오, 도토리 등
	유지 종실류	참깨, 면실, 해바라기씨, 호박씨, 들깨, 올리브, 달맞이꽃씨, 목화씨, 유채(카놀라)씨, 팜, 홍화씨 등
	음료 및 감미종실류	커피원두, 카카오원두, 콜라너트, 과라나
과일류	인과류	사과, 배, 모과, 감, 석류 등
	감귤류	감귤, 오렌지, 자몽, 레몬, 유자, 라임, 금귤, 탱자, 시트론 등
	핵과류	복숭아, 대추, 살구, 자두, 매실, 체리, 넥타린, 앵두, 산수유, 오미자 등
	장과류	포도, 딸기, 무화과, 오디, 월귤, 커런트, 베리, 구기자, 머루, 복분자(산딸기, 나무딸기 포함), 으름 등
	열대 과일류	바나나, 파인애플, 키위(참다래), 아보카도, 파파야, 대추야자, 망고, 구아바, 코코넛, 리치, 패션프루트, 두리안, 망고스틴 등
채소류	결구 엽채류	배추, 양배추, 브로콜리 등
	엽채류	엇갈이배추(쌈배추, 봄동 등 포함) 상추, 양상추, 시금치, 들깻잎, 쑥갓, 아욱, 근대, 머위, 무(열무 포함, 잎), 취나물, 고춧잎, 참나물, 케일, 청경채, 갓, 냉이, 치커리(잎), 앤디브, 파슬리, 호박잎, 신선초, 고추냉이(잎), 비름나물, 씀바귀, 우엉잎, 겨자채, 뉴그린, 다청채, 당귀잎, 쑥, 둥글레(잎) 등
	엽경채류	파, 부추, 미나리, 고구마줄기, 토란줄기, 고사리, 아스파라거스, 셀러리, 죽순, 콜라비, 원추리, 두릅, 달래, 고비, 풋마늘(마늘종 포함), 돌나물, 락교 등
	근채류	무(뿌리), 양파, 마늘, 당근, 생강, 연근, 우엉, 도라지, 더덕, 비트(사탕무), 순무, 파스닢, 야콘, 고추냉이(뿌리), 치커리(뿌리), 인삼(산양삼 포함), 둥글레(뿌리) 등
	박과 과채류	오이, 호박, 참외, 수박, 멜론, 서양호박(단호박) 등
	박과 이외 과채류	토마토, 방울토마토, 고추, 피망(파프리카 포함), 가지, 오크라, 풋콩 등
버섯류	–	느타리버섯, 송이버섯, 표고버섯, 양송이, 싸리버섯, 팽이버섯, 목이버섯, 영지버섯, 새송이버섯, 목질진흙버섯(상황버섯), 갓버섯, 나도팽나무버섯(맛버섯), 황금뿔나팔버섯, 신령버섯, 석이버섯 등
향신료	–	겨자, 계지, 계피(육계), 고수열매, 고추냉이, 로즈마리, 몰약, 바실(바질), 박하, 백리향, 사프란, 산초, 서양박하, 월계잎, 육두구, 정향, 차조기, 회향, 후추, 쿠민, 카퍼, 강황, 심황, 소두구 등
차	–	차

대분류	소분류	품목
호프	–	호프
조류	–	갈래곰보, 갈파래, 곰피, 김, 꼬시래기, 다시마, 돌가사리, 둥근돌김, 뜸부기, 매생이, 모자반, 미역, 불등가사리, 석묵, 스피루리나, 우뭇가사리, 진두발, 청각, 클로렐라, 톳, 파래 등
기타 식물류	–	사탕수수, 단수수, 결명자, 마테, 재스민, 돌외잎, 마타리, 물방기, 질경이, 참나리 등

동물성 원료

대분류	중분류	소분류	품목
축산물	–	식육류	쇠고기, 돼지고기, 양고기, 염소고기, 토끼고기, 말고기, 사슴고기, 닭고기, 꿩고기, 오리고기, 거위고기, 칠면조고기, 메추리고기 등
	–	우유류	우유, 산양유 등
	–	알류	달걀, 오리알, 메추리알 등
수산물	어류	민물 어류	가물치, 메기, 미꾸라지, 붕어, 빙어, 쏘가리, 잉어, 참붕어, 칠성장어, 향어 등
		회유 어류	상어, 송어, 연어, 은어, 장어 등
		해양 어류	• 가다랑어, 가오리, 가자미, 갈치, 강달이, 고등어, 꽁치, 날치, 넙치, 노래미, 농어, 다랑어, 대구, 도루묵, 돔, 망둥어, 멸치, 명태, 민어, 박대, 방어, 밴댕이, 뱀장어, 뱅어, 병어, 복어, 복기우럭, 볼락, 붕장어, 삼치, 상어, 새치, 서대, 숭어, 쌍동가리, 양미리, 우럭, 은대구, 임연수어, 전갱이, 전어, 정어리, 조기, 준치, 쥐치, 청어, 홍어 등 • 심해성어류 : 쏨뱅이류(적어 포함, 연안성어종 제외), 금눈돔, 칠성상어, 얼룩상어, 악상어, 청상아리, 곱상어, 귀상어, 은상어, 청새리상어, 흑기흉상어, 다금바리, 체장메기(홍메기), 블랙오레오도리(Allocyttus niger), 남방달고기(Pseudocyttus maculatus), 오렌지라피(Hoplostethus atlanticus), 붉평치, 먹장어(연안성 제외), 흑점샛돔(은샛돔), 비막치어(파타고니아이빨고기), 은민대구(뉴질랜드계군에 한함) 등 • 다랑어류 및 새치류 : 참다랑어, 남방참다랑어, 날개다랑어, 눈다랑어, 황다랑어, 돛새치, 청새치, 녹새치, 백새치, 황새치, 백다랑어, 가다랑어, 점다랑어, 몽치다래, 물치다래 등
	–	어란류	명태알, 연어알, 철갑상어알 등
	무척추 동물	갑각류	새우, 게, 바닷가재, 가재, 방게, 크릴 등
		연체류	• 패류 : 굴, 홍합, 꼬막, 재첩, 소라, 고둥, 대합, 전복, 바지락, 조개류 등 • 두족류 : 문어, 오징어, 낙지, 갑오징어, 꼴뚜기, 주꾸미 등 • 기타 연체류 : 개불, 군소, 해파리 등
		극피류	성게, 해삼 등
		피낭류	멍게, 미더덕, 주름미더덕(오만둥이) 등
기타 동물	–	파충류 및 양서류	식용자라, 식용개구리 등
	–	–	식용달팽이 등

식품가공학의 정의 역시 식품의 정의만큼 난해하다. 몇몇 식품가공학 책을 보면 식품가공학을 '식품 재료를 처리하여 가공식품을 만드는 일련의 제조과정과 가공식품의 취급, 저장, 유통, 소비 등을 종합적으로 연구하는 학문'으로 정의하거나, '식품가공food processing은 식품의 제조과정을 수치라는 공학적인 개념으로 설명하고 단위조작을 주 공정이론으로 응용하는 공학적 의미'로 소개하고 있다. 그러나 가공학에 대한 근본적인 본질을 설명하기 위해서는 조리학과의 차이를 통해 설명하는 것이 매우 유용하다. 가공학과 조리학은 식재료를 처리하여 다양한 변화를 주는 방식적인 면은 같으나 결정적으로 그 처리량에서 차이를 보인다. 집에서 가족들이 먹기 위한 쿠키를 굽기 위해서는 시도하고 실수하고try & mistake 또 다시 시도하며 쿠키를 만들면 된다. 하지만 가공학은 쿠키를 굽는 양이 몇 톤 단위이기 때문에 만약 굽는 과정에서 실수를 하게 되면 몇 톤의 식재료는 모두 폐기물로 변하게 되고 그로 인한 경제적 손실과 처리시간이 매우 오래 걸리게 된다. 결국 조리와 가공의 차이는 처리 규모의 차이와 그로 인한 위험도hazard의 차이에 있다. 그렇게 때문에 위험요소를 줄이기 위해 가공학에서는 수학, 물리, 화학, 공학 등의 다양한 방법을 통해 위험요소를 예측하고 줄이기 위한 다양한 방법을 고안할 수밖에 없다. 10톤의 쿠키를 만들기 위해 100kg을 100번 돌리는 것은 가공학이라 할 수 없다. 1톤을 10번, 10톤을 1번 돌리는 것이 진정한 의미에서의 대량생산이고 가공학의 영역이라 할 수 있다.

2 가공식품의 분류

1) 일반적 분류법

세계적으로 수많은 종류의 식품이 존재한다. 이 많은 식품을 분류하는 것 역시 매우 중요하다. 식품의 종류만큼 분류하는 방법도 여러 가지가 존재하는데, 그중 가장 흔하게 사용하는 방법은 표 1-2와 같다.

우선 식품을 생산하는 생산지역에 따라 분류할 수 있다. 생산지역에 따라 쌀, 밀, 채소와 같은 농산물 가공품, 물고기, 해초와 같은 수산물 가공품, 버터, 육류, 달걀과 같은 축산물 가공품, 과일과 같은 임산물 가공품으로 나눌 수 있다.

표 1-2 | 식품가공품의 분류

분류방법	분류의 예
생산지역	농산물, 수산물, 축산물, 임산물
가공 정도에 따라	원재료, 중간 가공품, 최종 가공품
식품의 주요 구성 성분	단백질식품, 당질식품, 지방질식품, 섬유질식품
그 외	일반식품, 기호식품, 기능성식품

식품을 소비하기 위해 어느 정도 가공과정을 거치게 되는데, 그 가공의 정도에 따라 원재료, 중간 가공품, 최종 가공품으로 분류할 수 있다. 원재료는 가공품에 사용되는 순수한 재료, 중간 가공품은 최종 가공품을 만들기 위해 식품가공을 한 중간 제품, 최종 가공품은 말 그대로 최종 완성 가공품을 말한다. 예를 들어, 고추원재료를 수확한 후, 고추를 말리고 가루를 내어서 고춧가루중간 가공품를 만들었다. 다음 고춧가루를 배추에 넣어서 배추김치최종 가공품를 담그고 배추김치를 소비하였다. 이런 일련의 과정을 통해 원재료, 중간 가공품, 최종 가공품이 쉽게 구분이 되는 것처럼 보이지만 실제로 구분하기는 쉽지가 않다. 즉, 가공 정도에 따라 식품을 나누는 것은 정해져 있지 않고 그때 그때 다르게 적용될 수 있다.

다음은 식품에 주로 들어 있는 성분에 따라 단백질식품, 당질식품, 지방질식품, 섬유질식품 등으로 구분된다. 하지만 단백질식품이라고 해서 단백질만 들어 있는 것은 아니며 다른 여러 성분들이 섞여 있다는 것을 잊어서는 안 된다. 이런 몇몇 성분이 많이 들어 있는 식품들은 식품의 영양적 특성 때문에 식사요법에 사용되는 경우도 많다. 예를 들어, 근육운동을 통해 근육을 증가시키는 운동선수의 식사요법에 단백질식품을 이용할 수 있고, 변비나 장운동에 문제가 있는 사람들은 섬유질식품을 이용할 수 있다.

마지막으로 5대 영양소의 함량이 높아 영양소 공급의 기능을 하는 일반식품과 향과 맛 성분을 조절하여 식품의 기호적 기능을 증진시킨 기호식품으로 나눌 수 있다. 기호식품에는 차, 커피, 주류와 같은 것들이 포함된다. 최근 들어 식품 성분에 대한 추출과 임상연구가 활발히 진행되면서 식품 성분 중 몇몇 성분의 기능성이 소개되었고, 이런 일련의 연구결과를 이용하여 기능성식품 또한 많이 소개되면서 여러 매체를 통해 현재 큰 관심을 불러일으키고 있다.

2) 식품공전에 따른 분류법

〈식품공전Korean Food Standards Codex〉이란 식품의 기준과 규격을 수록한 공정서로 「식품위생법」에 근거하여 판매를 목적으로 하는 식품의 제조, 가공, 조리와 보존 방법에 관한 기준 및 그 식품의 성분에 관한 규격을 정하고 있다. 시중에 유통되는 모든 식품은 〈식품공전〉의 기준과 규격에 따라 〈식품공전〉에 나와 있는 식품 유형으로 분류되어야 판매가 가능하다. 〈식품공전〉은 식품을 29개의 영역으로 나누고 각 번호마다 정의, 가공 기준, 식품 유형 등을 세세히 설명하고 있다. 표 1-3은 〈식품공전〉에 나와 있는 가공식품의 분류체계를 나타낸 것이다. 다양한 영양적 기능을 첨가한 19번 특수용도식품, 최근 많이 생산되고 있는 기능성식품은 29번 기타 식품으로 분류되어 있다. 가장 흔하게 접하는 과자류에 대해 〈식품공전〉에서 서술하고 있는 내용을 보면 18쪽의 Box 내용과 같다. 〈식품공전〉은 실제 시중에 유통되는 식품가공품을 소비하고 생산하기 위해 가장 기본적으로 이해해야 하는 법적인 기준이다. 만약 〈식품공전〉에 분류된 분류체계에 해당되지 않는 식품이 만약 존재한다면 일단 그 식품의 법적인 영역 밖에 존재하는 식품으로 시중에 유통이 되어서는 안 된다.

표 1-3 | 〈식품공전〉에 나타난 식품별 분류체계

번호	식품명	번호	식품명
1	과자류	14	식용유지류
2	빵 또는 떡류	15	면류
3	코코아가공품류 또는 초콜릿류	16	다류
4	잼류	17	커피
5	설탕	18	음료류
6	포도당	18-1	과일 · 채소류 음료
7	과당	18-2	탄산음료류
8	엿류	18-3	두유류
9	당시럽류	18-4	발효음료류
10	올리고당류	18-5	인삼 · 홍삼음료
11	식육 또는 알가공품	18-6	기타 음료
12	어육가공품	19	특수용도식품
13	두부류 또는 묵류	19-1	영아용 조제식

번호	식품명	번호	식품명
19–2	성장기용 조제식	27--9	일반증류주
19–3	영 · 유아용 곡류조제식	27--10	리큐르
19–4	기타 영 · 유아식	27–11	기타 주류
19–5	특수의료용도 등 식품	28	건포류
19–6	체중조절용 조제식품	29	기타 식품류
19–7	임산 · 수유부용 식품	29–1	땅콩 또는 견과류 가공품류
20	장류	29–2	캡슐류
21	조미식품	29–3	전분류
21–1	식초	29–4	과일 · 채소 가공품류
21–2	소스류	29–5	조미김
21–3	토마토케첩	29–6	튀김식품
21–4	카레	29–7	벌꿀류
21–5	고춧가루 또는 실고추	29–8	모조치즈
21–6	향신료가공품	29–9	식물성크림
21–7	복합조미식품	29–10	추출가공식품류
22	드레싱류	29–11	팝콘용 옥수수가공품
23	김치류	29–12	식염
24	젓갈류	29–13	밀가루류
25	절임식품	29–14	찐 쌀
26	조림식품	29–15	생식류
27	주류	29–16	시리얼류
27--1	탁주	29–17	얼음류
27--2	약주	29–18	즉석섭취 편의식품류
27--3	청주	29–19	버섯가공식품
27--4	맥주	29–20	자라가공식품
27--5	과실주	29–21	효모식품
27--6	소주	29–22	효소식품
27--7	위스키	29–23	화분가공식품
27--8	브랜디	29–24	로열젤리가공식품

과자류의 기준 및 규격

1. 정의

과자류라 함은 식물성원료 등을 주원료로 하여 이에 다른 식품 또는 식품첨가물을 가하여 가공한 과자, 캔디류, 추잉껌, 빙과류를 말한다.

2. 원료 등의 구비요건

3. 제조 · 가공 기준

- 빙과류는 그 중심부의 온도를 63℃ 이상에서 30분 가열하거나 이와 같은 수준 이상의 효력이 있는 방법으로 살균 후 냉동하여야 한다.
- 컵모양 등 젤리의 크기는 뚜껑과 접촉하는 면의 최소내경이 5.5cm 이상이어야 하고 높이와 바닥면의 최소내경은 3.5cm 이상이 되도록 제조하여야 한다.

4. 식품 유형

- 과자 : 곡분 등 식물성원료를 주원료로 하여 굽기, 팽화, 유탕 등의 공정을 거친 것이거나 이에 식품 또는 식품첨가물을 가한 것으로 비스킷, 웨이퍼, 쿠키, 크래커, 한과류, 스낵과자 등을 말한다.
- 캔디류 : 식물성원료나 당류, 당알코올, 앙금 등을 주원료로 하여 이에 식품 또는 식품첨가물을 가하여 성형 등 가공한 것으로 사탕, 캐러멜, 양갱, 젤리 등을 말한다.
- 추잉껌 : 천연 또는 합성수지 등을 주원료로 한 껌베이스에 다른 식품 또는 식품첨가물을 가하여 가공한 것을 말한다.
- 빙과류 : 먹는 물에 식품 또는 식품첨가물을 혼합하여 냉동한 것으로 유지방 함유 아이스크림류에 해당되지 아니하는 것을 말한다.

5. 규격

- 성상 : 고유의 향미를 가지고 이미 · 이취가 없어야 한다.
- 산가 : 2.0 이하(유탕 · 유처리식품에 한하며, 유밀과는 3.0 이하)
- 허용 외 타르색소 : 검출되어서는 아니 된다(캔디류, 추잉껌에 한한다).
- 허용 외 인공감미료 : 검출되어서는 아니 된다(캔디류에 한한다).
- 산화방지제(g/kg) : 다음에서 정하는 것 이외의 산화방지제가 검출되어서는 아니 된다(추잉껌에 한한다).

부틸히드록시아니솔 디부틸히드록시톨루엔 터셔리부틸히드로퀴논	0.4g/kg 이하(병용할 때에는 디부틸히드록시톨루엔으로서 사용량, 부틸히드록시아니솔로서 사용량 및 터셔리부틸히드로퀴논으로서 사용량의 합계가 0.4g/kg 이하)

- 세균 수
  - 과자, 캔디류 : 1g당 1만 이하(밀봉제품에 한하며 발효제품 또는 유산균 함유세품은 제외한다)
  - 빙과류 : 검체를 녹인 액체 1mL당 3,000 이하(다만, 유산균 함유 빙과류는 제외한다)

- 대장균군 : 1mL당 10 이하(빙과류에 한한다)
- 유산균 수 : 표시량 이상(유산균 함유 과자, 캔디류, 빙과류에 한한다)
- 압착강도(newton) : 5 이하(컵모양 등 젤리에 한한다)
- 총 아플라톡신(μg/kg) : 15.0 이하(B_1, B_2, G_1 및 G_2의 합으로서, 단 B_1은 10.0μg/kg 이하이어야 하며, 땅콩 및 견과류 함유제품에 한함)
- 푸모니신(mg/kg) : 1 이하(B_1 및 B_2의 합으로서, 단 옥수수 50% 이상 함유제품에 한한다)
- 납(mg/kg) : 1.0 이하(젤리에 한한다)
  0.2 이하(사탕에 한한다)

〈이하 생략〉

③ 가공 중의 조작

가공을 하기 위해서는 여러 조작과정을 거치게 된다. 가공 조작과정은 여러 가지가 있으나 크게 세 가지로 나눌 수 있다. 그 분류방법은 물리적 처리방법, 화학적 처리방법, 생물학적 처리방법이다. 물리적 처리방법은 화학변화를 수반하지 않는 방법으로 혼합, 압착, 체질, 절단, 박피, 분쇄와 같은 과정을 말한다. 화학적 처리방법은 화학적 분해, 중합, 변화 반응이 일어나는 것으로 당화, 갈색화, 겔화, 유지의 경화 등이 포함된다. 생물학적 처리방법은 미생물을 이용한 발효처리를 말한다.

식품가공에 사용되는 수많은 조작 처리법 중 대표적인 것들에 대해 간단히 설명하면 다음과 같다.

(1) 세정

세정washing은 단순하게 식품을 물에 씻는 과정만을 의미하지는 않는다. 좀 더 포괄적으로 식품에 함유되어 있는 불순물을 제거하는 일련의 과정을 말한다. 방법에 따라 건식 세정법과 습식 세정법이 있다. 건식 세정법은 건조된 상태의 식재료를 체질sieving, 흡인, 자력선별법과 같은 방법을 이용하는 것이고, 습식 세정법은 과량의 수분을 첨가한 상태에서 침지, 부력세정, 초음파세정 등의 방법을 사용할 수 있다.

(2) 계량

계량measuring은 가공의 가장 기본적인 조작방법으로 가공에 사용되는 재료의 무게와 부피를 재거나, 처리온도와 처리시간을 재는 것을 말한다.

(3) 분쇄

분쇄crushing는 수분이 적은 건조물을 더 작은 알갱이로 부수는 조작이다. 분쇄는 가공에서 많은 이점을 제공한다. 분쇄를 할 경우 성분들의 알갱이가 작아지고, 표면적이 넓어져 가공과정에서 건조속도, 추출속도, 가열속도가 빨라지면서 결과적으로 가공시간을 줄일 수 있다. 또한 타 재료와 혼합할 경우 서로 비슷한 분쇄 정도를 가지면 균일하게 혼합된 제품을 얻을 수 있는데, 예를 들어 라면 수프나, 카레가루와 같은 향신료 혼합체에서 볼 수 있다.

(4) 침적

침적sedimentation은 앞에 세정부분에서 이미 소개한 침지와 같은 조작법이다. 이 방법에 의해 식품재료 내부에 있는 가용성 물질들이 물에 녹아 나와 재료의 떫은맛, 쓴맛과 같은 기호도에 해를 주는 성분을 제거할 수 있다. 또는 쌀 같은 곡류를 물에 침지시킬 경우 수분을 흡수하여 조리조작에 알맞은 수분함량을 갖게 된다.

(5) 유화

유화emulsification는 서로 섞이지 않는 물과 기름을 섞는 조작이다. 유화제를 첨가하고 물과 기름을 잘 교반해 주면 섞이게 된다. 이런 조작은 마요네즈, 아이스크림 등의 조리에 필요하다.

(6) 해동

해동thawing은 말 그대로 얼려 있는 식재료를 녹이는 과정이다. 방식에 따라 실온에서 서서히 해동하는 자연해동법과 더운 오븐이나 더운 물 속에서 급격히 진행시키는 급속해동법이 있다.

(7) 절단

절단cutting은 식재료를 자르는 조작으로 가공에 있어서 가장 기본적인 조작법이다.

(8) 성형

성형moulding은 식품의 일정한 형태를 만들어 주는 과정이다. 제빵 시 빵의 모양을 만들거나, 반죽 후 국수의 모양을 만들거나 하는 일련의 조작들이 여기에 속한다.

(9) 압착

압착pressing은 여러 가지 압착기, 여과포 등을 이용하여 액체수용액과 내용물을 분리시키는 조작과정이다. 한약을 짜는 과정이나 삶은 콩을 갈아서 짜는 과정들이 여기에 속한다.

(10) 마쇄

마쇄milling는 분쇄와는 다르게 수분함량이 많은 식품을 갈아서 조직을 파괴하여 작은 조직을 만드는 조작법이다.

(11) 교반

교반stirring은 식품 혼합물을 빠른 속도로 저어주는 조작법이다. 이 과정 중 식품의 혼합이 빠르게 진행되며, 유화가 일어나기도 한다.

(12) 냉각

냉각cooling은 가열한 식품을 냉각시키는 과정이다.

(13) 동결

동결freezing은 빙결점 이하로 식품의 온도를 떨어뜨려 수분이 얼게 하는 조작과정이다.

(14) 가열

가열heating은 온도를 올려주는 조작법이다. 가열을 하기 위한 다양한 기구와 방식이 개발되어 있고 어떤 가열법을 채택했느냐에 따라서 식품의 맛과 조직감 등이 크게 변화하게 된다. 가열을 하기 위해서는 가열 매체의 성질이 중요한 부분을 차지한다. 가열 매체가 물인 경우, 공기인 경우, 기름인 경우에 따라 유전 가열방법들이 다양하게 존재한다. 가열은 가장 기본적인 조작법이지만 가장 복잡하고 조리에서 가장 큰 영향을 주는 부분이기도 하다.

Chapter 2

곡류

Chapter 2

곡류cereal란 쌀, 보리, 밀과 같이 열매를 식량원으로 사용할 수 있는 초본류의 종자를 의미한다. 곡류 가공은 수확한 곡류를 건조, 정선, 탈각, 도정, 저장, 선별하는 모든 과정을 통칭하는 것으로 장기간 저장하고, 운송이 쉽도록 하거나 또는 판매가 용이하도록 처리하는 과정을 포함한다. 곡류는 탄수화물이 많고 대량생산이 용이하며 가공과정이 복잡하지 않은 관계로 몇 가지 과정을 거쳐 다양한 종류의 가공품을 만들 수 있다.

1 개요

1) 곡류의 구조

일반적으로 곡류 입자는 그림 2-1과 같은 구조로 되어 있다. 내부에 배유가 있고 그 끝에 배아胚芽, embryo가 있다. 또, 배유를 싸고 있는 외피가 있다. 외피는 강층糠層 : 겨이라고도 불리며 곡류는 바깥쪽부터 과피果皮, pericarp, 종피種皮, testa, 외배유外胚乳, nucellar layer, 호분층糊粉層, aleuron layer, 내배유內胚乳, endosperm로 조직이 구성되어 있다. 여기에서 과피, 종피, 외배유, 호분층을 합하여 겨층으로 분류한다.

탈곡 시 강층이 분리되는 곡류는 쌀, 보리, 귀리 등이며, 강층이 곡류 종자에 붙어 있는 대표적인 곡류는 소맥, 호밀을 들 수 있다. 또한 강층이 분리되는 곡류 중에서

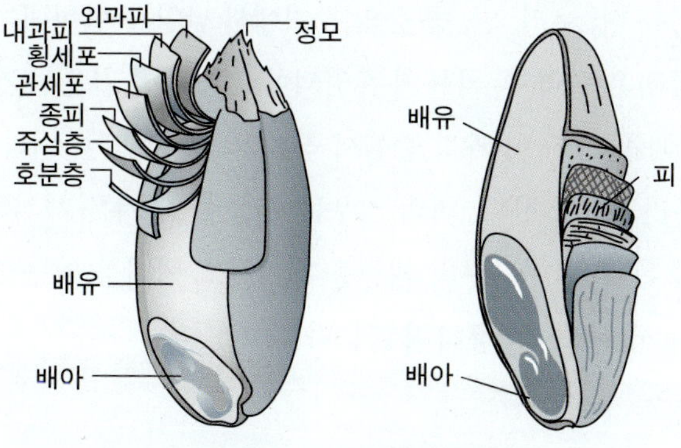

그림 2-1 | 곡류의 구조(밀)

도 분리공정이 쉬운 것과 힘든 것이 있는데, 쌀은 분리가 쉬우나 보리와 귀리는 비교적 어렵다. 쌀의 경우에는 왕겨를 제거하면 쌀의 전체 용적이 감소하여 취급이 용이해지기 때문에 탈곡 후에 강층을 분리하여 현미로 도정한다. 배아는 배유의 한 구석에 붙어 있으며 발아 시에 뿌리 싹을 형성하는 부분으로서 단백질, 지방, 무기질, 비타민 B 등이 함유되어 있으나 도정 시 제거된다. 배유는 쌀의 92%를 차지하는 가식 부위로 발아 시 양분을 제공하는 부분이다.

2) 건조

곡류 가공의 첫 번째 단계는 수확 후 건조과정이다. 건조방법은 천일건조, 화력건조 등으로 분류할 수 있다. 이 중 예로부터 사용된 전통적인 방법은 자연건조라고도 불리는 천일건조인데, 주로 수확한 곡류를 넓게 펼쳐서 햇빛과 바람을 이용하여 건조한다. 자연건조는 많은 시간이 소요되고 또 기후에 따라 비에 젖는 경우도 발생하며 다양한 경로로 오염과 훼손 등이 발생하기 때문에 근래에 있어서는 인공적인 화력건조를 실시하고 있다. 화력건조법은 건조기간이 짧고 노동력이 적게 들지만 장치를 설치하는 비용이 필요하며, 온도의 조절이 잘못될 경우 온도의 상승에서 과건조가 발생할 수 있다는 단점이 있다.

3) 탈곡과 정선

건조가 끝난 곡류 벼, 보리, 밀, 콩 등의 줄기에서 낟알을 털어내는 과정을 탈곡이라고 하며, 정선공정은 탈곡 후 곡류에 혼입되어 있는 이물질을 제거하고 곡물의 크기별로 선별하는 과정이다. 이 과정 중에서 곡류의 크기뿐만 아니라 모양과 색에 의해서도 등급이 분리되기도 한다. 벼의 경우는 탈곡 후 왕겨를 제거하는 탈각과정을 거쳐 현미를 얻게 된 후 현미로부터 겨층을 제거하고 백미를 얻는 도정과정을 거치게 되는데, 두류나 서류에는 적용하지 않는다.

4) 곡류의 저장

정선 또는 도정된 곡류는 판매되거나 소포장을 하는 장소로 이동하기 전까지 저장되는데, 쌀자루나 종이 포장을 한 상태에서 창고에 쌓아 저장하는 경우와 포장하지 않은 상태로 사일로silo 또는 창고에 들어가는 경우가 있다. 저장 시에는 바구미와 같은 곤충 등에 의한 피해, 곰팡이에 의한 변질, 쥐 등에 의한 피해를 받을 위험이 있기에 이러한 것을 예방할 수 있는 저장법을 사용해야만 한다.

곡류의 저장방법은 첫 번째로 곡류의 품질을 손상시키지 않는 범위에서 수분을 가능한 낮추는 것이다. 일반적으로 곡류는 수분함량이 최대 14% 이내로 유지해야만 곰팡이와 같은 미생물의 번식을 방지할 수 있다. 그러나 저장 중 수분함량이 12% 아래로 내려갈 경우 맛 성분의 손실이 우려될 수 있으므로 세심한 수분의 조절이 필요하다. 두 번째로 창고 내의 온도를 낮게 유지해야 한다. 15℃ 이하가 되면 미생물의 활동도 거의 정지되며 화학적 품질 변화도 예방할 수 있다.

저장은 현미와 같은 원곡原穀을 저장하는 경우와 완전히 정미한 정백미精白米를 저장하는 경우가 있는데, 원곡으로 저장하고 정곡으로 만든 뒤 소비하는 것이 원칙이다.

5) 곡류의 정미

정선공정을 거친 곡류를 그대로 조리해서 섭취하는 것은 적합하지 않다. 그 첫 번째 이유는 곡류 입자의 표면에 존재하는 섬유질 및 지질 등의 성분 때문인데, 일차적으로 이들 성분은 식감이 나쁘고 소화가 잘 안 될 뿐 아니라 배유부에 많이 함유된 전분의 팽창을 방해하기 때문에 식감과 소화흡수율이 나쁘다. 이런 단점을 해결하기 위해 곡류 종자의 배유부만을 모으는 공정이 필요하며 이것을 정곡精穀이라고 한다. 정곡은 바깥 표면으로부터 외피를 제거하여 배유 부분을 남기는 도정搗精이라는 방법과 곡류 입자를 쪼개 곡류 내부에서 배유를 얻어내고 외피를 제거하는 제분製粉이라는 방법이 있다. 각각의 방법은 곡류의 특성에 의해 결정되는데, 보통 쌀과 보리는 도정을 하고 소맥이나 메밀은 제분을 한다.

정곡과정에서 보통 배아를 제거하기도 한다. 이는 곡물을 장기적으로 저장하기 위해서 효소를 많이 함유한 배아를 제거함으로써 저장 중의 변질을 최소화하기 위

표 2-1 | **정곡과정에 의한 곡류의 성분 변화**

곡류	정곡	수분 (%)	단백질 (%)	지질 (%)	당질 (%)	섬유 (%)	회분 (%)	칼슘*	인*	비타민 B_1*
쌀	현미	15.5	7.4	3.0	71.8	1.0	1.3	10	300	0.54
	7분도	15.5	6.9	1.7	74.7	0.4	0.8	7	190	0.32
	10분도	15.5	6.8	1.3	75.5	0.3	0.6	6	140	0.12
밀	원소맥	13.5	10.5	3.0	69.3	2.1	1.6	24	350	0.41
	강력분 (1등)	14.5	11.7	1.8	71.4	0.2	0.4	20	175	0.10
	박력분 (1등)	14.0	8.0	1.7	75.7	0.2	0.4	23	170	0.13
보리	겉보리	14.0	10.0	2.8	66.9	3.9	2.4	40	320	0.50
	7분압맥	14.0	8.8	2.1	73.5	0.7	0.9	24	140	0.21
옥수수	옥수수	14.5	8.6	5.0	68.6	2.0	1.3	5	290	0.30
	corn flower	14.0	6.6	2.8	75.3	0.7	0.6	3	900	0.14

* : (mg/100g)

함이다. 반면에 배아는 비타민 E 등의 영양소를 많이 함유하고 있기 때문에 배아를 제거하지 않고 정백한 배아가 포함된 배아미胚芽米도 생산되고 있다.

겨층을 분리하는 과정인 정곡과정 중 곡류의 일반성분 변화를 표 2-1에 나타내었는데, 일반적으로 단백질, 지질, 탄수화물, 회분, 비타민과 같은 주요 영양 성분들은 감소한다. 가장 변화량이 큰 것은 섬유소로서 현저한 감소를 보인다. 반대로 이러한 성분이 감소하기 때문에 탄수화물의 비율은 증가한다.

2 곡류의 종류

1) 쌀

쌀은 크게 쌀알의 모양과 재배 지역에 따라 인디카indica, 자포니카japonica, 자바니카javanica의 3가지로 분류되는데, 자바니카는 인디카와 유사하기 때문에 일반적으로 인디카와 자포니카 두 가지 품종으로 나눈다. 우리나라에서 재배하는 쌀은 자포니카에 속하는데, 둥글고 짧은 단립종 또는 중립종의 형태로 인디카와 비교하여 끈기가 있으며 우리나라 이외에 중국 중북부, 일본 등지에서 주로 재배한다. 길고 가느다란 장립종인 인디카는 쌀알이 길고 가늘며 찰기가 적어 푸석거리는 것이 특징으로 중국 남부와 동남아시아 지역에서 주로 재배한다. 자바니카는 형태가 두껍고 길며 맛은 자포니카와 유사하다. 1,000개 낱알의 무게인 천립중량千粒重量은 자포니카가 19~23g 정도인데, 인디카는 25g 전후로 낱알의 무게는 인디카가 많이 나간다고 할 수 있다. 한편, 벼의 외형에 따라서도 분류할 수 있는데, 현미의 길이가 7mm 이상인 것을 초장립종extra-long, 6.0~6.99mm인 것을 장립종long, 5.0~5.99mm인 것을 중립종medium 그리고 5mm 이하인 것을 단립종short으로 분류하고 있다. 또한 현미 상태의 낱알의 길이와 최소두께의 비에 따라 길이 대 두께의 비가 3.0 이상이면 장방형, 2.0~3.0이면 중간형, 2.0 이하이면 구형으로 분류한다.

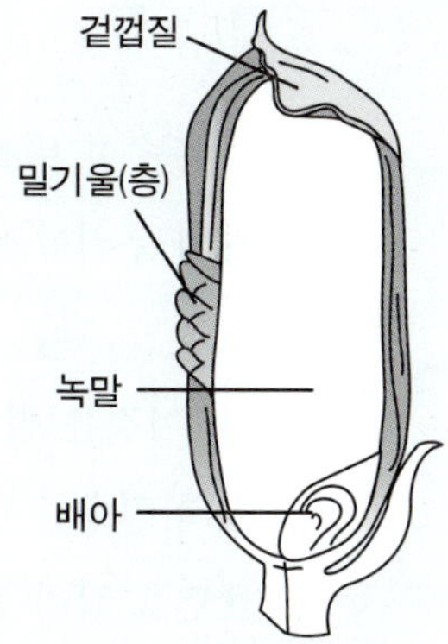

그림 2-2 | 쌀알의 구조

벼를 구성하고 있는 각 부분의 무게비를 보면 품종에 따라 약간의 차이는 있으나 대체로 왕겨라 불리는 벼 껍질 부분이 16~26%, 씨눈인 배아가 1.5~2.5%, 겨층인 강층이 3.8~6.7%, 나머지 전분층이 64.8~79.7%를 차지하고 있으며 최종 곡물의 전분층 함유 비율에 따라 도정수율이 달라진다.

표 2-2 | 자포니카종과 인디카종 쌀의 특징

구분	자포니카종	인디카종
형태	쌀알이 둥글고 굵으며 단단	쌀알이 길고 잘 부스러짐
아밀로스 함량	17~27%	27~31%
호화 온도	65~67℃	70~75℃
특징	• 가열흡수율, 팽창용적률이 낮음 • 윤기가 있으며 쫄깃쫄깃한 식감 • 세포막이 얇아 쉽게 파괴 • 전분립이 세포 외부로 방출됨으로써 호화되어 점성이 강함	• 가열흡수율, 팽창용적률이 높음 • 윤기가 없으며 퍼석거리는 식감 • 세포막이 두꺼움 • 전분립이 세포막 내에서 호화되어 점성이 약함

(1) 도정

추수한 벼를 건조시킨 후 모래나 금속 등의 이물질을 제거하는 정선공정과 벼의 왕겨 부위를 제거하는 탈각, 그리고 벼의 겨층을 제거하는 도정공정을 거쳐야 실제 먹을 수 있는 쌀이 만들어진다. 탈각공정에는 고무롤식 장비가 일반적으로 이용된다. 이것은 철제 원형관 주변에 고무층을 붙인 고무롤 2개로 이루어져 있고 고무롤은 회전수를 달리하며 서로 안쪽으로 회전한다. 회전 수의 차이가 있기 때문에 벼의 표면을 잡아 뜯는 듯한 힘이 가해진다. 이렇게 벼가 고무롤 사이를 통과할 때 벼는 고무에 닿아 무리 없이 현미와 왕겨로 분리되며 이렇게 만들어진 현미는 외피가 거의 손상되지 않고 분리된다.

도정은 기계적인 힘이나 화학적 방법에 의해 미강층을 제거하는데, 일반적으로 마찰, 절삭, 찰리, 충격과 같은 기계적 원리를 이용한 기기장치가 이용되고 있다. 기계적 원리를 이용한 도정기는 크게 마찰식과 연삭식으로 분류된다. 마찰식은 마찰력을 이용해서 현미의 겨층을 분리하는 방법으로 쌀 입자와 쌀 입자의 마찰로 인해 차례로 외피를 제거해 나가는 것으로 쌀은 이 장치를 7~8회 순환하여 백미가 된다.

연삭식은 고속으로 회전하는 마찰체로 쌀의 표면을 깎아서 백미로 만드는 방법이다. 마찰식에는 횡형원통마찰식과 송풍식이 대표적인 방식이며 연삭식은 수직형과 수평형이 있다.

현미를 도정하면 배와 강층은 쌀겨로 떨어져나가고 전분층인 쌀만 남게 된다. 도정의 정도는 도정도라 하며 도정률, 도감률로 나타낸다. 도정도는 겨층이 박리된 정도를 의미하며 왕겨를 제거한 현미 중 배유부분이 92%를 차지하는 것을 기준으로 계산한다. 즉, 8%의 미강층이 모두 제거된 것을 10분도미(백미), 8% 미강층의 50%가 제거된, 즉 4%의 강층이 제거된 5분도미, 약 70%의 강층(6%)이 제거된 7분도미(배아미) 등으로 구분된다. 도정률과 도감률을 계산하는 방법은 다음과 같다.

$$\text{도정률}(\%) = \frac{\text{생산 백미의 무게}}{\text{원료 투입된 현미의 무게}} \times 100$$

$$\text{도감률}(\%) = \frac{\text{제거된 쌀겨의 무게}}{\text{원료 투입된 현미의 무게}} \times 100$$

표 2-3 | 쌀의 도정 정도에 따른 특징

종류	도정률(%)	도감률(%)	특성
현미	100	0	볍씨에서 왕겨층만 제거
5분도미	96	4	겨층의 50%를 제거
7분도미	94	6	겨층의 70%를 제거
10분도미 (백미)	92	8	배아, 호분층, 종피, 과피 등을 없애고 배유만 남긴 것
주조미	75 이하	25 이상	미량의 쌀겨도 없이 전분층만 남도록 한 것

도정률은 미강을 제거하지 않은 현미를 100%로 하여 8%를 차지하는 모든 미강이 제거된 경우를 92%로 나타내는 방법으로 정미의 중량이 현미 중량의 몇 %에 해당하는가에 따른 배율로서 나타낸 것이며 도정률과 도감률을 합친 값은 100%가 된다.

주조용과 같은 특수 목적을 위해서는 도감률이 25% 이상이 되기도 한다. 즉, 현미의 25%를 제거하며 쌀의 전분질 이외에는 완전히 제거함으로써 고급청주를 제조하는 원료로 사용된다.

쌀의 종류에 대한 도정률, 도감률에 관한 관계는 표 2-3과 같다.

도정도를 판단하는 방법으로는 도정횟수, 도정시간, 겨층의 벗겨진 정도, 쌀의 색상, MGMay Grunwald 염색법 등이 있다.

(2) 연마

쌀겨에는 지방 성분을 분해하는 라이페이스lipase등의 효소가 다양하게 존재하기 때문에 저장 중 산패취가 발생하게 된다. 쌀을 씻지 않고 밥을 지었을 때 쌀겨 냄새가 나는 이유가 쌀겨의 효소가 완전히 제거되지 않았기 때문이다.

그래서 보다 확실하게 겨를 제거하기 위해 바람으로 겨를 한층 더 불어내거나 회전하는 체에 별도의 체를 추가로 설치 또는 브러시 등으로 쌀을 문지르는 연마 등의 과정을 거친다. 연마한 쌀은 물로 씻어도 물이 거의 탁해지지 않고 그 상태 그대로 밥을 지어도 이취가 발생하지 않는다.

(3) 쌀 가공품

① 알파미

쌀에 물과 열을 가하여 쌀에 포함된 전분을 알파화호화한 후 열풍으로 건조시켜 수분을 8% 이하까지 낮추면 전분의 노화가 예방되어 장기간 보전할 수 있는 원리를 이용한 것으로 알파화미α化米라고도 한다. 끓는 물을 부으면 2~3분 후에 밥이 되는 즉석식품으로 비축식량 또는 전투식량으로 이용되고 있다. 고도가 높은 산과 같이 기압이 낮은 곳에서도 몇 분 내에 밥이 된다. 최근에는 밥을 지은 뒤 알코올로 급속 탈수하는 방법을 이용해서 알파미로 만들기도 한다.

② 무세미

취반 전에 씻을 필요가 없도록 만든 쌀이다. 일반도정을 한 후에 쌀 표면에 남아 있는 점착성이 높은 미강을 제거하여 취반 시에 세척이 필요없도록 만든 쌀이다. 제조방법으로는 습식, 건식, 혼합형인 습건식이 있는데, 습식법은 물로 미강을 제거하며 건식법은 브러시 등으로 쌀의 표면을 연마하는 방식이다. 습건법은 타피오카 등의 점성이 있는 물질을 쌀의 표면에 붙였다가 떼는 방법으로 미강을 제거하는 방식이다.

③ 찐쌀

찐쌀parboiled rice은 현미 또는 벼를 물에 담갔다가 건조한 후 쪄서 말린 다음에 도정한 것으로 이 조작 중에 배아나 쌀겨 층에 풍부히 존재하는 비타민 B_1이나 다른 영양소가 배유로 이행하여 영양소가 풍부한 정백미가 얻어진다.

현미를 사용하여 제조할 경우 12~48시간 냉수에 침지시킨 뒤 증기로 찌거나 물로 삶은 후 건조과정을 거쳐서 수분을 제거한 후 도정하여 만드는데, 이 쌀은 인도, 미얀마, 파키스탄, 중동, 아프리카의 일부에서 예로부터 주식으로 사용되어 왔다. 현미를 이렇게 가공하는 이유는 쌀에 따라서는 도정이 아주 어려운 종류도 있기 때문이다. 그래서 이것을 해결하기 위해 파보일가공parboiling을 하고 있다. 파보일과정을 통해 배유에 있는 전분의 일부가 호화된다. 이것을 건조한 후 도정하면 찐쌀이 되는데, 가열과정에 의해 배유부분의 전분이 호화되기 때문에 건조하면서 풀로 붙인 것과 같이 단단해지고 겨에 금이 생겨 도정하기 쉬우며 도정할 때에도 쌀의 파손이 적다. 찐쌀은 쌀의 파손을 적게 하기 위한 것이 주목적으로 생산되는데, 제조 중에 배유, 외피 또는 겨에 함유된 영양 성분, 특히 비타민 B_1 등이 배유로 이행되어 일반 백미의 3배 정도의 비타민 B_1을 함유하게 된다. 그러나 변색이 쉽고 이취가 발생하기 쉬운 결점이 있다.

④ 강화미

세척 도중 손실되는 비타민 B_1과 같은 쌀의 영양소를 강화시켜 제조한 것으로 씻을 때 강화비타민이 용해되지 않게 물에 불용성不溶性인 비타민을 사용하기도 하고, 쌀의 표면에 얇은 막을 코팅하기도 한다. 비타민 B_1 등을 용해한 저농도의 초산용액에 정백미를 침지한 후, 증미, 건조하는 방법이 공업적으로 행해지고 있다. 비타민 B_1의 정백미 수세 시 손실을 막기 위해서 물에 난용성인 B_1 유도체를 쓰고, 강화미

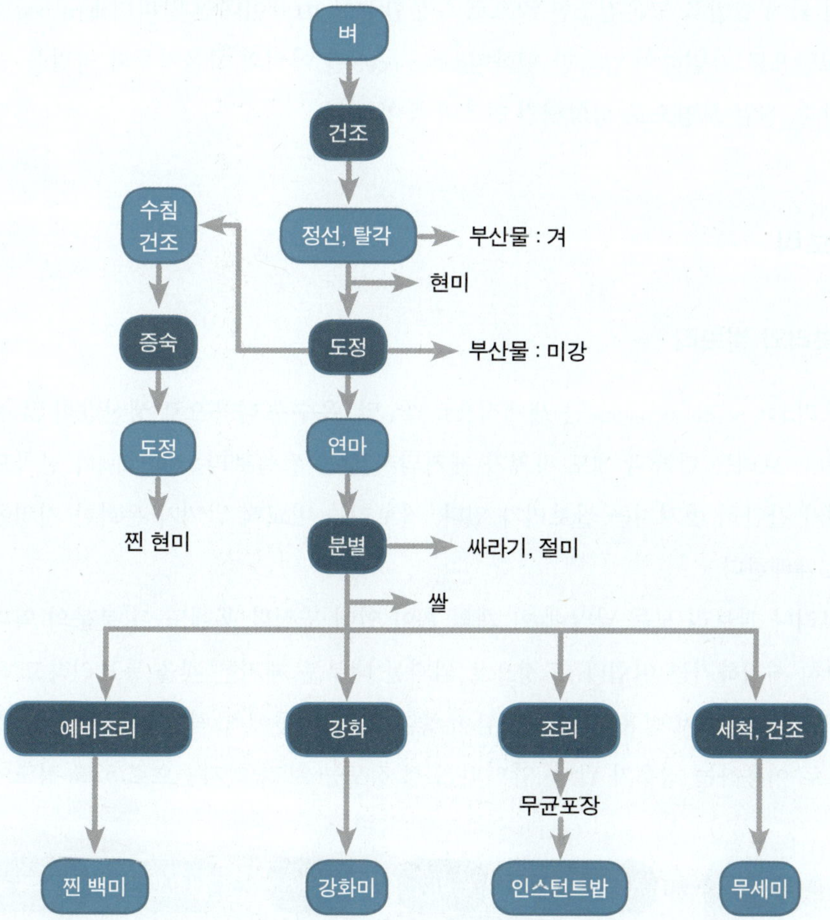

그림 2-3 | 쌀 가공품의 제조공정

CHAPTER 2 곡류

1g 중에 비타민 B_1 1.5mg을 함유시키며 비타민 B_2로 착색하여 보통의 정백미에 강화미를 200 : 1의 중량으로 섞어 사용한다. 쌀 입자에 광택을 부여하고 쌀을 씻었을 때 물이 탁해지지 않게 하기 위해 표면에 재료를 코팅하는 방법이 많이 이용된다. 코팅 재료로는 포도당이 많이 이용되며 회전 드럼 내에서 코팅제를 도포한다. 코팅 재료에 영양소를 첨가하여 영양 강화미를 제조하기도 한다.

그 외의 쌀 가공품으로서는 찐쌀의 일종으로 벼를 진공장치에 넣고 감압한 뒤 열탕에 담근 후에 가압하여 배아나 겨층의 비타민과 무기 성분을 배유에 이행시킨 후, 이것을 회전식 증기솥 중에서 증자하여 건조, 도정하는 가공미converted rice가 있는데, 쌀알 표면에 젤라틴상의 단단한 피막이 생기기 때문에 수세에 의한 비타민의 유실이 적다.

이 외에 쌀밥을 고온건조한 것으로 수분함량이 10% 이내인 알파미alpha rice, 건조미, 고압으로 가열하여 압축한 팽화미puffed rice, 쌀 이외의 곡물가루와 녹말을 원료로 반죽, 쌀알 모양으로 성형시킨 인조미 등이 있다.

2) 보리

(1) 보리와 쌀보리

보리대맥, hordeum vulgare는 세계적으로 쌀, 밀, 옥수수 다음으로 생산량이 많은 곡류이다. 보리는 탈곡 후에도 왕겨가 제거되지 않는 껍질보리겉보리, 피맥와 탈곡으로 왕겨가 간단히 벗겨지는 쌀보리가 있다. 쌀보리는 비교적 날씨가 온화한 지역에서 주로 재배한다.

보리나 쌀보리 모두 낟알에 한 개의 홈이 있어 도정한 후에도 이 부분의 외피를 완전히 제거하기는 어렵다. 도정으로 외피를 대부분 제거한 것을 통보리라고 하는데, 쌀과 혼합하여 밥을 지어도 식감이 좋지 않기 때문에 압력을 가해 성형하여 압맥으로 이용하는 경우가 많다. 압맥의 도정 정도는 보리를 기준으로 52% 정도이고

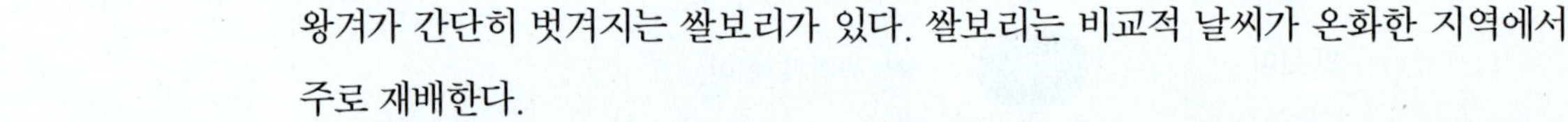

그림 2-4 | 압맥의 제조공정

쌀보리는 58%이며 겨는 약 40% 정도가 발생한다.

(2) 정맥공정

정선한 원료를 연속으로 배열된 몇 대의 정미기에서 순차적으로 도정한 다음 물을 가한다. 물을 가하는 것은 껍질을 부드럽게 하여 쉽게 벗겨지게 하기 위해서이다. 물이 가해진 원료맥을 횡형橫型 도정기로 반복해서 도정하여 외피의 대부분을 제거한다. 도정기를 통과하는 사이에 겨를 흡입 제거하고 정맥과정이 끝난 후에는 다시 브러시로 연마하고 압력을 가하는 과정을 거친다.

통보리는 가열 탑의 상부에 설치되어 있는 연속적인 몇 개의 증기 파이프 사이를 통해 이송되면서 순차적으로 가온되며 마지막 파이프에서는 가열된 수증기에 직접 접촉한다. 가습가열된 원맥은 회전하는 2개의 롤 사이를 통과하며 압력이 가해져서 눌린다. 압력이 가해진 직후의 압맥은 60~70℃의 열이 가해져 있기 때문에 냉각되면서 바로 건조된다. 이때 배아, 보리 파편, 겨 등은 그물망을 통해 아래로 떨어져 제거되고 깨끗한 압맥만이 남게 된다.

압맥에는 중앙에 외피의 선이 있는 것이 보통이다. 이것이 있으면 외견상 좋지 않고 소화가 잘 되지 않으며 식미도 좋지 않다. 이것을 제거하기 위해서는 곡류 입자를 홈을 따라 2개로 절단하여 다시 도정하는 과정을 거치게 된다. 이러한 제품을 할맥이라고 한다.

3) 소맥

(1) 소맥분(밀가루)

수확된 소맥은 대용량의 백bag에 채워 넣는 경우가 많으나 수입 소맥의 경우에는 낱알 상태로 배로 운송되며 하역 후에 수송하기 쉽게 소규모 자루에 채워넣는 경우도 있다. 자루에 채워진 소맥의 저장은 쌀의 경우와 큰 차이가 없으며 낱알로 저장하는 경우에는 주로 사일로silo가 이용된다. 사일로는 보통 콘크리트로 만들어진 가늘고 긴 탱크로 바닥 부분으로 갈수록 점점 좁아지는 형태로 되어 있다. 소맥을 상부에서 투입하고 필요에 따라 하부에서 배출할 수 있도록 되어 있다.

① 제분의 원리

다른 곡류와 비교하여 배유胚乳가 부드러우며 겉껍질이 단단하므로 제분 시 쌀이나 보리처럼 알맹이 형태로 남지 않고 가루 형태로 부스러진다. 이는 겉껍질을 제거하고자 할 때 쉽게 부서지기 때문이다.

소맥의 껍질부분은 셀룰로스, 헤미셀룰로스, 펙틴과 같이 딱딱하고 분쇄하기 힘든 물질로 이루어져 있지만 배아부는 분말이 되기 쉬운 성질을 지니고 있어 소맥을 분쇄하여 체로 거르고 다시 분쇄하는 과정을 되풀이하여 소맥분말만을 모아서 사용한다. 즉, 제분의 목적은 배유부분으로부터 가능한 한 껍질부위와 배아부위를 분리하고 내배유부분의 전분이 손상되지 않게 가능한 한 곱게 분쇄하여 밀가루로 만드는 것이다.

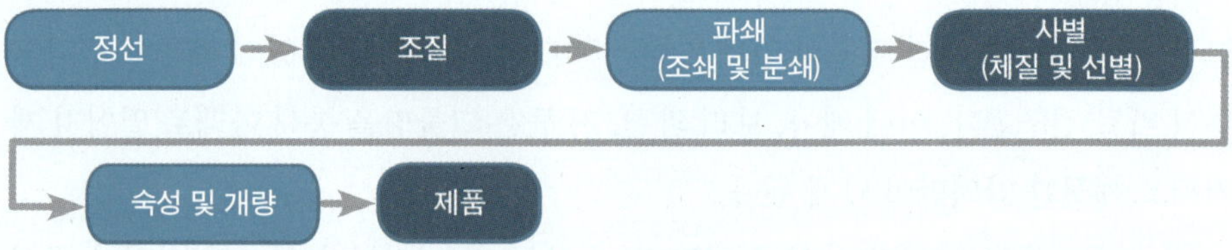

그림 2-5 | 제분공정의 개략도

② 정선

정선精選, 이물질 제거은 밀의 원료 중에 함유된 협잡물과 손상된 밀 등을 각종 선별기를 사용하여 선별, 제거하는 공정이다. 제분공정은 밀로부터 밀가루를 생산하는 과정이며, 기본적으로 밀의 분쇄grinding와 분리separation공정으로 이루어진다.

쌀의 경우에는 정미된 후에도 이물질을 제거하거나 물로 씻어내는 것이 가능하나 소맥분은 불가능하다. 따라서 제분하기 앞서 오물과 잡초의 종자, 소맥 이외의 곡류입자, 토사土砂 등을 제거하는 과정이 필요하고 이 과정을 정선이라고 부른다. 정선공정은 원료밀이 분쇄와 분리의 과정을 거치기 전에 행해지는 공정으로 왕겨, 지푸라기, 돌, 이종곡립 등을 제거하고 밀 표면에 붙어 있는 미세한 먼지 등의 불순물을 제거하는 공정이다.

③ 조질

정선공정을 거친 원료밀의 수분함량은 10% 전후로 건조한 상태이다. 밀의 껍질에는 회분이 상당량 함유되어 있어 건조한 밀을 바로 제분하면 밀의 껍질 부위가 부서져 밀가루의 회분함량을 높이는 원인이 되고 결과적으로 품질의 저하를 가져온다. 이러한 결점을 보완하기 위하여 분쇄에 앞서 밀에 가수하여 밀의 껍질은 질기게 하고 내부는 부드럽게 하는 공정을 조질調質, tempering이라 한다. 조질을 하는 이유는 밀의 껍질과 배유를 쉽게 분리하여 양질의 제품을 보다 많이 생산하기 위함이다.

조질은 템퍼링tempering과 컨디셔닝conditioning공정으로 나눌 수 있는데, 템퍼링은 밀에 적당량의 물을 가한 후 일정시간 방치하여 배유와 밀기울의 분리가 잘되게 한다. 또한 밀기울을 강인하게 하여 부스러기가 밀가루에 섞이는 것을 방지하고 배유가 잘 분쇄되게 하여 체에 의한 분리를 쉽게하는 이점이 있다. 첨가하는 수분의 양은 밀의 종류에 따라 차이가 있는데, 일반적으로 최종 수분함량이 13~16%가 되도록 한다.

컨디셔닝은 템퍼링 후 온도를 높여서 그 효과를 높여주기 위한 과정으로 밀에 가수한 후 적당한 온도40~60℃에서 30분에서 3시간 정도 재워둔다. 컨디셔닝으로 밀알이 가열, 냉각되고 밀이 팽창, 수축되어 외피와 배유의 분리가 쉽게 되고 밀 자체의 효소를 온도, 수준, 시간 등으로 조절하여 밀에 함유된 글루텐을 용도에 맞게 개선시켜준다.

④ 파쇄공정

정선 및 조질한 밀을 부수어 가루와 밀기울로 분리하는 공정이다. 파쇄공정粗碎, break process은 롤러 표면에 고랑이 있어 밀을 거칠게 부수고 껍질을 분리하는 브레이크롤러break roller와 배유의 작은 입자를 곱게 부수는 활면롤러smooth roller가 각각 조쇄와 분쇄과정에 사용된다.

조쇄는 조질과 배합이 끝난 밀을 브레이크롤러를 사용하여 거칠게 빻는 공정이며, 분쇄는 회전속도가 다른 평활롤러로 5~6회 빻는 공정으로 롤러의 압착, 절단, 비틀림 작용을 통하여 배유부의 입자를 한층 더 곱게 만드는 역할을 한다.

⑤ 사별공정(체질공정, 선별공정)

조쇄 및 분쇄공정에서 생산된 밀가루를 체sieve로 걸러 밀가루를 생산하는 과정이다. 이때 생산되는 일차적인 가루를 패쇄 가루break flour라 통칭하며 패쇄 가루는 체의 규격에 따라 입자의 크기별로 분류되는데, 입자 직경이 0.7~1.0mm로 가장 굵은 가루는 코스 세몰리나coarse semolina, 0.25~0.35mm는 코스 미들링coarse middling이라 한다.

그림 2-6 | 수동제분기

세몰리나semolina, coarse semolina는 가장 거친 체망에 남는 입자로 활면롤러를 통하여 재분쇄하는 공정을 거치게 된다. 가장 고운 망을 통과한 분말은 바로 제품의 일부로 포함된다.

세몰리나와 가장 고운 분말의 중간 정도가 되는 입자는 미분쇄 배유입자middling라고 부른다. 미분쇄 배유입자에는 밀기울이 일부 남아 있으며 이의 분리를 위하여 조립정선기粗粒精選機, purifier로 보내지는데, 조립정선기에는 약간 경사진 가늘고 긴 망이 있어 이 위를 미분쇄 배유입자가 지나가며 아랫부분에서 송풍하여 배유입자를 포함한 외피, 즉 밀기울이 되는 부분은 날려 보내고 무거운 배유부만이 기류에 맞서 망을 빠져나와 떨어지게 된다. 즉, 소맥분의 부유 정도와 소맥 입자 크기에 의해 소맥분의 분리 또는 순화가 이루어지는 것이다.

조립정선기로 정선하여 겹질부분이 없는 세몰리나-일반적으로 마카로니·푸딩용의 거친 밀가루를 통칭하기도 함-를 분쇄한 것은 파텐트분patent flour이라 하여 상급품에 속하며, 정선기를 바로 통과하는 겹질부분이 약간 많은 것을 클리어분clear flour이라 한다. 파텐트분과 클리어분을 합친 것을 스트레이트분이라 하고, 밀기울에 가까운 겹질부분이 많은 부분으로 소량 생산되는 말분末粉, tail flour은 별도로 취급한다.

파텐트분은 일반적으로 1등분으로 취급되며 전체 양 기준으로 60%가 얻어지는데, 경질소맥에서 생산된 파텐트분은 빵용으로, 연질소맥에서 생산된 파텐트분은

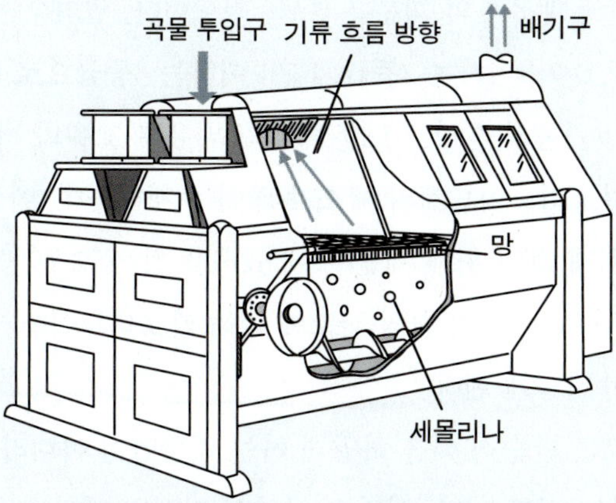

그림 2-7 | 조립정선기

튀김, 과자용으로 적합하다. 클리어분은 2등분으로 면의 원료로 많이 이용된다. 이밖에 밀기울에 가까운 말분이 소량 생산된다.

⑥ 도정 정도

소맥의 곡류입자의 조성은 품종에 따라 다소 다르나 대체적으로 배유부 82%, 외피부 16%, 배아부 2% 정도이다. 따라서 배유부만을 제분하면 이론적인 최고 도정도는 82%가 된다. 그러나 배유부와 외피 및 배아를 정확히 분리하는 것은 어렵고 배유부의 분말부분에도 외피의 조각이 혼입되기 쉬우며 반대로 외피부의 밀기울에도 배유부의 가루가 혼입되기 쉽다. 따라서 도정도 82%는 이상적인 값이며 실제로 얻을 수 있는 도정도는 좋은 설비와 기술을 보유한 경우 75% 수준으로 판단되고 있다. 부산물 공정millfeeds system은 제분과정의 부산물인 겨bran, 소피shorts, 배아germ 등을 분리해내는 과정이다.

⑦ 밀가루의 품질

밀가루의 품질을 평가하는 가장 중요한 요인 중의 한 가지는 회분함량이다. 회분은 외피의 혼입 여부를 판단할 수 있는 지표로서 밀가루 등급 구분의 기준이 된다. 소맥의 경우 섬유함량이 많은 외피부분에는 회분도 많이 함유되어 있어 회분의 함량을 측정하면 외피의 혼입비율을 알 수 있다. 소맥 배유부의 섬유함량은 0.25% 정도인데, 이보다 많으면 외피가 혼입된 경우로 판단한다. 소맥 전체 입자의 회분은

1.6% 정도인 데 비해 배유부의 회분은 0.4% 정도이다. 밀가루는 회분함량에 따라 0.6% 이하는 1등급, 0.9% 이하는 2등급, 1.6% 이하는 3등급으로 분류된다.

소맥분의 색은 밀기울의 혼입 정도뿐 아니라 배유부 고유의 색에 의해 결정된다. 배유부에는 주로 카로티노이드계의 색소가 많이 존재하는데, 이런 카로티노이드를 분해해서 소맥을 희게 하기 위해 제분 후에 표백을 하는 경우가 있다. 그러나 표백을 하지 않아도 저장 중에 공기 중의 산소에 의해 카로티노이드가 자연적으로 표백되어 소맥분의 색이 하얗게 된다.

표백의 목적으로는 단순히 색을 하얗게 하는 것뿐만이 아니라 빵과 면을 만드는 가공적성이 향상하는 것도 있다. 이것은 산화에 의해 소맥단백질의 성질이 변화하여 찰기와 점탄성과 같은 물성이 개량되기 때문이다. 이 과정을 소맥분의 숙성이라고 하며 일반적으로 숙성과정은 제분 후 2~3시간 정도가 필요하다. 표백에는 과산화벤조일, 이산화염소 등이 이용된다.

회분함량과 함께 밀가루의 품질을 결정하는 가장 중요한 인자로는 단백질의 함량과 질이 있다. 건물량으로서 단백질함량이 13% 이상인 것을 강력분, 단백질함량이 10% 이하8~9%로서 가장 낮은 함량인 것을 박력분, 그 중간10~13% 내외을 중력분이라고 한다. 그 용도는 표 2-4에 정리하였다.

표 2-4 | 밀가루의 종류에 따른 단백질의 함량과 용도

종류	단백질 함량 (%)	가공품	특성
강력분	13 이상	빵, 바게트, 피자, 과자빵	점탄성이 크고 제빵용으로 많이 사용
중력분	10~13	빵, 중화면, 우동, 국수, 과자	제면용과 일반적인 밀가루 제품에 다목적으로 사용
박력분	10 이하	비스킷, 쿠키, 케이크, 크래커 등	전분함량이 상대적으로 높으며 적게 팽창하는 성질로 과자 비스킷 제조용

(2) 면류

소맥분에 물을 넣어 반죽하여 이것을 길고 가는 형태로 만든 것을 면이라고 하며 소맥분의 점탄성을 이용한 식품이다. 소맥 1등분이나 2등분을 주로 사용해서 제조하며 단백질함량이 높은 강력분과 중력분이 이용되는데, 제품의 특성에 따라 다양한 원료를 첨가한다. 일반적으로는 중력분을 많이 사용한다.

면류는 원료에 따라 국수, 라면, 마카로니 등과 같이 밀가루를 이용하는 것과 냉면, 메밀국수 등 메밀가루를 이용하는 것 그리고 당면과 같이 전분을 이용하는 것으로 구별하며 제조방법에 따라서는 면대를 만들어 가늘게 절단하는 선절면류국수, 라면 등, 반죽을 길게 뽑아내는 신연면류중화면, 칼국수 등, 작은 구멍으로 압출하여 만드는 압출면류냉면, 당면, 스파게티가 있다.

우리나라 〈식품공전〉의 국수류 식품 유형에서는 건면류, 생면류, 숙면류, 유탕면류, 호화면류, 개량숙면류, 냉동면류 및 파스타류로 구별한다.

① 건면

소맥분 22kg에 식염 0.8kg을 7L 정도의 물에 녹인 것을 섞는다. 이때 수분함량은 30~35%로 약간 딱딱한 상태이며 식염함량은 3~4%가 되는데, 식염은 소맥글루텐의 찰기를 증가시키고 건조할 때 면의 선이 잘라지는 것을 방지하는 역할을 한다. 혼합시간은 10~15분으로 혼합이 끝난 반죽은 면대기麵帶機에 넣어 면대를 만든다. 우선 마주보는 2개의 롤roll 중심에 원료를 넣고 돌려져 나오는 면대는 나무로 만든 둥근 봉으로 말아서 일정시간 방치하여 수분이 균등하게 분포되도록 한다. 다시 롤 사이를 여러 번 통과시켜 충분히 늘려 필요한 두께로 만든다. 이와 같은 방법으로 제조한 면을 선절면이라고 한다. 선절면의 굵기는 3cm 넓비의 면대에서 나온 국수가락 수로 나타낸다. 즉, 10번면이란 3cm 면대에서 10개의 국수가락이 나온 것으로 번호가 클수록 면대는 가늘어진다.

이 면대를 칼날이 있는 절단기로 절단하는데, 면의 굵기가 가늘어질수록 면이 잘라지기 쉽기 때문에 단백질함량이 높은 강력분 또는 준 강력분을 사용하고 세심한 절단기술이 필요하게 된다.

절단기에서 나온 면을 2m 정도의 길이로 자르고 건조공정으로 옮겨진다. 건조는 실외에서 자연건조를 하거나 실내에서 통풍건조를 시킨다. 갑작스럽게 건조를 하게 되면 면대에 금이 생겨 끊어지는 경우가 많기 때문에 초기수분 30~35% 수준에서 예비건조로 20~25%까지 급속하게 말린다. 다음으로 30~45℃, 습도 70~80%에서 면선의 표면과 내부의 수분이 동일하도록 건조한 후 마지막으로 15% 정도까지 건조시킨다. 건조가 끝난 것은 적당한 길이로 맞추어 절단하여 포장한다.

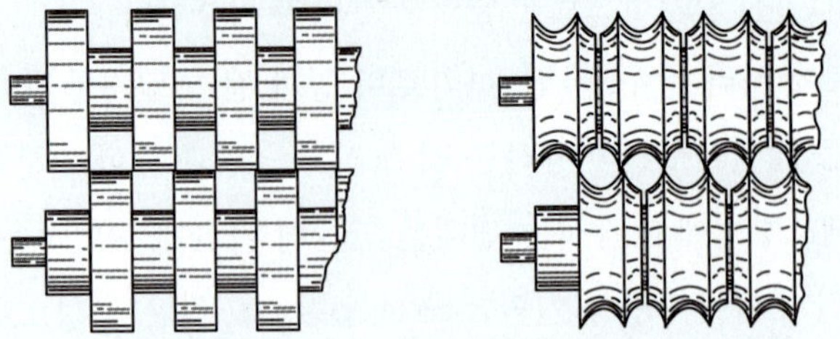

그림 2-8 | 절단칼날의 종류

건면의 종류는 말린 메밀국수, 건우동, 소면, 당면, 마카로니 등이 있다. 건면은 저장에 의해 강도와 탄성이 증가하기 때문에 면질이 딱딱하고 무르고 끈기가 없는 식감으로 변화한다. 건면의 종류 중에 특히 국내에서 소비가 많은 소면은 1mm 굵기(30번 면)의 세면을 말하는데, 제법에 따라 기계제 소면과 수연소면 두가지가 있다. 기계제 소면에서 각봉상은 폭을 0.7mm 이상, 1.2mm 미만, 두께를 약 1.0mm로 하고 환봉상은 지름을 0.8mm 이상, 1.3mm 미만으로 성형한 것을 말한다. 수분은 14% 이하, 조단백질은 7.0% 이상이다. 건면의 유통기간은 우동은 1년 이내, 냉면은 1년 반, 소면은 2년 정도이다.

② 생면, 숙면

생면은 건조하지 않은 면을 말하며 생면을 삶아 놓은 것을 숙면삶은 면이라 한다. 건면에 비해 맛이 있으나 저장성이 좋지 않다. 〈식품공전〉상 g당 세균 수는 생면의 경우 주정침지제품은 100만 이하로, 살균제품은 10만 이하로 규제되고 있다.

생면의 제조법은 소맥분 22kg에 대해 소금 0.5kg을 녹인 8~9L의 물을 첨가해 20~30분 정도 반죽한다. 건면의 경우에 비해 소금의 양은 적고 물의 양이 많으며 반죽시간은 길다. 반죽을 오래 하는 것은 롤을 통과하는 횟수를 줄여 풍미를 좋게 하기 위해서이다. 절단되는 면선은 30cm 정도이고 많이 눌리지 않게 2개로 접어 겹쳐 놓는다. 이를 숙면으로 만들기 위해서 10~15분 삶은 후 바로 찬물에 씻는다. 이것은 삶을 때 용출되어 면선 주위에 붙어 있는 전분질을 씻어내고 저장성을 높이기 위해서이며 깔끔한 식감을 내기 위한 목적이 있다.

보통 포장생면은 10℃에서 약 4일, 15℃에서 약 3일 보존할 수 있다. 최근에는 장기 보존할 수 있는 포장생면long life면이 개발되어 소비량이 증가하고 있다.

③ 중화면

중화면은 탄산나트륨과 탄산칼슘의 혼합물인 간수알칼리제를 1~2% 첨가하여 글루텐 형성을 촉진하여 일반 면보다 탄력성이 강하고 잘 늘어난다.

소맥분 22kg에 물 8L를 넣고 준비된 간수의 반 정도를 첨가한다. 간수의 작용에 의해 소맥분은 탄력과 찰기가 증가하는데, 반죽해서 남은 양의 간수를 뿌리는 식으로 첨가한다. 이것을 제면기에 넣어 생면 제조 시와 같이 면을 뽑으며 일반적으로 하루가 지난 후에 사용한다. 제품은 반투명 상태이고 삶으면 수축하는데, 소맥분 특유의 냄새는 없어진다.

④ 즉석면

즉석면류instant noodle, 라면는 밀가루, 소금, 개량제 등을 혼합하여 면을 만들어 알파화시킨 후 건조하거나 기름에 튀겨 만든다. 기름에 튀기는 여부에 따라 건면과 유탕면으로 분류하며 용기면도 다양하게 개발되어 있다.

절단한 면을 수증기로 쪄서 전분을 알파화시킨 후 급속히 건조시키는데, 건조방법은 주로 150℃ 정도의 기름으로 튀기는 방법을 사용한다. 이 방법에 의해 보존성이 부여되고 동시에 2~3분 내에 조리 가능한 즉석성이 부여된다.

소맥분이 65~75%로서 대부분을 차지하고 정제유지와 감자전분, 초산전분과 정제염 등이 첨가되는데, 정제유지는 15~18%, 정제염은 1%, 기타 0.6~1%의 배합비로 첨가된다. 반죽된 소맥분을 롤러에 압연壓延시켜가며 면대를 만든 후 제면기를 이용하여 국수 모양을 만들고 이어서 컨베이어 벨트의 속도를 조절하여 라면 특유의 꼬불꼬불한 면발 형태를 만들어 준다. 스팀박스를 통과시키면서 100℃ 이상의 스팀을 사용하여 알파화를 진행시킨 후 정제유지로 튀김으로써 알파화 상태를 계속 유지 및 증가시켜 주는 것이 가능하며, 면의 수분을 휘발시키는 한편 면에 기름을 흡착시켜준다. 유탕에서 나온 면을 컨베이어 벨트를 통해 이동시키면서 상온으로 냉각시킨 후 포장된 수프를 첨부하여 자동포장기를 이용, 완제품 라면으로 포장한다.

⑤ 당면

당면은 면의 일종이나 소맥분이 아닌 전분으로 제조한다. 옥수수, 고구마 또는 감자 전분에 뜨거운 물을 넣어 호화시킨 후익반죽 다시 전분을 넣어 반죽한다. 반죽을 가는 구멍으로 압출한 후 끓는 물에 순간적으로 호화하여 성형한다. 이 과정이 당면의 탄력성을 좌우하는 중요한 공정이다. 호화된 면을 약 10℃의 차가운 물로 냉각한 후 자연건조 또는 실내건조를 이용해 당면을 제조한다.

(3) 마카로니, 스파게티

마카로니, 스파게티 면은 마카로니 밀이라고도 불리는 단백질함량이 높은 듀럼durum종의 소맥을 원료로 하여 압출한 면이다. 그러나 이 소맥은 생산량이 적어 강력분을 대용원료로 사용하는 경우가 많으며 소금은 보통 사용하지 않는다.

소맥분에 물을 첨가하여 충분히 반죽한 후, 강한 압력을 가하여 여러 개의 구멍이 뚫린 두꺼운 철판에서 압출한다. 압출한 것을 적당한 길이로 자르고 통풍건조기로 약 30시간에 걸쳐 천천히 건조시켜 제품화한다. 급속히 건조하면 면에 균열이 발생하여 끊어지게 된다.

보통 마카로니는 직경 2~7mm 관통형의 제품으로 구멍이 있는 것은 건조가 용이하고 고유의 식감을 부여하기 위한 것이다. 스파게티는 직경 2~3mm의 막대 모양의 제품이다. 이 밖에도 여러 가지 모양의 제품이 있다.

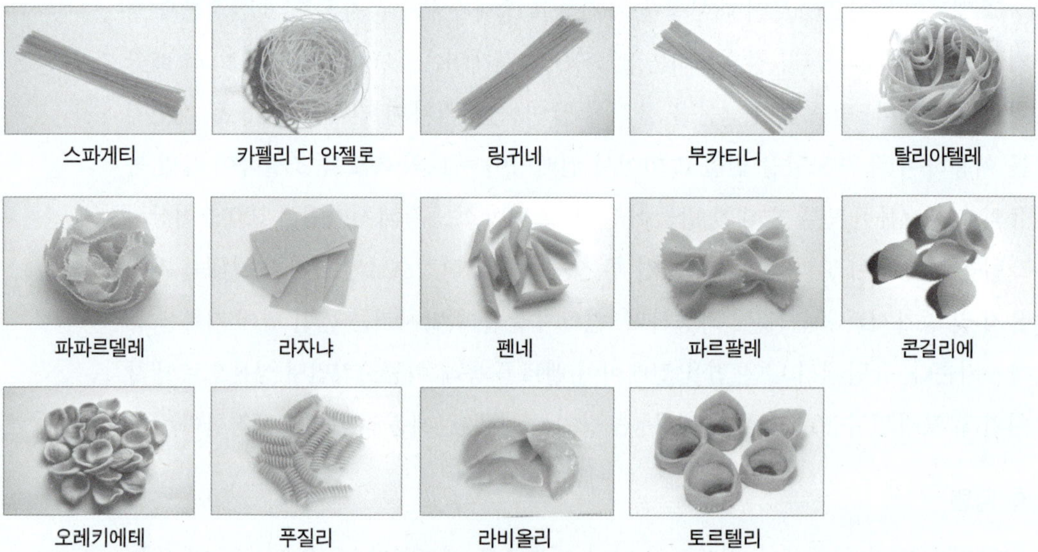

그림 2-9 | 여러 가지 파스타

(4) 빵

빵은 소맥분에 부재료를 혼합하여 반죽한 후 구워서 만든 것으로 효모를 사용하는 발효빵과 비스킷 같은 무발효빵이 있다. 빵은 소맥분 이외의 곡분을 원료로 사용하기도 하는데, 대부분은 소맥분으로 만든다. 소맥분 중 단백질이 많은 강력분을 주로 사용하고 여기에 설탕, 유지, 소금을 배합하고 빵효모를 넣어 발효에 의해 발생하는 탄산가스로 팽창시킨 후 굽는다.

식빵은 재료에 따라 밀가루빵, 보리빵, 옥수수빵, 호밀빵, 혼합빵, 우유식빵, 건포도식빵, 보리식빵, 당근식빵, 페이스트리식빵 등이 있다. 빛깔에 따라서는 흰빵과 흑빵으로 구분되고 밀기울이 혼합된 빵과 전립분全粒粉만으로 된 그레이엄graham빵이 있다. 재료 배합에 따라 밀가루, 이스트, 식염만으로 만든 프랑스식 빵과 설탕, 우유, 유지 등을 배합한 미국식 빵이 있다. 굽는 방법에 따라서는 겉쪽을 두껍게 구운 유럽식과 겉을 얇고 부드럽게 구운 미국식 빵이 있다. 용도별로는 식빵, 테이블빵, 과자빵 등이 있고, 과자빵은 빵반죽에 유지를 층 모양으로 속까지 깊이 넣은 파이 모양의 페이스트리로 만든다. 식빵은 빵의 윗부분을 산 모양으로 부풀린 영국식과 눌러서 판판하게 구운 미국식이 있는데, 이 미국식을 샌드위치형이라고도 한다.

① 제조법

빵의 제조법에는 재료 전부를 한번에 혼합하여 빵반죽을 만들고 발효시키는 직접법straight dough process, 직날법과 밀가루의 일부보통 70%와 효모, 효모먹이yeast food의 전량과 물을 혼합하여 반죽을 만들어 발효시킨 후 나머지 밀가루와 그 밖의 원료

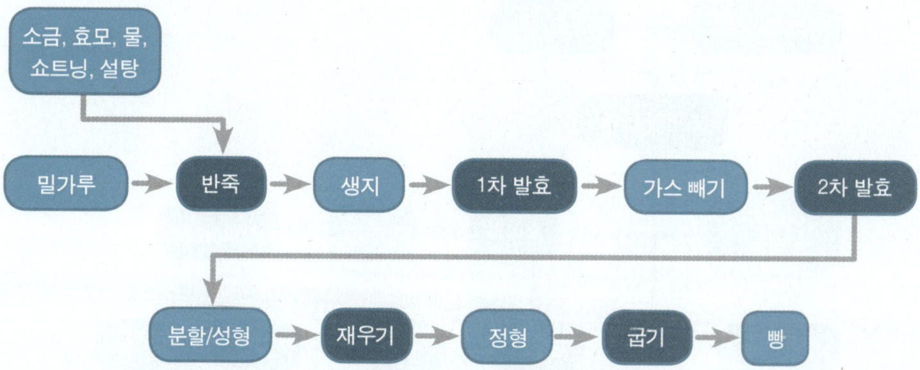

그림 2-10 | 직접법의 제조공정

표 2-5 | 직접법의 장 · 단점

장점	단점
• 제조공정시간이 단축된다. • 작업 시 제조장 및 설비가 간단하다. • 노동력이 절감된다. • 짧은 발효시간으로 발효손실이 감소한다.	• 발효 내구성이 약하다. • 반죽 잘못 시 반죽 수정이 불가능하다. • 노화가 빠르다.

를 가하여 반죽을 만드는 중종법스펀지 반죽법, sponge dough method, 연속식 제빵법연속법, continuous dough mixing system, 액체발효법액종법, liquid ferment process 등이 있다. 발효빵은 소맥분에 설탕, 쇼트닝, 버터, 우유 또는 탈지분유, 이스트, 식염 등을 넣어 반죽해서 부풀려 만드는데, 산도 조절을 위해 탄산칼슘을, 영양 강화를 위해 비타민 B_1, 라이신 등을 첨가하기도 한다. 대체적으로 미국식 빵은 다양한 부재료를 사용하는 데 비해 유럽식에는 밀가루와 식염 이외에 다른 재료를 넣는 일이 적다.

직접법은 모든 재료를 한 번에 반죽하는 것으로 반죽온도는 27℃를 유지하며 발효시간은 1시간 반에서 3시간 사이에 완료하는 것이 일반적이다. 중종법은 재료를 한 번에 넣고 반죽하지 않고 2번에 걸쳐 반죽하는 방법이다. 재료를 혼합하여 중종을 만들고 적어도 2시간 이상 발효시킨 뒤, 이것을 나머지 재료와 섞어 반죽한다. 스펀지의 반죽은 3~5분 정도로 짧게 반죽하며 반죽온도도 22~26℃로 직접법에 비해 약간 낮게 한다. 직접법에 비하여 시간이 많이 걸리지만 제품의 조직감이 부드럽고 작업공정상의 오류 발생 시 교정이 쉬운 장점이 있다.

액종법은 물에 이스트, 유지, 부재료를 넣어서 이스트를 활성화한 후 밀가루를

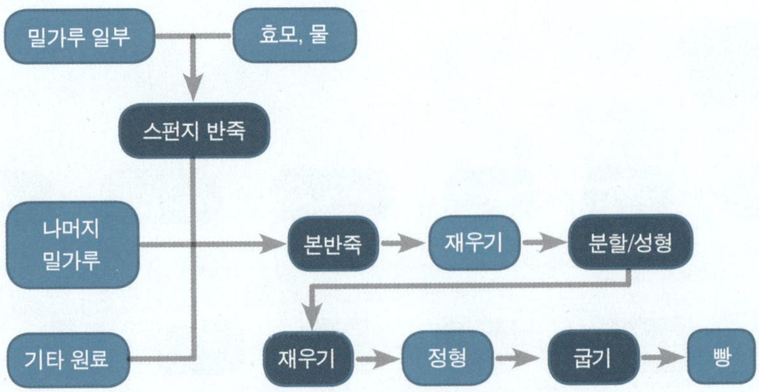

그림 2-11 | 스펀지법의 제조공정

표 2-6 | 스펀지법의 장 · 단점

장점	단점
• 잘못된 공정을 수정할 기회가 있다. • 이스트 사용량이 감소한다. • 빵의 조직과 속결, 부피가 좋다. • 저장성이 높다.	• 발효손실이 크다. • 제조공정이 복잡하다. • 설비비와 노동력이 많이 든다.

넣어 반죽하고 발효시키는 방법이다. 이 방법은 스펀지법에서 스펀지 반죽을 액체로 대체한 방법이 변형된 것으로 대량 발효가 가능하며 펌프와 탱크로 이루어져 공간과 설비의 감소를 가져올 수 있다. 또한, 균일한 제품이 가능하고 생산손실도 줄일 수 있다는 장점이 있으나 글루텐의 숙성과 향을 기대할 수 없다는 단점이 있다. 연속법은 계속적인 작업을 하나의 제조라인을 통하여 진행하는 방법으로 유지를 물과 같은 재료들과 유화시키고 이스트액과 밀가루를 섞어 부드러운 반죽을 만들며 급히 틀에 부어 짧은 시간 내에 발효시킨다.

② 제빵 원리

제빵과정 중에 체로 친 밀가루에 물에 녹인 소금, 물에 녹인 효모, 설탕 등을 첨가해 반죽한 후에 마지막으로 쇼트닝과 같은 유지류를 첨가해 다시 반죽한다. 이처럼 유지류가 최종 반죽단계에 첨가되는 이유는 글루텐이 망구조를 형성하여 생지의 점탄성이 증가하고 효모의 작용에서 발생한 탄산가스를 보존할 수 있게 하기 위해서이다. 탄산가스는 발효원으로서 첨가된 자당과 포도당 등을 효모가 이용해서 발생시킨다.

혼합반죽에는 분당 약 60회전을 하는 고속도 혼합기가 이용된다. 글루텐함량이 많은 소맥분의 경우는 고속, 단시간의 혼합이 좋다.

혼합 반죽이 끝나면 온도 약 28℃, 습도 75%의 발효실에 넣어 1차 발효를 진행하며 발효에 의하여 팽창하면 가스 빼기를 한다. 가스 빼기를 하는 이유는 생지를 한층 균일하게 하고, 또 안팎의 온도를 일정하게 함으로써 발효속도를 균일하게 하며 크기가 큰 가스 구멍을 작게 만들기 위함이다.

가스 빼기 후 10~20분 내에 생지를 분할기에서 작은 덩어리로 나누어 둥글게 만든 후 온도 30℃, 습도 75~85%의 숙성실에서 숙성시킨다. 숙성이 끝난 생지는 성형 및 틀에 넣는다. 틀에 넣은 후 온도 약 36℃, 습도 85~90%의 발효실에 넣어 20~50분간 2차 발효를 한다. 이 발효에 의해 글루텐이 다시 늘어나기 쉬운 상태가 된다.

생지가 적당한 크기로 팽창했을 때 오븐에 넣어 굽는다. 오븐 안에서 생지가 서서히 가열되면 온도의 상승과 함께 아밀레이스amylase 작용이 활발해지고 전분이 분해되어 저분자 물질이 생기며 생지는 그 팽창성이 한층 증가한다. 한편, 효모의 작용도 한층 왕성해져 탄산가스를 생성한다. 이렇게 발생한 탄산가스와 이전부터 생지에 존재하고 있던 탄산가스는 열에 의해 팽창하는데, 증가한 생지의 가스를 유지하기 위해 빵의 체적體積이 현저히 증가한다. 더욱이 빵의 표면에는 단단한 껍질이 생겨 내부의 가스를 더 잘 유지하게 된다.

오븐의 온도는 230℃ 정도가 보통인데, 원료의 배합에 따라 굽는 온도와 시간을 조절한다. 예를 들어, 우유, 설탕 등이 적은 경우에는 비교적 고온에서 단시간 굽는다. 온도가 너무 낮으면 결이 거칠어지고, 굽는 시간이 길면 빵의 껍질이 두꺼워진다. 온도가 너무 높으면 팽창이 충분히 이루어지기 전에 바깥 껍질이 형성되어 빵의 용적이 작아진다. 굽는 시간은 종류마다 많은 차이가 있는데, 일반적으로 30~50분이 보통이다.

구워진 빵은 되도록 빨리 냉각한다. 세균 등의 번식이 쉬운 30~50℃의 온도를 되도록 빨리 낮추어 변패를 방지하기 위해서이다.

③ 빵효모

효모는 당을 발효시켜 알코올과 탄산가스를 발생시키는 작용을 한다. 빵용 효모는 맥주효모균*Saccharomyces cerevisiae*이 이용되고 있다. 맥주효모, 청주효모와의 다른 점은 빵 특유의 향이 발생한다는 것이다.

효모를 생산하는 데에는 탄수화물원으로서 폐당밀을 이용하고 질소원으로는 암모니아 또는 류산암모니아, 인산으로서 인산염을 첨가한다. 보리맥아즙을 당화시킨 것을 첨가한 후 pH를 4.0~4.5로 조절하여 종효모를 첨가한 후 25~30℃로 배양한다. 보리맥아즙을 첨가하는 것은 효모의 생육을 촉진하는 작용을 하기 때문이다. 배양할 때에는 당액의 농도를 3~4%로 희석시키고 다량의 공기를 공급한다. 효모세포의 증식이 왕성해지고 알코올 발효는 거의 일어나지 않는다. 산소를 공급하지 않으면 당의 대부분은 탄산가스와 알코올로 분해되어 효모의 증식이 적어진다. 8~12

시간의 본 배양 종료 후 연속식 원심분리기의 일종인 효모분리기에 의해 효모를 연속적으로 분리한다. 분리한 크림 상태의 효모는 냉수에서 교반, 세정하고 다시 냉각하면서 효모분리기에 넣어 분리한 후 필터프레스에 넣어 압착 여과시켜 프레스에 남은 부분을 혼합하여 450g씩 성형하여 제품화한다. 이것을 압착효모compressed yeast라고 하며 5℃ 이하로 냉장보관한다.

(5) 소맥 단백질

소맥 단백질은 대두 단백질과 함께 새로운 단백식품을 제조하기 위한 원료로서 중요한 식물단백이다.

제품으로는 분말 형태, 페이스트 형태, 입자 및 섬유상의 소맥 단백이 제조되고 있다. 이러한 제조법의 원리는 글루텐을 얻는 방법과 동일하게 소맥분 또는 밀기울에서 생긴 생글루텐을 다양하게 가공하여 만든다. 이러한 제품의 특징은 글루텐이 갖고 있는 특유의 탄력성을 들 수 있어 수산 연제품을 중심으로 널리 이용되고 있다.

4) 그 밖의 잡곡

(1) 귀리

오트밀의 원료가 된다. 귀리를 도정, 정백한 후 볶아서 분쇄한 것이 오트밀이다. 오트밀은 귀리의 가루로 죽을 쑤어 소금과 설탕, 우유 등을 넣어 먹는 서양식 간편식porridge이다. 귀리 가공품은 식이섬유 함량이 1.6% 이상으로 비교적 많은 양이 함유되어 있다.

그림 2-12 | 귀리를 가공한 제품

(2) 메밀

메밀은 생육기간이 짧고 비료를 그다지 필요로 하지 않기 때문에 예전에는 구황작물로서 재배되었다. 삼각의 능菱 형태를 한 검은색으로 맷돌로 가볍게 갈아 쪼개면 껍질이 벗겨지기 때문에 이것을 체로 거른 뒤 다시 분쇄한다. 최근에는 맷돌 대신 소맥분용 소형 롤러가 사용되고 있다. 메밀가루를 사용하여 메밀국수를 만들기 위해서는 끈기를 내기 위해 보통 소맥분과 참마 등을 첨가한다.

그림 2-13 | 메밀

(3) 호밀

호밀rye은 서남아시아가 원산지이며, 한랭한 고지나 척박한 토지에도 잘 적응하여 밀 대신에 재배되기도 한다. 외관은 밀과 유사하나 좀 더 가늘고 길며 표면에 주름진 것이 많다. 입자의 질감은 밀에 비하여 단단한 편이며, 종자의 색은 청색과 연한 갈색의 2종류가 있다. 단백질함량은 약 10%이며 이 중 프롤라민prolamine과 글루테린glutelin이 각각 40%를 차지하고 아미노산 조성은 히스티딘histidine과 시스틴cystine이 많으며 라이신lysine과 트립토판tryptophan의 함량이 적다.

호밀은 제분하여 빵으로 먹는데, 글루텐gluten이 형성되지 않아 덜 부풀고 색이 검은 독특한 풍미를 지닌 흑빵이 만들어진다. 그 외에 맥주나 위스키 등의 양조 원료로도 이용한다.

(4) 옥수수

옥수수는 남미 안데스산맥 일대가 원산지이며, 쌀 다음으로 생산량이 많은 세계 3대 작물 중의 하나이다. 주로 전분 제조용으로 사용되나 감미종은 완숙되기 전에 직접 식용하거나 팝콘용으로 사용한다.

말린 옥수수는 8.0~10.2%의 배아와 단백질이 약 10%를 차지하며 70% 정도의 전분질을 함유하는데, 주된 단백질인 제인zein은 라이신과 트립토판이 거의 함유되지 않은 불완전 단백질이다. 지방은 배아에 존재하며, 분리한 배아로부터 리놀레산linoleic acid의 함량이 높은 옥수수기름을 얻을 수 있다. 당질은 약 70% 함유되어 있으며, 찰옥수수waxy corn의 전분은 거의 100%가 아밀로펙틴amylopectin인 반면 일반 옥수수는 아밀로스amylose가 약 25%, 아밀로펙틴이 75% 정도를 차지한다. 옥수수는 알맹이의 형태와 질감에 따라 구별된다.

① 스위트콘

스위트콘sweet corn, 감미종, 甘味種 종자의 과피는 반투명의 초자질로 이루어져 있으며 전분의 일부가 포도당이나 서당으로 변하여 감미가 강한 편이다. 옥수수가 짧고 조숙성이며, 주로 식용이나 조림용으로 이용된다.

② 팝콘

팝콘pop corn, 폭렬종, 爆裂種 종자의 과피는 초자질로 매우 단단하나 내부는 부드러운 특징을 지니고 있으며, 열기에 튀기면 수분의 압력에 의해 소리를 내며 폭발하듯이 노출된다. 주로 간식용으로 이용된다.

③ 플린트콘

플린트콘flint corn, 경립종, 硬粒種의 과피는 단단한 초자질 전분으로 둘러싸여 있으며 매우 견고하다. 낟알이 덴트콘dent corn보다 다소 작으며 충해를 받지 않고, 저장성이 높은 특징을 지니며, 미숙한 것은 간식용으로 이용된다.

④ 덴트콘

덴트콘dent corn, 마치종, 馬齒種은 종자의 과피가 두꺼워 식용으로는 부적당하며, 건조시키면 요철형상이 나타난다. 알갱이는 흰색과 황색의 2가지 종류가 있으며 알갱이의 상부는 분상질 전분으로 이루어져 있고, 수확량이 많아 사료나 공업용 원료로 많이 이용된다.

⑤ 왁시콘

왁시콘waxy corn, 나종, 糯種은 종자 전분의 98%가 아밀로펙틴amlopectin으로 이루어져 있으며, 요오드 반응 시 적갈색을 띠고 주로 식용으로 이용된다.

⑥ 소프트콘

소프트콘soft corn, 연립종, 軟粒種의 종자는 초자질 부분이 적고 분상질 전분이 많으며, 건조시키면 표면에 주름이 생긴다. 백색과 청자색 종이 있으며, 전분 제조, 통조림용 또는 식용으로 이용된다.

표 2-7 | 옥분의 종류와 용도

구분	용도
호미니	시리얼 및 뻥튀기용
그리츠	스낵류 및 양조용 원료
플라워	재래식 엿 제조용, 프리믹스, 스낵류 및 일부 공업용

옥수수의 배아 및 옥피를 분리한 후에 배유 부위를 분쇄하여 입자 크기별로 분급한 제품이 옥분이다. 입자의 크기에 따라 호미니hominy, 그리츠grits, 플라워flour로 구분되며 그리츠는 다시 5등급으로 구분되는데, 건식 파쇄법을 이용하여 제조한다. 옥분을 이용하여 옥수수 고유의 독특한 풍미와 맛을 지니고 있는 스낵류 및 대용식의 원료로 주로 사용한다. 옥수수의 배아부를 분쇄한 것이 콘그리츠corn grits이며 미분쇄한 것이 콘플라워corn flour이다. 콘그리츠는 일반적으로 스낵 제조용으로 많이 이용되고 콘플레이크corn flake는 콘그리츠에 조미액을 가하고 가압, 가열, 증자하여 반건조시킨 후 압편하고 건조시킨 것이다.

3 곡류의 저장

저장된 곡물은 수확 후 생리적으로 비교적 안정한 휴면 상태에 있는데, 이 상태에서의 생명력을 잘 보존시키는 것이 중요하다. 그러나 저장 중에는 저장곡물 자체의 변화뿐 아니라 자연적으로 피해를 주는 여러 가지 요인이 있다. 그중에서 곡물의 수분과 온도가 가장 중요하다.

1) 수분

곡물 중 현미의 수분은 보통 14% 내외, 보리는 13~14% 정도의 수분을 함유한다. 곡물의 수분함량은 곡물 주위의 습도와 관계가 크다. 즉, 곡물 저장 중에는 곡물 알갱이와 공기 사이에서 수증기의 형태로 수분의 교환이 일어나며 최종적으로는 곡물 중 수분의 수증기압과 공기의 수증기압 사이에 평형 상태를 유지하게 되는데, 이것을 평형수분平衡水分이라 한다. 우리나라에서 유통되는 쌀의 평형수분함량은 품종 및 도정한 수준에 따라서도 차이가 있어 현미가 가장 높고, 백미가 다음이며, 벼가 가장 낮다.

곡물 저장 중 호흡이 현저하게 증가하는 것은 곡물 자체보다는 기생하는 미생물에 기인하는 경우가 많고, 해충의 영향은 그다지 크지 않다. 쌀의 수분함량이 15%를 넘으면 곰팡이를 비롯한 여러 가지 미생물이 크게 번식할 확률이 높다. 이러한 이유로 수매 시 벼의 수분함량을 15% 이하로 한다.

2) 온도

일반적으로 곡물의 저장온도가 20℃ 이상이 되면 곡물의 호흡작용과 해충 및 미생물의 번식이 왕성해진다. 그리고 온도가 낮아질수록 이들의 작용 및 번식이 적어져 저장에 유리하며 15℃ 이하가 되면 미생물의 활동이 거의 정지된다.

곡물의 품질이 저하되고 실질적으로 소모의 최대요인이 되고 있는 해충도 20℃ 이상이 되면 잘 번식하지만, 15℃에서는 번식률이 대단히 낮아져, 거의 해가 없으며 10℃가 되면 거의 번식하지 못한다.

3) 곡물 저장 중의 변화

(1) 화학적 변화

곡류 저장 중에 일어나는 주요한 화학변화의 내용을 보면 지방이 분해해서 유리지방산이 증가하는 변화가 가장 많고 다음은 전분의 변화가 많다. 단백질의 변화는 비교적 느린 편이며 지방의 분해는 곰팡이 등의 미생물에 의해서 촉진된다.

(2) 생리적 변화

생리적 변화 중에서 호흡과 발열은 가장 중요한 문제이다. 저장 중의 미맥米麥은 주로 호흡에 의해서 그 성분을 소모시키게 된다. 그런데 호흡작용은 곡립 그 자체와 미생물, 해충의 대사작용과 서로 함수적 관계를 이루며 상당히 복잡한 작용을 한다.

수분과 온도는 호흡의 대소를 결정하는 주요인이며 이 두 조건이 다 같이 낮으면 호흡이 감소되고 따라서 저장성이 좋아진다.

수분이 증가하면 호흡이 증대되고 미생물의 활동이 활발해지며 온도는 대사작용과 관련이 높다.

(3) 생물에 의한 피해

곡물 저장의 실제문제로서 해충, 미생물, 쥐 등의 생물에 의한 피해가 가장 크다. 세계적으로 저장곡물의 5%가 해충에 의해서 손실되는 것으로 추정되고 있다.

저장 중의 곡물에 기생하는 해충은 수십 종이 보고되어 있으나 그중에서 중요한 것들을 보면 딱정벌레류와 나방류 및 거미류에 속하는 것들이다. 현미의 수분은 14~16%이기 때문에 수분함량이 60%를 넘는 고구마 등과 비교하면 저장이 쉽지만 그래도 저장 중에 다양한 방법에 의하여 피해를 입는다. 그 첫 번째 피해로는 곤충에 의한 피해이며 그중 바구미에 의한 피해가 가장 많다. 바구미는 날씨가 따뜻해지면 교미를 하고 암컷은 현미에 구멍을 내서 쌀 1알에 1개씩의 알을 낳는다. 이 알이 부화하여 유충이 되고 그 유충이 내부에서 쌀의 배유부를 먹이로 성장하여 성충이 되어 쌀의 외피를 먹어치운다. 대부분의 해충은 15℃ 이하에서는 거의 번식하지 않지만 20℃를 넘으면 번식이 활발해진다. 따라서 가을에 수확하는 대부분의 곡류는 다음해 봄까지 해충에 의한 피해가 거의 없고 4월 이후에 피해를 입게 된다. 4월 이후에도 저장 창고의 온도를 15℃ 이하로 유지하면 해충의 피해는 거의 발생하지 않는다. 저온저장을 하게 되면 해충피해가 적을 뿐 아니라 수분의 증발도 최소화하여 품질도 거의 햅쌀의 상태로 보존된다.

일단 저장 중에 해충이 발생했을 때에는 약품에 의한 훈증법燻蒸法을 이용한다. 약품으로는 메틸브로마이드 또는 메틸브로마이드와 에틸렌옥시드의 혼합약제가 많이 이용되고 있다. 훈증을 할 때에는 창고를 닫고 완벽하게 밀폐한 뒤 창고 내에 상기의 약품을 뿌린다. 사용량은 창고 용적 $1m^3$당 10.5g이며 분무한 후 3일 정도 방치하게 되면 해충과 알, 유충, 성충 모두를 사멸할 수 있다.

(4) 미생물에 의한 피해

쌀의 변질에 있어서 가장 관계가 깊은 미생물은 곰팡이다. 해충에 의한 곡물의 피해가 양적 손실이라고 한다면 미생물에 의한 피해는 향기의 변화와 착색 등의 질적 손실이라고 할 수 있다. 미생물은 때로는 유독물질을 분비하는 것도 있다.

현재까지 알려진 곡류 저장 중의 유독 곰팡이를 보면 수분함량이 비교적 높은 쌀에는 *Penicillium islandicum* 등의 곰팡이가 생육할 수 있으며, 이 곰팡이가 생육된 쌀을 먹으면 간경변을 일으키게 되는데, 이때의 독성분은 이슬란디톡신islanditoxin이다. 이 곰팡이는 쌀에 생육할 때 적황색의 색소를 생산하므로 경계해야 한다. 그리고 간암을 유발하는 균에는 황국 곰팡이 중에서 *Aspergillus flavus*가 있는데, 이는 저장곡물 등에 번식해서 아플라톡신aflatoxin을 생산한다. 이것은 곰팡이독 중에서 가장 독성이 강한 물질이며 간암을 유발한다.

쌀은 저장 중에 미생물, 특히 곰팡이가 발생하는 경우가 있다. 곰팡이의 발생은 저장 중인 쌀의 색을 변화시키는데, 투명도가 감소하며 뿌옇게 변한 것은 *Rhizopus*가, 황색으로 변색된 것은 *Penicillium*이, 흑색으로 변한 것은 *Aspergillus* 등의 곰팡이가 발생했기 때문이며 곰팡이의 발생과 함께 곰팡이 취가 나게 된다. 특히, *Penicillium citreoviride*, *P. islandicum*, *P. citrinum* 등이 번식하여 황색으로 변색된 것을 황변미라고 한다. 곰팡이를 방지하기 위해서는 쌀의 수분을 적게 하는 것이 가장 중요한데, 수분을 14% 정도로 유지하면 곰팡이가 번식할 위험이 적다.

(5) 물리적 변화

저장 중에 쌀은 흡수력과 흡수팽창률이 차차 적어지고 강도는 대체로 높아진다.

충해를 받았거나 변질되었을 때는 쌀의 수분함량이 적어지므로 용적중은 차차 커진다. 그러나 1~2년간은 큰 변화가 없고, 그 후는 약간 변한다.

4) 곡류의 저장방법

세계 각국의 쌀 생산국에서 실시되는 저장방법은 벼의 형태가 원칙이 되어 있으나, 유독 일본만은 현미 형태로 저장하는 습성이 있다. 외피를 벗기지 않은 상태의 벼나 원맥은 저장 중 물리적 장해를 받기 어렵고, 수분이 적당하면 해충이나 미생물, 쥐 등의 피해가 비교적 적다. 따라서 가장 적당한 저장 형태라 하겠다.

그러나 벼의 용적은 현미의 약 2배가 되므로 창고의 용적이나 수송문제를 생각할 때는 현미로 저장하는 것이 유리할 수도 있다. 그러나 일단 쌀이나 보리를 가공하여 생산되는 백미나 정맥은 그 저장이 상당히 어려워진다. 이들은 가공처리에 의해서 물리적 변화를 받고 동시에 보호 구실을 하는 외피를 상실하였기 때문에 해충이나 미생물의 침범이 용이할 뿐 아니라, 온도나 습도의 영향을 많이 받는다. 또한 식미食味의 저하도 심하므로 가급적이면 이 방법을 피하는 것이 좋다.

일단 왕겨를 제거한 현미는 가마니, 종이봉투 등의 용기에 넣어 저장되거나 사이로에 대량으로 저장된다. 저장 중에 쌀은 호흡작용을 진행하기 때문에 쌀의 영양성분은 감소한다. 감소의 정도는 쌀의 수분과 온도에 관계가 있다. 수분함량과 온도가 높으면 영양성분의 분해 속도가 높아져서 감소의 폭은 커진다. 보통 수분이 많은 쌀15% 이상을 연질미軟質米, 수분이 적은 쌀을 경질미硬質米라고 한다. 수분감소량은 수분함량 16%의 쌀인 경우 온도가 20℃ 정도일 때 1개월에 0.25% 정도, 14%의 쌀인 경우에는 0.01% 이하이다. 따라서 쌀의 수분함량에 따라 저장하는 기간 및 방법 등을 서로 다르게 적용할 필요가 있다. 쌀을 저장하기 위한 조건은 온도를 10~15℃, 상대습도를 75% 이하로 유지할 수 있는 저온 창고가 적합하며 연질미를 보관할 경우 수분함량은 15%를 유지할 수 있도록 한다. 저장의 형태는 벼의 상태로 하는 것이 병충해가 적은 장점이 있으나 저장공간을 많이 차지하는 단점이 있다.

수확된 소맥은 대용량의 백bag에 채워 넣는 경우가 많으나 수입 소맥의 경우에는 낱알 상태로 배로 운송되기 때문에 하역 후에 수송하기 쉽게 소규모 자루에 채워넣는 경우도 있다. 자루에 채워진 소맥의 저장은 쌀의 경우와 큰 차이가 없으며 낱알로 저장하는 경우에는 주로 사일로silo가 이용된다.

실험 experiment

밀가루의 반죽 팽창력 실험

제빵용 밀가루는 글루텐의 함량이 많고 그 질이 우수한 강력분이 좋다. 강력분은 중력분 및 박력분에 비하여 여러 가지 점에서 차이가 있으나, 특히 이산화탄소에 의한 팽창력이 크다. 본 실험은 효모의 발효에 의해 발생하는 이산화탄소를 보유하는 밀가루 반죽의 팽창력을 측정 비교하는 것이다.

1. 준비물

메스실린더 500mL, 항온기(incubator), 반죽기(믹서), 체, 빵틀, 밀가루(강력분, 중력분, 박력분), 건조효모, 설탕, 소금

2. 실험방법

① 다음의 무게가 되도록 각각의 재료를 준비한다.
→ 밀가루 각 100g, 소금 1.0g, 설탕 2.5g, 압착효모 3g, 물 60mL

② 건조효모 3g과 설탕 1g을 30℃의 물 30mL에 혼합한 후 30℃의 항온기에 넣고 45분 정도 예비발효를 시켜 효모용액을 만든다. 동일한 효모용액을 3개 준비한다.

③ 밀가루에 효모용액을 가하고 이어서 물 30mL에 설탕 2.5g, 식염 1.0g을 녹인 것을 첨가하여 믹서로 2분간 교반한다. 설탕과 식염을 용해하는 물의 온도는 밀가루와 혼합 후 반죽의 온도가 30℃가 될 수 있도록 조절하는 것이 가장 바람직하다.

④ 믹서로 교반한 반죽을 실린더에 넣고 30℃, 수분함량 80%의 항온항습기에 넣는다.

⑤ 1차 발효는 2시간을 진행한다. 메스실린더의 눈금을 측정하여 2시간 방치한 밀가루별 반죽의 부피를 측정한다.

⑥ 부피 측정이 끝난 반죽을 꺼내어 15회 정도 접거나 합쳐서 가스 빼기를 하고, 다시 메스실린더에 넣어 1차 발효와 동일한 항온항습기에 넣어서 50분간 2차 발효를 한 후 부피를 측정한다.

⑦ 밀가루의 글루텐함량별로 1차 발효와 2차 발효에서의 부피변화를 확인한다.

⑧ 각 시점에서의 부피를 발효 시간으로 나누어 반죽의 팽창률(ml/hr)을 계산한다.

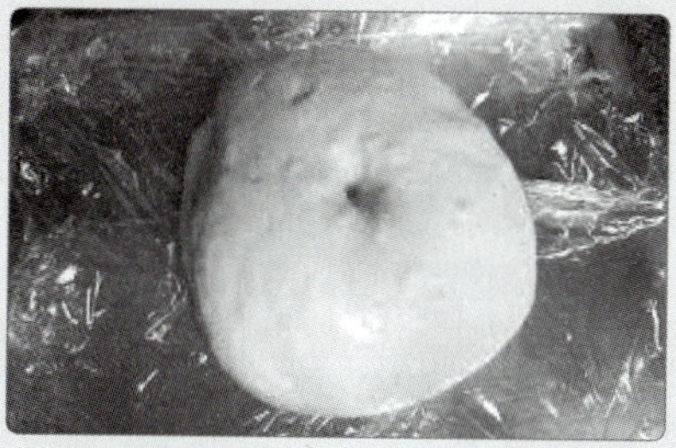

Chapter 3

전분 및 감미료

Chapter 3

❶ 전분

전분澱粉, starch은 자연계에 가장 풍부하게 존재하는 대표적인 고분자물질의 하나로 식품업계는 물론이고 제지산업 등의 산업계에서도 다양한 용도로 활용되고 있는 식물의 저장 탄수화물이며 곡류와 서류 등을 구성하는 주요 성분이다. 전분은 식물의 광합성작용에 의해 생성된 다당류로서 전분입자는 일반 현미경으로 관찰이 가능한 큰 입자로 식물의 종류에 따라 형태가 다르며 무미, 무취의 분말이다. 비중이 1.65 정도이며 물에 잘 녹지 않고, 물속에서 현탁된 후 곧 침전된다.

전분은 옥수수, 고구마, 감자 등으로부터 생산되는데, 물에 침전沈澱하는 가루粉라는 뜻에서 붙여진 이름으로 전분입자는 식물의 종류에 따라 그 모양과 크기가 다르나 모두 거대분자이며, 물에 녹지 않고 침전하는 까닭에 전분 이외의 성분과 쉽게 분리된다. 즉, 전분의 비중은 감자 1.694, 옥수수 1.623, 밀 1.629, 쌀 1.620으로 물보다 상당히 무거워 전분의 제조와 정제 시 이 성질을 이용한다.

표 3-1 | 전분의 종류에 따른 특징

전분	구성비율(%)		입자 크기(㎛)		호화온도(℃)	팽윤력(℃)	용해도
	아밀로스	아밀로펙틴	범위	평균			
쌀	18	82	3~8	5	61~78	-	-
찹쌀	1	99	-	-	55~65	-	-
옥수수	24	76	5~26	15	62~72	24	26
찰옥수수	1	99	5~25	15	63~72	-	-
소맥	25	75	2~35	20	52~63	21	41
감자	23	77	15~100	33	59~68	>1,000	82

전분은 $(C_6H_{10}O_5)n$의 분자식을 가지며, 포도당 분자가 쇠고리를 길게 이어놓은 모양으로 결합된 것인데, 이것을 화학구조상의 차이에 따라서 두 가지로 나눌 수 있다. 그 하나는 찹쌀전분의 주성분인 아밀로펙틴amylopectin이며, 다른 하나는 멥쌀에 많이 들어 있는 아밀로스amylose이다. 아밀로스와 아밀로펙틴의 비율은 전분의 종류에 따라 다르나 일반적으로 아밀로스 20~30%와 아밀로펙틴 70~80%로 구성되어 있다.

전분입자의 크기와 형태는 식물의 종류에 따라 다르나 보통 곡류의 전분입자는 작으며 크기가 직경 2~20μm로 균일한 반면에 감자, 고구마 등의 줄기나 뿌리전분입자는 직경 5~150μm로 크고 불균일하다. 전분의 함량은 전분의 종류에 따라 다르며 쌀 80%, 밀 65~70%, 옥수수 70%, 감자 19~24%이다.

1) 고구마전분

고구마sweet potato는 오래 전부터 식용이나 당면제조의 원료, 전분 또는 주정원료로 이용되어 왔으나 저장성이 약하고 원료의 값이 비싸 전분원료로서의 소비량은 계속 감소추세를 나타내고 있다.

고구마전분의 제조법은 고구마를 분쇄한 후 전분입자만을 모으는 공정으로 같은 종류의 전분입자는 대부분 크기가 유사하며 다른 성분에 비해 비중이 크다는 것을 이용한다.

고구마는 그 품종에 따라 성분 및 전분함량에 차이가 많다. 일반적으로 고구마전분의 함유량은 17~24%로서 우리나라에서 재배되고 있는 품종 중에서는 천미, 충승 100호, 수원 147호 등이 전분의 함량이 높다.

고구마전분의 일반적 제조공정은 그림 3-1과 같다.

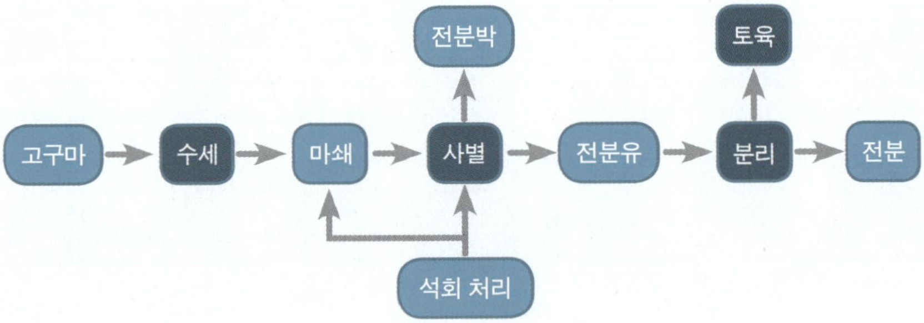

그림 3-1 | **고구마전분 제조공정도**

(1) 수세

전분의 원료로서 적당한 고구마는 전분함량이 높고 외형이 고르며 패인 부분에 토사가 없는 것이 좋다. 전분의 순도와 품질을 저하시키는 수용성 당분, 수용성 단백질, 폴리페놀물질, 섬유질의 함량은 적어야 한다.

고구마로 전분을 제조하기 위해서는 가장 먼저 고구마에 묻어 있는 흙, 모래 등을 씻는다. 이때 완전히 제거하지 않으면 마쇄기가 손상될 우려가 있을 뿐 아니라 마쇄능률도 낮아져서 전분수율도 떨어지게 된다.

(2) 마쇄

불순물이 제거된 고구마는 여러 개의 톱날이 붙은 급속도로 회전하는 마쇄 롤러로 미세하게 분쇄한다. 이 과정을 통해 고구마의 세포에 있는 전분입자가 노출되고 물로 씻겨 나오게 된다. 마쇄작업은 전분수율에 직접 관계가 있는 중요한 공정인데, 마쇄가 불완전하면 전분박 속에 전분이 남게 되어 수율이 떨어진다. 최근에는 원판의 양쪽에 날을 꽂아 부수게 되어 있는 원반형 마쇄 롤러를 사용한다.

(3) 사별

마쇄롤에서 나온 마쇄물은 체를 사용하여 전분유와 전분박으로 분리한다. 마쇄물은 펙틴질과 단백질 등이 함유되어 점도를 갖는 펄프상의 교질 상태를 유지하기 때문에 사별screening 조작을 방해하고, 전분의 침전을 지연시킨다. 이러한 경우 석회수를 첨가하여 pH 7.5~8.0으로 조절시키면 펙틴이 펙틴산석회로 변하여 점성을 잃게 되므로 사별이 촉진되어 전분의 분리수율을 높이고, 폴리페놀polyphenol류가 전분에 흡착하는 것을 방지하여 전분백도를 높여 품질을 좋게 한다. 또 단백질이나 섬유소 등의 불순물 혼입을 방지할 수 있는 이점이 있다. 체에는 거친 전분박을 제거하는 거친 체와 고운 불순물을 분리하는 완성사로 나누어진다. 사별 후 남은 전분박에는 마쇄가 덜 된 전분립이 많으므로 다시 마쇄하여 전분의 수율을 높인다.

(4) 분리

체에서 나온 전분유澱粉乳에는 전분질 외에 미세섬유, 단백질 및 작은 입자의 불순물이 혼합되어 있다. 여기서 전분만을 얻기 위하여 비중차를 이용하여 불순물을 분리, 제거해야 하는데, 방법은 다음과 같다.

① 침전법

체를 통과한 전분유를 침전기에서 정치시켜 전분을 침전시킨다. 8~12시간 정도가 소요되면 완전히 침전된다. 침전되는 순서는 제일 하단부에 흙과 같은 물질이 가라앉고 그 다음으로 전분이 침전되며 그 위에 황갈색의 걸쭉한 앙금인 삽부가 침전되고 상층에 다갈색의 액층이 생긴다. 침전법은 침전시키는 데 장시간이 소요되므로 공장의 처리능력을 저해하고, 물의 온도가 높을 때는 혐기성 세균이 번식하여 제품의 품질을 저하시키는 일이 자주 일어난다. 층 분리가 끝난 후 위층의 물질들을 모두 제거하고 전분부분만을 남겨놓으며 삽부는 삽부탱크에 따로 모아둔다. 삽부는 알칼리에서 용해되므로 삽부에 가성소다나 소석회를 넣어 pH 5.5~6.5로 하면 전분이 잘 회수된다.

② 테이블법

경사진 테이블에 전분유를 천천히 흘려보내면서 전분의 분별침전이 일어나게 하는 방법이다. 가장 윗부분에 모래와 흙이 침전되고, 중간부에는 비교적 순수한 전분이 침전되며, 마지막으로 고운 전분입자와 섬유질이 침전하게 된다. 이 방법은 폐액을 연속적으로 제거하고 전분과 불순물을 신속히 분리할 수 있으므로 전분의 변색이 적을 뿐 아니라 테이블의 위치에 따라 침전되는 전분의 순도가 다르므로 필요부분만 모아서 별도로 정제할 수 있는 장점이 있다.

③ 원심분리법

원심분리기를 이용하는 방법으로 단시간에 전분입자를 분리할 수 있고, 전분과 불순물과의 접촉시간이 짧아 매우 이상적이다. 따라서 현대화된 공장에서는 이 방법을 쓴다. 전분 제조에 이용되는 원심분리기는 노즐형nozzle과 데칸터형decanter이 있으며 노즐형에는 분리형과 수세형이 있다.

(5) 조전분의 용해 및 침전

1차 탱크에서 분리한 조전분은 불순물이 섞여 있을 뿐 아니라 색깔도 좋지 않아 정제공정이 필요하다. 용해조에 반 정도 물을 넣고 여기에 조전분을 투입한 뒤 교반기로 충분히 혼합하여 균일한 농도18~22°Be의 전분유를 만든다. 그 다음으로 이것을 두 번째 침전지로 보내 다시 침전시킨다. 30~50분간 정치시키면 가장 아래층에 토사가 혼합된 전분층, 그 위에 전분층, 가장 위층에 토육土肉층이 형성된다. 토육이란 가장 고운체인 완성사를 거쳐서 나온 미세한 섬유, 불용성 단백질 및 폴리페놀의 중합물에 미세한 전분입자가 섞여 있는 것을 말한다.

2차 침전에서는 전분층과 토육층을 완전히 분리하는 것이 중요한데, 전분 농도가 17~18°Be일 때 토육층이 잘 분리되는 경향이 있다. 정제된 전분유는 탈수기에 투입시켜 전분함량을 36~40%로 하고 건조기에 보내어 열풍건조 등의 방법으로 수분함량 18% 수준으로 신속히 건조한다.

(6) 건조

침전된 후의 생전분에는 수분이 약 45% 내외 함유되어 있는데, 이것을 습윤전분이라고도 부른다. 이것을 자연건조할 경우에는 햇볕이 닿지 않도록 음지에서 1~2주 동안 수분이 18% 정도가 될 때까지 건조시킨다. 어느 정도 규모 이상의 공장에서는 연속식 원심분리기와 열풍건조기를 사용한다.

2) 감자전분

감자도 고구마와 같이 원료 중의 전분함량은 품종은 물론 산지, 수확시기, 재배조건 등에 따라 많은 차이가 발생하므로 원료선택에 신중을 기해야 한다. 따라서 감자 중의 전분함량은 14~25%로 차이가 큰데, 전분제조용으로 적합한 감자는 다음과 같다.

- 전분함량이 높은 것
- 수용성 단백질의 함량이 적어 마쇄할 때 거품이 적게 발생하는 것
- 전분입자가 고르고 분리가 쉬운 것
- 껍질이 얇고 매끈한 것
- 눈이 얇은 것

감자는 고구마의 경우와 대체로 동일한 방법으로 전분이 제조되는데, 완만한 경

사가 진 테이블 위에 전분유를 흘려보내 그사이에 침전, 정제를 하는 테이블법이 주로 사용된다. 감자는 불순물이 적고 전분입자도 크기 때문에 고구마보다 쉽게 품질이 좋은 전분을 얻을 수가 있다. 전분의 수율은 고구마의 경우 17~24%, 감자의 경우에는 12% 내외이다.

고구마나 감자류의 전분 제조에 있어서 공통적인 문제점은 사용하는 물의 양이 많아 폐수, 폐액의 양이 많아지고 이것이 공해의 원인이 된다는 것이다. 그래서 최신 공장에서는 가능한 사용하는 물의 양을 적게 하는 것과 폐액을 처리하여 활용하거나 사료 등으로 이용하는 것 등을 연구하고 있다.

3) 옥수수전분

옥수수는 찰옥수수아밀로펙틴으로 구성, 일반 옥수수아밀로스함량 약 27%, 고아밀로스 옥수수아밀로스함량 60% 이상 등 종류가 다양하여 용도별로 다양한 전분을 얻을 수 있다. 전분 제조용 옥수수는 다수확 품종인 마치종이 이용되고 있으며, 거의 전량 수입에 의존하고 있다.

옥수수는 8.0~10.2%의 배아와 약 10%의 단백질 그리고 70% 정도의 전분질을 함유하고 있으며 배아에는 약 32%의 유지가 들어 있다. 따라서 옥수수전분은 제조공정 중 단백질이나 배아의 분리 및 활용공정이 중요하다.

(1) 아황산침지

옥수수전분을 제조하는 방법에는 건식방법dry milling과 아황산침지에 의한 습식방법wet milling이 있으며, 주로 습식방법이 널리 이용되고 있다. 습식방법에 의하여 옥수수에서 전분과 옥배유corn oil, 글루텐 밀gluten meal, 글루텐 피드gluten feed 등이 얻어진다.

아황산H_2SO_3침지steeping의 목적은 옥수수를 연화시킴으로써 마쇄공정을 쉽게 하고, 단백질과 가용성 성분을 추출함으로써 전분분리를 쉽게 하는 데 있다. 옥수수를 정선하고 수세한 후 0.1~0.2%의 아황산액이 들어 있는 담금탱크에 넣고 50~55℃에서 40~48시간 교반 침지한다. 이때 침지온도가 높으면 옥수수는 빨리 유연해지나 효소의 작용이 활발해져 변질을 초래할 우려가 있다.

아황산액은 환원제로서 수용액 중에 해리되어 설파이드sulfide 이온HSO_3^-을 생성함으로써 단백질의 다이설파이드disulfide(S–S)결합과 반응, 단백질 분자를 절단하여 가용화시킨다. 또한 침지액 중에는 젖산균의 생육에 의하여 젖산 및 단백질 분해효소protease가 생성되어 단백질의 분해를 더욱 촉진한다. 따라서 아황산 농도를 조절하여 젖산발효가 잘 일어나도록 해야 한다.

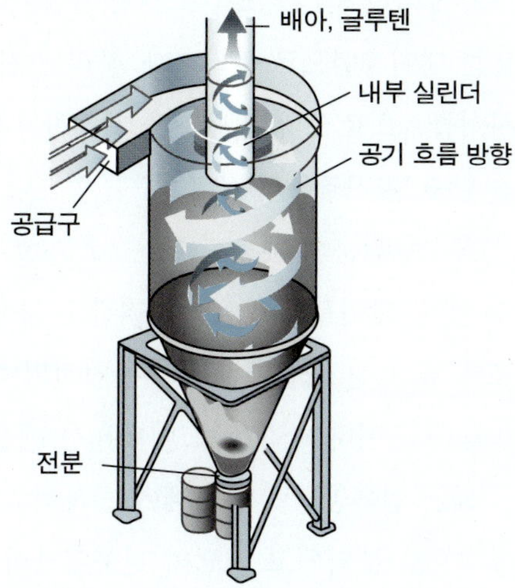

그림 3–2 | 하이드로사이클론 단면도

아황산침지액 중에는 옥수수로부터 용출된 가용성 단백질, 펩티드, 가용성 당질, 비타민류, 무기 성분 등을 함유하게 된다. 이 침출액을 진공증발관에서 농축한 것이 옥수수 침지농축액CSL : Corn Steep Liquor이며, 이것을 글루텐 피드와 혼합하여 판매하거나 각종 항생물질, 효소생산 등의 미생물 공업, 미생물의 배지culture medium에 이용된다.

(2) 전분의 제조

침지공정을 통하여 연화되고 수분함량이 45% 수준으로 증가된 옥수수는 소량의 물과 함께 파쇄기mill로 옮겨 조쇄한 후 배아분리기degerminator에서 배아와 배유로 분리된다. 비중의 차이를 이용하여 떠오르는 배아는 유지의 원료로 하고, 침전하는 전분을 분리한다. 분리된 전분에는 글루텐과 섬유소 등이 혼입되어 있기 때문에 파쇄기stone mill로 미분쇄한 후 진동체50~75um로 사별하여 전분과 글루텐은 통과시키고 섬유소는 체 위에서 제거, 분리한다. 분리된 섬유질은 건조하고 탄산칼슘 등의 무기질을 첨가하여 소의 사료나 양계의 배합사료로 이용되는데, 이것을 글루텐 피드gluten feed라 한다.

진동체에서 분리된 조전분유는 글루텐을 함유하기 때문에 비중의 차이와 입자의 크기에 따라 분리되도록 고안된 원심분리기에 의하여 연속적으로 전분을 분리하거나 또는 테이블법으로 분리한다. 분리된 전분을 18° Be 정도의 전분유로 만들어 다단식 사이클론으로 보내 단백질을 제거하고 여러 차례 수세하여 가용성물질을 제거한 다음 탈수 및 건조하여 정제전분을 얻는다.

옥수수전분의 제조 수율은 62.5%로 100kg의 옥수수에서 62.5kg의 전분을 얻을 수 있다. 테이블에서 흘러내려간 잔재물tailing은 글루텐을 함유하는데, 이것을 침전조에 넣고 정치하면 글루텐이 침전되며 수분함량 12% 정도로 건조하여 글루텐 밀gluten meal이나 MSG원료, 아미노산 간장의 제조원료, 양계용 사료 등으로 이용된다.

최근 연속공정에서는 배아는 하이드로사이클론액체사이클론이라고 하는 장치로 효율적으로 분리되고 있으며 전분입자의 정제에도 하이드로사이클론과 연속식 원심분리기를 병용하고 있다.

4) 소맥전분

소맥전분은 주로 글루텐과 밀기울 제조 시의 부산물로 얻어진다. 소맥분에 물을 넣고 반죽하여 일차로 글루텐과 전분을 분리하고 다시 글루텐에 부착되어 있는 전분을 물로 씻어내 전분유는 체를 통과시킨 후 테이블링공정을 거치거나 연속식 원심분리기로 분리, 정제한 전분을 건조한다. 수율은 58~60% 정도이다.

소맥전분은 식품용 외에 직물용, 호료 등으로 사용되는 경우가 많다.

❷ 전분당

전분을 산 또는 효소로 가수분해하면 전분을 구성하는 아밀로스나 아밀로펙틴이 분해되어 최종적으로 그 구성단위인 포도당까지 분해되는데, 분해조건에 따라 여러 종류의 제품이 얻어진다. 이러한 것을 총칭해서 전분당이라고 하며 물에 녹고 감미를 나타내는 특징이 있다.

1) 물엿

물엿을 제조하기 위하여 전분을 산 또는 효소의 작용으로 분해한다. 일반적으로 전분을 가수분해하면 최종적으로는 그의 최소구성단위인 포도당까지 분해되지만 그 분해조건에 따라 각종 중간 분해물의 혼합물을 얻을 수 있다. 이와 같이 포도당까지 완전분해를 시키지 않은 중간 생성물과 포도당을 비롯한 당분이 혼합되어 있는 액체 상태를 총칭하여 물엿이라고 한다.

산에 의한 제품의 주성분은 덱스트린과 포도당이며, 맥아를 사용한 제품의 주성분은 덱스트린과 맥아당이다. 그중에서 덱스트린은 제품에 점조성을 부여하고 포도당과 맥아당은 감미를 부여한다. 따라서 당화가 지나치면 단맛은 강하나 점조성이 낮아지고, 당화가 덜 되면 점조성은 강해지나 단맛이 적어지게 된다. 그러므로 그 분해 정도당화율를 DEDextrose Equivalent로 나타내고 있으며, 이는 고형분 중의 포도당함량을 백분율로 나타낸 것이다. DE값의 최고치는 현실적으로 93 정도이고 그 이상으로 포도당함량을 높이는 것은 어렵다. 이는 제조과정 중에 생성된 포도당이 분해되기도 하지만, 생성된 포도당이 2개 또는 3개가 결합되는 경우도 있기 때문이다. 또한 이렇게 만들어진 불순물인 소당류에는 쓴맛을 지닌 것이 있다.

$$DE = \frac{\text{환원당}}{\text{전체 고형분}} \times 100$$

(1) 산당화엿

묽은 산과 함께 전분을 가열하면 산의 수소이온의 촉매작용으로 쉽게 가수분해되는데, 우선 20°Be 농도의 전분유를 만들고 이것을 40~45℃로 균일하게 가열한 후 산을 첨가한다. 염산 0.3~0.35%, 황산 0.2~0.3% 또는 수산 0.25~0.34%를 사용하여 2.5 기압에서 30분간 가열한 후 80℃로 냉각하여 당화액을 제조한다. 당화의 종말점은 녹말 요오드 반응으로 적색이나 적자색이 되는 점이나 덱스트린 알코올 침전 반응으로 70~80% 알코올을 첨가하여 침전 상태에 따라 판정하거나 펠링fehling 용액 5mL를 환원시키는 데 필요한 당화액의 양펠링 용액의 청색이 없어지는 점 등으로 판정한다. 이때 덱스트린과 당과의 비율은 1 : 1 또는 0.8 : 1이다. 다음으로 이것을 중화한다.

중화는 당화액에 중화제를 넣어 pH 5.6이 되도록 하는 것으로 염산을 이용하였을 때는 수산화나트륨이나 탄산나트륨으로, 황산이나 수산은 탄산칼륨으로 중화시키는데, 당화액의 온도가 높으면 착색이 되고 온도가 낮으면 여과수율이 떨어진다. 중화에 의해 생성된 침전물질 등은 압착 여과하여 24~28°Be까지 농축한다. 농축한 당화액은 활성탄 또는 이온교환수지 등으로 탈색 정제하고 42~43°Be까지 농축하면 덱스트린과 포도당이 35~45%, 수분이 14~17% 정도가 된다.

분해에 이용되는 산 중에 질산이 가장 품질이 좋은 물엿을 만들 수 있다. 또 콘스타치corn starch를 원료로 해서 동일하게 산당화하여 만든 제품을 콘시럽이라고 부른다.

(2) 효소분해 물엿

예전에는 아밀로펙틴 함유량이 높은 찹쌀을 원료로 제조하는 경우가 많았고 이것이 품질이 가장 좋았으나 최근에는 대부분 전분을 원료로 한다. 산당화엿에 비해 풍미가 좋고 점도가 높다.

15~20°Be의 전분유를 제조한 후 일단 액화를 한다. 가장 일반적으로 사용되는 액화효소는 내열성인 *Bacillus subtilis*가 생산하는 α-아밀레이스가 가장 많이 사용되며 전분유의 0.2~0.25%를 첨가한 후 70~80℃에서 액화시킨다. 액화가 끝나면 60~63℃로 온도를 낮추고 pH를 5.5~5.8로 조정한 후 맥아를 0.4% 정도 첨가하여 온도를 유지하면서 5~8시간 정도 당화시키면 전분의 97% 정도가 당화된다. 이 당화액을 30분 정도 100℃ 부근에서 가열하는데, 이때 잔류효소는 불활성화되며 단백질을 함유하는 불순물은 떠오르기 때문에 쉽게 제거할 수 있다. 그 다음으로 농축과정으로 들어가는데, 대체로 산당화엿과 동일한 방법으로 처리하여 제품화한다. 맥아엿은 산당화엿보다 덱스트린함량이 아주 적은 20~25% 정도이고 60~50% 정도가 맥아당이다.

표 3-2 | 전분분해제의 종류와 특징

종류	사용량*	중화제	특징
염산	0.3~0.35	탄산나트륨	• 가장 저렴하다. • 중화했을 때 생기는 소금 때문에 다른 산을 사용했을 때에 비하여 이온교환수지의 재생비용이 많이 든다.
황산	0.2~0.3	탄산칼슘	• 중화할 때 생기는 황산칼슘은 용해도가 커서 제거가 어렵다. • 쓴맛이 생기는 결점이 있다.
수산	0.25~0.34	탄산칼슘	• 중화할 때 생성된 수산칼슘은 입자가 크고 용해도가 작으므로 여과가 쉽다. • 이온교환수지에 대한 부담이 극히 적어서 유지비용이 적다. 가장 많이 사용한다.

* (%) 무수전분에 대한 사용량

2) 포도당

산이나 효소분해를 통하여 액화 후 당화공정을 마친 당액의 수분함량은 50~60% 정도가 되는데, 이를 원심분리 또는 여과하여 분해되지 않은 부분은 제거하고 활성탄으로 탈색 후 양이온교환수지를 통과시켜 pH를 낮춘 후 탈염처리하면 고순도의 포도당을 얻을 수 있다.

액상포도당은 정제된 포도당액을 고형분함량 70~80% 수준으로 농축한 것이며 정제 포도당은 액상 포도당에서 포도당을 결정화한 후 건조 및 20메시 정도의 체를 통과한 것이다. 함수결정포도당은 정제포도당을 곱게 분쇄한 후 수분함량을 8~9% 정도 되도록 건조한 것이며 무수결정포도당은 함수결정포도당을 용해시킨 후 재결정한 제품이다.

(1) 분말포도당

덱스트린이 잔류하지 않는 시점까지 산당화엿의 분해를 진행한다. 전분을 구성하는 단량체의 분자량이 162이며 함수과정을 통해 포도당으로 분해되는 경우 분자량은 180이 되므로 이론적으로 100g의 무수전분에서 111g의 무수포도당을 얻을 수 있으나(180÷162)×100 전분입자의 마이셀구조에 가수분해를 저해하는 부분이 형성되어 있어 실제로는 수율이 떨어진다.

포도당의 수율을 높이기 위해서는 덱스트린의 농도를 낮추는데, 전분유의 농도를 낮게 하거나 첨가하는 산의 사용량을 높인다. 당화점은 알코올검사로 진행한다. 당화의 종료는 시험관에 소량의 분해액을 넣고 2배 용량의 무수無水알코올을 첨가해 백색 침전이 생기지 않는 시점으로 한다. 전분이 잔류할 경우 침전을 형성하지만 포도당은 침전하지 않기 때문이다. 일반적으로 2~3시간의 분해시간이 필요하다. 다음은 산당화엿의 공정과 동일하게 진행되어 43~44°Be의 농축액을 35℃까지 교반 냉각하며 앞에서 만든 포도당을 0.5% 정도 결정매개체로서 첨가한다. 15~20시간이 지나면 미세한 결정이 석출되기 시작하는데, 이때 온실로 옮겨서 방치하면 전체가 굳어진다. 이것을 분말화한 것이 분말포도당이다.

(2) 결정포도당

순수한 포도당을 얻기 위해서는 당화액에서 포도당을 결정화시킨 후 분리하는 공정을 거친다. 이것을 결정포도당이라고 하며 보통 결정은 1분자의 결정수를 함유하고 있어 함수포도당이라고도 부른다.

제조법은 앞에서 설명한 것과 같이 전분을 산으로 충분히 분해한 후 당화액을 정제하고 36~40°Be로 농축한다. 이것을 결정기에 넣고 결정종을 첨가하여 37~42℃로 유지하면서 천천히 교반하면 서서히 결정이 석출되고 3일 정도 지나면 결정화가 끝난다. 이것을 원심분리를 이용하여 결정을 분리하고 건조하여 제품화한다. 수율은 원료전분에 대해 50% 정도가 된다. 원심분리로 결정과 분리된 당화액은 다시 농축하여 결정을 재석출시킨다. 이때의 수율은 15% 정도가 된다.

전분의 분해에는 다양한 종류의 아밀레이스가 사용되는데, 하나는 전분을 무작위하게 분해하는 액화효소인 α-아밀레이스이며 또 다른 하나는 말토스 및 포도당으로 분해하는 당화효소β-아밀레이스, 글루코 아밀레이스이다.

효소법으로 포도당을 만드는 데는 우선 전분을 90℃ 정도의 고온에서 α-아밀레이스로 액화시킨 후 당화효소를 55℃로 약 50시간 작용시키면 대부분의 전분이 분해된다. 이때 DE값은 97 정도로 대부분의 당이 포도당으로 존재한다.

(3) 정제포도당과 무수포도당

효소법으로 포도당을 제조할 때는 산으로 분해하는 경우와는 다르게 형성된 포도당이 먼저 분해되거나 다시 2개 또는 3개 결합하여 쓴맛 성분을 구성하는 경우가 있다. 따라서 당화가 종료된 액을 농축한 후 고형포도당을 만들 때와 같이 사각형태로 틀에 넣어 식혀 굳힌 후 분말화하거나 분무건조방법으로 건조하여 상품화한 것이 정제포도당이다. 또 순도가 높은 효소당화액을 농축하여 비교적 높은 온도70℃ 이상로 포도당을 석출시키면 결정수를 함유하지 않는 무수포도당을 얻어낼 수 있다.

(4) 이성화당(이성화 액당)

과당fructose은 포도당에 비해 감미도가 2배 이상이며 감미질이 우수하기 때문에 포도당을 과당으로 변환하는 것은 산업적으로 중요한 과정이다. 포도당을 알칼리로 처리하면 과당도 생성되지만 여러 가지 부산물이 생성되어서 이미와 이취가 발생한다. 그러나 미생물 유래의 이성화효소isomerase를 사용하면 이미, 이취의 문제를 해결할 수 있으며 포도당의 50% 정도가 과당으로 전환된다.

현재 이러한 이성화효소가 개발되어 실용화되고 있다. 예를 들어, 콘스타치를 원료로 할 경우 α-아밀레이스와 글루코 아밀레이스의 작용으로 포도당함량이 높은 콘시럽을 만들 수 있는데, 여기에 이성화효소를 작용시켜 고함량의 프럭토스fructose를 함유한 콘시럽high fructose corn syrup이 제조된다. 과당 함유 제품의 한 예를 보면 고형분함량이 71%이며 당의 조성은 과당 42%, 포도당 50%, 기타 당류 8% 정도이다.

❸ 설탕 및 감미료

설탕은 자당을 주성분으로 하는 천연감미료로 슈크로스sucrose, 자당이라고도 하며 포도당과 과당이 결합을 한 이당류로 환원력이 없다. 설탕은 과일, 꽃, 종자, 벌꿀 등의 식물계에 널리 분포되어 있고, 특히 사탕수수 줄기10~16%나 사탕무 뿌리13~17%에 많다. 여기서 얻은 즙을 농축하고 결정화한 후 정제하여 설탕을 만든다.

1) 사탕수수당(cane sugar)

심은 뒤 18개월 정도 경과한 사탕수수의 줄기는 15% 내외의 자당을 함유하고 있다. 줄기를 베어내 제당공장으로 보내진 줄기는 짧고 가늘게 절단된다. 다음에 강력한 3개의 롤로 압착되어 착즙과정을 거친다. 압착은 3~4조의 롤로 순차적으로 이루어지며 마지막 롤에 들어가기 전에 물을 첨가하여 가능한 압착된 버개스bagasse에 당분이 남지 않도록 한다. 최근 대형공장에서는 연속식 침출기가 이용된다. 이렇게 해서 얻어진 사탕수수 즙은 회색 또는 암녹색의 불투명한 색을 띠는데, 청징작업을 통하여 탈색한다. 청징작업은 주로 수산화칼슘을 포화농도 이상으로 용해한 석회유石灰乳가 사용되는데, 압착 추출된 즙에 석회유를 첨가하여 pH 7.0~7.5 정도도 하고 100℃ 이상까지 가열한다. 이 조작에 의해 유리산은 중화되어 침전되고 단백질과 펙틴질은 응고되며 동시에 색소, 검질gum質, 섬유 성분 등은 이 응고물질에 흡착된다. 1시간 정도 정치시키면 상층은 투명해진다. 이렇게 만들어진 제품은 14~17°Brix 정도가 되는데, 55~60°Brix 정도로 농축하여 시럽으로 만든다.

이 시럽을 진공 결정기로 옮겨 다시 농축하여 당 농도가 과포화 상태가 되면 결정이 석출된다. 석출된 결정을 원심분리기로 분리하면 된다. 더 이상 결정을 석출할 수 없게 된 당밀을 폐당밀molasses 이라고 한다.

이상과 같이 제조된 결정은 황색 또는 적갈색으로 착색되어 있다. 예전부터의 습관대로 재배지의 공장에서는 이 정도로 제품 만드는 것을 끝내며 이것을 원료당 또는 조당組糖이라고 하는데, 이 형태로 소비지로 운반되어 소비지의 정제당 공장에서 다시 백색제품으로 만든다. 원료당의 자당함량은 95~98%이다.

원료당을 공급받은 정제당 공장에서는 이것을 탈색한 후 농축을 통해 과포화용액이 되었을 때 모결정seed crystal을 넣어 결정을 만든다. 마지막 단계에서는 이온교환수지탑을 통과하여 회분을 제거한다. 이렇게 하여 얻은 무색투명한 당액을 진공결정기에 넣어 농축시키고 결정을 석출시켜 원심분리기로 분리한다. 이 설탕은 아직 몇 % 정도의 수분을 함유하고 있기 때문에 회전식 건조기로 건조하여 수분을 1% 이하로 줄인 다음 제품화한다.

2) 사탕무당(beet sugar)

사탕무 뿌리의 성분은 수분 75~80%, 자당 12~18%로 이루어져 있다. 수확한 사탕무의 뿌리는 세정하여 절단기로 얇게 절단한다. 사탕무는 산화효소가 많고 사탕수수와 같이 압착한 뒤의 작업이 어렵기 때문에 잘게 자른 것을 뜨거운 물에서 침출시킨다. 침출되고 남은 사탕무 조각은 압착 건조하여 사탕무펄프를 만들어 사료로 사용된다.

이렇게 만들어진 침출액을 탱크에 넣고 80℃ 정도로 가열한 뒤 알칼리성이 증가할 때까지 석회유石灰乳를 첨가한 뒤 탄산가스를 흡입한다. 이 조작을 2, 3회 반복하여 탄산칼슘의 생성과 동시에 불순물을 침전시킨다.

침전물을 여과시키고 여과액의 탄산가스를 다시 흡입하며 잔존하는 석회石灰를 침전시켜 여과한다. 이 여과액에 아황산가스를 통과시켜 미산성으로 만든다. 여기에서 불순물을 다시 제거하고 용액은 표백한다. 다음으로 이온교환수지탑을 통과시켜 완전히 정제한 후 삼중, 사중의 호용效用탱크에서 당 농도 60% 가까이로 농축한다. 마지막으로 진공증발기에서 농축하여 자당결정을 석출시키고 이것을 원심분리기로 분리하여 건조하는 과정은 앞에서 서술한 사탕수수당의 경우와 동일하다.

원심분리기에서 나온 사탕무 당밀은 자당을 50~60% 정도 함유하고 있다. 이 당밀이 사탕수수 당밀과 다른 점은 자당 이외의 당 성분으로 사탕수수당에는 전화당이 함유되어 있는 것과 달리 라피노스라는 삼당류를 함유하고 있다는 것이다. 라피노스는 자당 결정석출을 방해한다. 그래서 사탕무 당밀에서는 특수한 방법으로 자당을 제조하게 된다. 그 방법으로는 자당이 석회石灰와 결합하여 물로 녹아 나오지 않는 복합체를 만드는 것을 이용한 것으로 스테펜법이라고 부른다. 우선 당밀을 함당량含糖量 6% 정도까지 물로 희석하여 15℃ 이하로 냉각하면서 분말 생석회를 첨가하여 자당과 석회의 침전물을 만들어 여과한다. 이 여과액에는 아직 자당이 함유되어 있기 때문에 85℃로 가열하여 다시 침전시킨다. 이러한 침전물은 혼합하여 사탕무액에 탄산가스를 흡입할 때 첨가하여 석회와의 혼합체를 분해한 후 자당을 회수하게 된다. 따라서 폐당밀의 생성량은 사탕수수에 비해 상당히 적다.

3) 설탕의 가공제품

(1) 각설탕

그라뉴당에 그라뉴당의 포화용액을 첨가하여 잘 혼합한 후 각당형타기角糖型打機로 성형한 다음 서서히 건조시킨 것이다. 녹은 설탕이 건조할 때 다시 결정화되어 시멘트의 역할을 하는 것이다.

(2) 분당

분당粉糖은 가루설탕이라고도 한다. 그라뉴당을 충격식 분쇄기로 고운 분말 형태로 만든 것이다. 양과자, 화과자에 주로 장식용으로 사용한다.

(3) 빙설탕

빙당氷糖이라고도 한다. 원료당을 충분히 청징정제한 당액을 70~72°Brix까지 농축한 것을그라뉴당을 용해시킨 것도 좋다 깊지 않은 용기에 넣고 결정모結晶母를 첨가하여 50~70℃로 가열하여 2주 정도 두면 거대한 결정이 성장하게 된다. 결정은 분밀기分蜜機에서 분밀하여 세정, 건조한다. 설탕 중에서도 가장 순도가 높다.

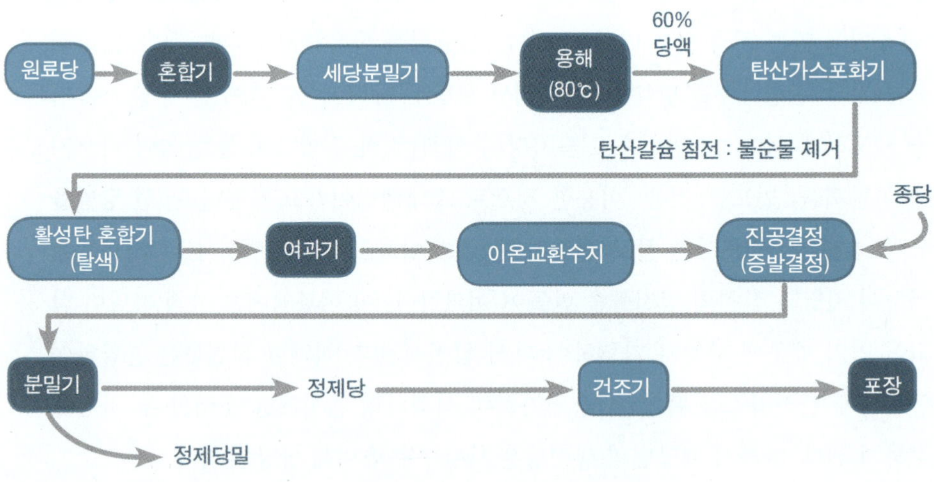

그림 3-3 | 설탕의 제조공정

(4) 과당

설탕을 전화시키면 포도당과 과당의 1 : 1 혼합물이 되는데, 여기에서 포도당을 제거하여 만든다. 또 이성화액당을 원료로 하여 만들기도 한다. 과당은 당류 중 저온에서 감미가 가장 강하다.

(5) 캐러멜

캐러멜의 제조에는 설탕 외에 당밀, 포도당도 사용된다. 이러한 재료를 200℃ 전후로 가열하여 부분적으로 열분해를 일으킨 것으로 흑갈색의 달콤한 향을 갖는 엿 형태의 물질이다. 가열 시 산, 알칼리, 암모니아, 아황산염 등을 첨가하는 경우도 있다. 각종 식품에 갈색을 내기 위해 이용되는데, 원료와 제조조건에 따라 특성이 다르다. 포도당으로 만든 캐러멜은 간장, 소스 등에, 설탕으로 만든 캐러멜은 과자, 위스키, 음료 등에 적합하다.

4) 그 밖의 감미료

(1) 봉밀

봉밀蜂蜜의 주성분은 과당과 포도당인데, 예를 들어 카스텔라에 사용하면 풍미를 좋게 할 뿐 아니라 구웠을 때 색상을 좋게 해준다.

(2) 글리시리진

천연에는 당류 이외에도 아주 강한 감미를 갖는 성분이 존재한다. 글리시리진 glycyryhizin은 감초의 뿌리에 존재하는 유효 성분으로 자당의 50~100배의 감미를 갖는다. 감초 뿌리를 물로 추출하여 농축시킨 것이 감초 진액으로 간장에 첨가하면 소금 맛을 감소시키는 효과를 준다.

(3) 스테비오사이드

남미 파라과이에 야생하는 다년생의 약용식물 스테비아의 잎을 건조하여 에탄올로 추출하면 약 7%의 수율로 스테비오사이드stevioside가 추출된다. 이 식물은 현재 일본에서도 재배되고 있으며 커피, 홍차의 감미료 외에 약용 감미제로서 이용되고 있다.

고구마전분의 제조

고구마는 세척한 후 바로 파쇄(또는 마쇄)하여 조전분유를 얻고 여기에 소석회(석회수 또는 가성소다)를 첨가하여 불순물과 결합하여 제거시킨 후 정제, 탈수, 건조의 공정을 거쳐서 제조한다. 전분 제조용으로 사용되는 고구마 품종은 전분함량이 높고 분리가 쉬운 것으로 수확한 뒤에 많은 시간이 경과하지 않아 전분의 당화가 많이 발생하지 않은 것이 좋다.

1. 세척 및 껍질 제거

고구마를 잘 세척한다. 특히, 껍질에 붙어 있는 모래 및 고운 흙 등은 전분을 제조할 때 혼입되기 쉬우므로 완전하게 제거될 수 있도록 세척한 후 껍질을 제거한다. 껍질을 제거한 후 세척을 해도 관계가 없으나 그럴 경우 내부에 이물질이 옮겨질 염려가 있으므로 더욱 주의해야 한다.

2. 고구마 절단

고구마를 믹서기 등을 이용하여 분쇄할 수 있는 적당한 크기로 자른다. 작게 자를수록 분쇄가 용이하다.

3. 분쇄

적당량의 물을 넣고 고구마를 분쇄한다. 첨가하는 물의 양은 관계가 없으나 물이 너무 많으면 오히려 곱게 갈리지 않을 수가 있으므로 분쇄를 하는 중간에 물을 조금씩 첨가하면서 분쇄하는 것이 좋다. 너무 곱게 분쇄하면 고구마의 섬유질까지 분쇄되어 전분과의 분리가 잘 안 될 수 있으며 분쇄가 거칠 경우에는 전분박으로 묻어나가는 전분의 양이 많을 수 있으나 산업적 규모가 아닌 경우에는 크게 신경쓰지 않아도 된다.

4. 전분유의 분리

고구마 분쇄물을 거름 보자기에 넣고 커다란 용기에 전분유를 걸러낸다. 고구마의 섬유질 때문에 전분유의 분리가 쉽지 않으므로 계속 보자기를 주물러 준다.

5. 전분 침전

고구마 분쇄물이 남아 있는 거름 보자기를 제거하고 전분유를 방치하여 전분을 가라앉힌다. 완전한 침전은 8~12시간 정도 소요되나 시간이 없을 경우 더 빨리 침전된 전분을 회수할 수 있다. 그러나 시간을 앞당길 경우에는 얻을 수 있는 전분의 양이 줄어든다.

① 고구마 분쇄물
②, ③ 고구마 분쇄물을 거름 보자기에 넣고 전분유를 걸러낸다.
④ 걸러낸 전분유를 8~12시간 정도 방치한 후 침전된 전분이다.

6. 건조 및 분쇄, 체질

바닥에 침전된 전분을 회수하여 건조한다. 건조온도가 60℃를 넘을 경우 호화가 발생할 수 있으므로 그 이하의 온도에서 건조한 후 곱게 분쇄하면 된다. 용도에 따라서 다양한 크기의 메시를 이용하여 체질을 하면 고운 전분을 제조할 수 있다.

Food Processing & preservation

Chapter 4

서류 및 두류

1. 서류
2. 두류

Chapter 4

❶ 서류

서류는 주로 식물의 뿌리를 이용하는 식품재료로 주성분은 전분이며 뿌리를 이용한다는 면에서는 근채류와 비슷하나 그 성분이 주로 전분이라는 점에서 근채류와는 구분된다. 서류의 대표적인 식품으로는 고구마, 감자, 돼지감자, 타피오카 등을 들 수 있다. 서류는 곡류와 같이 대부분 그대로 이용하거나 분쇄하여 사용한다.

1) 고구마

예로부터 구황작물로 잘 알려진 고구마*Ipomoea batatas*(L.), sweet potato는 남미의 열대 지역이 원산지로 국내에는 1700년대에 일본의 통신사를 통해 들어온 후로 오랫동안 식량자원으로 이용되어 왔다. 전분을 25%가량 함유한 식품으로 다른 서류에 비해 환경에 의한 영향이 적으며 단위면적당 생산량이 높은 작물에 속한다. 반면, 고구마는 5℃ 이하의 온도에서는 냉해를 받아 저장성이 낮은 단점을 지니고 있다. 고구마는 감자와 비교했을 때 식이섬유함량이 낮고 폴리페놀성 화합물의 양이 많아 웰빙식품으로 각광받고 있다. 이러한 이유로 고구마로부터 전분을 분리하여 전분국수인 당면제조에 주로 이용되어 왔고, 증숙한 고구마는 베이커리 제품이나 앙금, 양갱 등의 원료로 사용되고 있다. 뿐만 아니라 최근 각광받고 있는 물질인 파이토케미컬 성분을 함유하고 있어 유색고구마 등의 품종 개발을 통한 건강기능성 식품의 소재로도 주목받고 있는 식품원료이다.

(1) 성분

고구마의 일반 성분은 수분이 71~77%이고, 전분이 18~25%이며 단백질은

표 4-1 | **고구마 영양 성분(100g)**

식품명	열량 (kcal)	칼슘 (mg)	칼륨 (mg)	섬유소 (g)	인(mg)	비타민 C (mg)	β-카로틴 (mg)
생고구마	128	24	429	15	54	25	113
찐 고구마	128	16	546	2	53	19	102

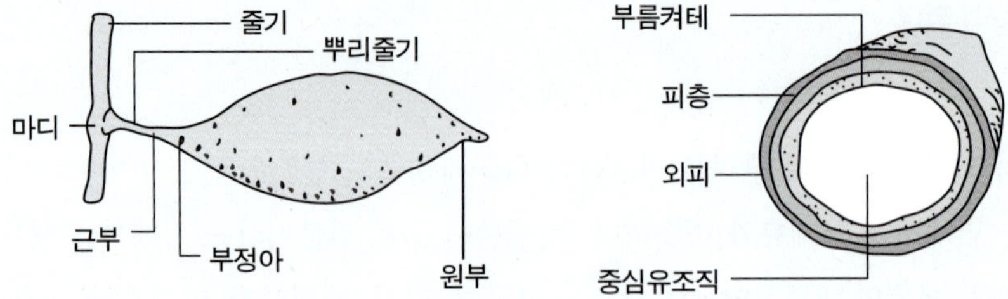

그림 4-1 | 고구마의 구조

0.6~1.4%로 글로불린globulin의 일종인 이포메인ipomein이 70%를 차지한다. 비타민 B_1과 C의 함량이 풍부하며 카로틴과 칼륨도 다량 함유되어 있다. 또한 서류 중 가장 많은 식물성 섬유질을 지닌다. 얄라핀jalapin은 고구마가 갖는 수지 성분의 배당체로 고구마의 상처 부위에서 볼 수 있는 우유 같은 액체이며, 이는 고구마를 검게 만들기도 한다.

(2) 고구마 가공

① 고구마전분

전분은 주로 식물체의 세포질 내에 함유된 성분으로 전분을 획득하기 위해서는 먼저 물이 함유된 상태에서 세포벽을 마쇄하여 전분 입자를 세포벽 바깥으로 용출시켜야 하며 마쇄 후 입자의 크기는 전분의 품질을 결정하는 중요한 요소가 된다. 고구마에는 전분뿐만 아니라 폴리페놀성 화합물과 단백질, 수용성 당분이 함유되어 있어 전분 분리시간이 길어지게 되면 미생물에 의한 발효가 진행되어 pH 저하 등의

석회처리법

- 고구마를 마쇄할 때 석회수(용액 총량의 0.5% 정도)를 첨가한다.
- 고구마에 함유된 펙틴은 마쇄 시 점성을 지닌 펄프상을 형성하여 전분입자의 침전을 느리게 한다.
- 석회와 펙틴질이 결합하여 제거되기 때문에 전분입자의 침전분리가 용이하다.
- 고구마 마쇄 후 떨어진 pH 석회를 첨가함으로써 알킬리가 되면서 고구마의 착색물질인 폴리페놀이 전분입자에 흡착되는 것을 방지할 수 있다.

문제가 생길 수 있으므로 주의하여야 한다. 또한 고구마전분의 분리과정 중에는 암갈색의 침전물이 생성되는데, 이를 삽부라고 한다. 이는 고구마에 함유된 폴리페놀성 화합물이 효소의 작용을 받아 멜라닌 색소를 형성하기 때문으로 고구마전분 제조에서는 이 삽부의 제거가 고구마전분의 품질을 좌우한다.

② 생절간 고구마

생절간은 고구마를 장기간 저장하기 위한 가공방법 중 하나로 수세한 고구마를 2~4mm의 얇은 두께로 썬 다음 건조하여 만든 제품으로 건조과정에서 산화효소의 영향을 받아 생성된 멜라닌 색소가 착색되는 경우가 많다.

③ 증절간 고구마

증절간은 찐 고구마를 얇게 썰어서 건조한 것으로 간식으로 주로 이용되는 식품이다. 깨끗이 수세한 고구마를 솥에서 1시간 30분 정도 찌고 약한 불에서 20~30분 정도 뜸을 들여 증숙 고구마를 제조한다. 그런 다음 껍질을 벗기고 고구마의 섬유질 방향에 따라 세로로 절단한 다음 건조하여 만든 제품을 증절간이라 한다. 증절간 제

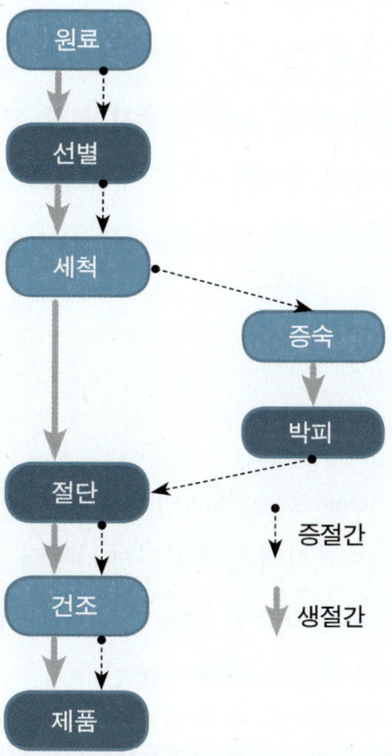

그림 4-2 | 증절간과 생절간의 제조공정도

조과정에 표면에 흰 가루가 생성되는데, 이 가루는 대부분이 말토스이고 소량의 가용성 전분, 덱스트린 등을 함유하고 있다. 증절간 제조과정에서 흰 가루가 생성되지 않는 것은 너무 지나치게 건조되었기 때문이다. 즉, 표면에 흰 가루가 생성된 제품이 품질이 우수한 증절간 고구마이다.

④ 당면

당면은 호면이라고도 하며 당나라 국수를 의미하는 전분으로 만든 마른 국수를 뜻하기도 한다. 주로 고구마전분을 이용하여 제조한다.

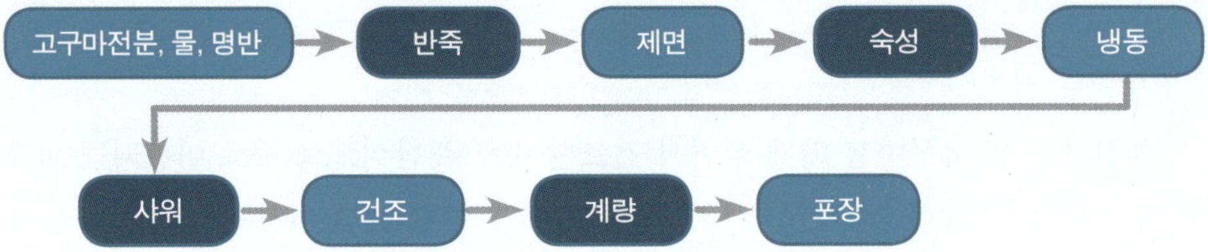

그림 4-3 | **당면의 제조공정도**

(3) 고구마 저장

고구마의 저장 최적온도는 12~13℃이며, 상처가 난 것은 연부균*Rhizopus migricans*의 번식에 의하여 부패하기 쉽다. 그러나 상처가 난 고구마는 31~35℃, 습도 90%인 곳에서 4~6일간 보관하면 상처가 난 곳이 코르크층으로 변하여 세균의 침입을 방지하므로 저장성을 높일 수 있게 되는데, 이를 큐어링curing이라 한다.

2) 감자

감자*Solanum tuberosum* L. potato는 전 세계적으로 네 번째로 많이 생산되는 작물로 가지과의 다년생 식물이다. 재배지역은 해안가에서부터 고산지대뿐만 아니라 사막과 눈이 덮인 지역에서도 재배가 가능한 작물이다. 국내에는 청나라 사람들이 식량으로 몰래 경작하면서 유입된 것으로 전해지고 있다.

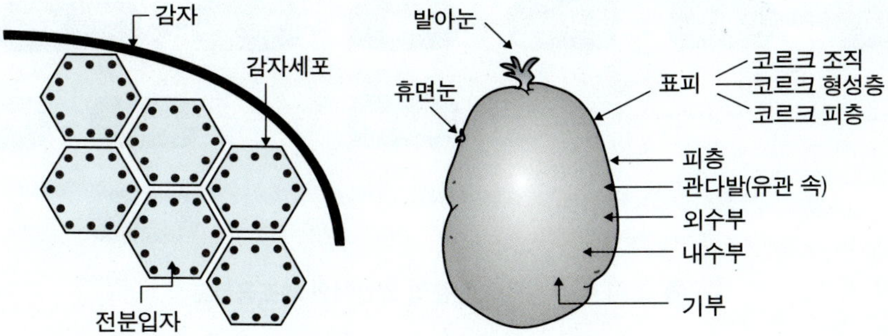

그림 4-4 | 감자의 단면구조

(1) 감자 성분

감자의 주요 성분은 수분이 약 78%, 단백질이 2%를 차지하며, 당질은 18.5%, 섬유질은 0.5%이고 펙틴pectin이 포함되어 있다. 감자의 씨눈과 껍질은 햇빛을 쪼이면 초록색으로 변하고 싹이 나온 감자는 솔라닌solanin과 차코닌chaconin이라는 알칼로이드 계통의 독성물질을 함유하고 있다. 감자의 발아 부위와 초록색 부위의 솔라닌은 보통 2~13mg/100g 정도 함유되어 있으나 광선을 쬐어 초록색이 되거나 발아하게 되면 그 함량이 80~100mg/100g으로 증가된다. 솔라닌은 중추신경독으로 용혈성이 있고 다량 섭취할 경우 수 시간 만에 복통, 두통, 현기증, 마비 등을 일으킬 수 있다. 따라서 발아된 감자의 껍질은 발아 부위까지 제거하거나 끓여 먹어야 한다. 또한 부패한 감자에는 셉신sepsine이라는 독성물질이 있어 식중독을 일으킬 수 있으므로 주의하여야 한다.

(2) 감자 가공

감자는 고구마에 비해 당분은 적은 반면 단백질을 상대적으로 많이 함유하고 있다. 감자는 식품 가공에서 그 용도가 매우 다양하고 주로 감자 중에 함유된 전분을 정제하여 식품 가공 원료로 사용하는 경우가 많다. 감자에 함유된 전분은 입자의 크기가 커서 전분 분리가 용이하다. 감자로부터 전분을 추출하는 과정은 그림 4-6과 같다. 또 전분을 얻기 위해 불순물을 분리 · 제거하는 방법으로 제3장에서 다룬 침전법, 테이블법, 원심분리법이 있다.

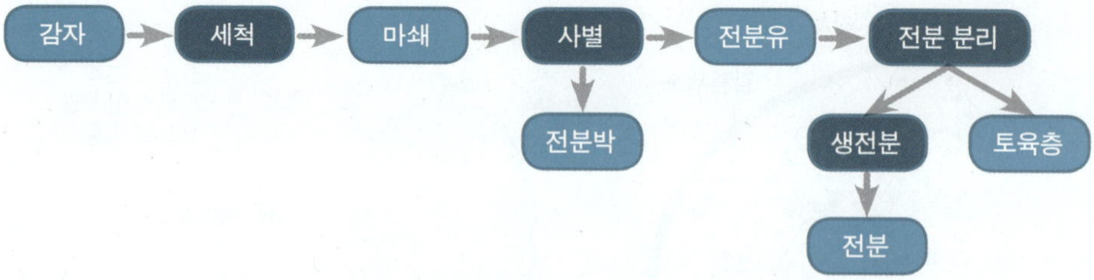

그림 4-5 | 감자전분의 일반적인 제조공정도

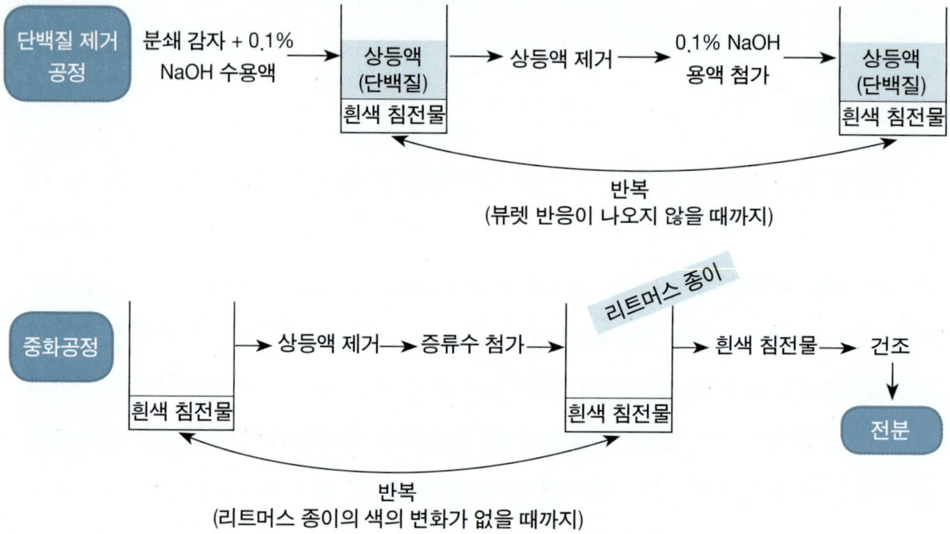

그림 4-6 | 식품원료로부터 전분의 추출과정

(3) 감자 저장

감자의 저장은 무엇보다도 발아 억제가 중요하다. 감자는 주로 초록색으로 변한 발아 부분에서 독성물질의 함량이 높다. 따라서 감자는 발아되지 않도록 저장하는 것이 무엇보다 중요한 사항이다. 감자의 일반적인 저장 조건은 1~3℃, 상대습도는 85~95%를 유지한 상태에서 저장하는 것이 좋으며 −1℃ 이하에서는 냉해를 받으므로 주의하여야 한다.

3) 돼지감자

국내에서 뚱딴지 또는 국우로도 불리는 돼지감자*Helianthus tuberosus* L.는 인체 내에서 소화흡수가 되지 않는 과당의 중합체인 이눌린inulin이 주성분으로 수용성 식이섬유를 다량 함유하고 있어 당뇨환자식의 식품 원료로 각광받고 있는 식품소재이다. 또한 과당 제조 또는 양조의 원료로도 사용되고 있다.

4) 타피오카

국내보다는 동남아시아의 중요한 녹말 자원으로 이용되고 있는 타피오카tapioca는 카사바의 알뿌리에서 채취한 전분이다. 주로 당, 캐러멜, 과자 제조 등 식용 외에 방직용 풀로도 이용되고 있다. 타피오카전분은 사고sago전분과 혼동하는 경우가 있는데, 타피오카는 카바사의 뿌리, 사고는 야자나무의 줄기로부터 얻은 전분이다. 타피오카전분은 가격이 저렴하고 그 용도가 다양하기 때문에 국내 가공식품의 원료로 많이 이용되고 있다.

❷ 두류

콩과 식물의 한 종류인 두류legumes는 주로 식물의 종실seed을 이용한다. 지방이 많고 탄수화물이 적은 콩대두, soybean, 땅콩과 지방이 적은 대신 탄수화물이 많이 함유된 녹두, 완두, 강낭콩 등이 대표적인 두류이다. 두류는 다른 식품에 비하여 비교적 양질의 단백질과 지방이 풍부히 함유되어 있고 곡류 섭취 시 부족하기 쉬운 라이신lysine이라는 필수아미노산을 많이 함유하고 있다. 때문에 쌀을 주식으로 하는 아시아 지역에서는 두류를 통해 단백질, 지방을 비롯한 무기질을 섭취할 수 있어 영양적인 가치가 높은 식품이다. 콩은 두류의 대표적인 작물로서 그 조직이 단단하고 소화효소의 작용을 방해하는 물질인 트립신 저해제trypsin inhibitor를 함유하고 있어 가공을 하지 않으면 소화흡수율이 매우 낮은 단점을 지니고 있다. 이 때문에

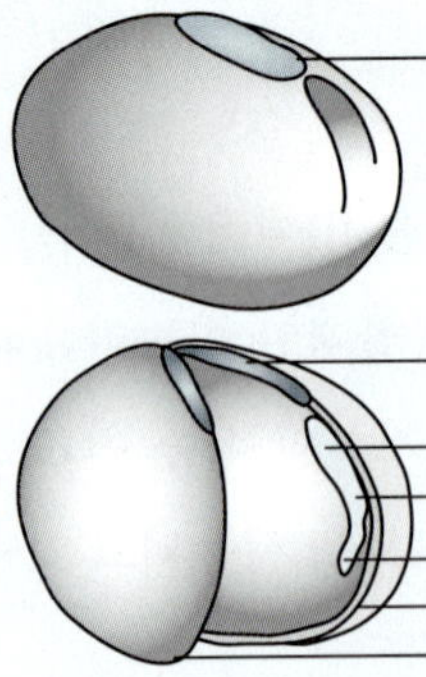

그림 4-7 | 콩의 구조

표 4-2 | 콩의 기능성 성분 및 효과

구분		효과
이소플라본	제니스테인 제니스틴	• 유방암, 전립선암, 대장암, 자궁암 등의 예방효과 • 타이로신(tyrosine), 프로테인(procein), 키네이스(kinase) 저해(암세포의 증식 신호 전달에 중요한 역할) • 여성호르몬인 에스트로겐과 구조가 유사함 • 동맥경화 예방, LDL-콜레스테롤 감소, HDL-콜레스테롤 증가
	다이드제인 다이드진	• 골다공증 예방 • 음주욕구 저하 • 음주 후 급격한 혈중 알코올 농도 상승 억제
올리고당		• 장내 균총 개선 • 콜레스테롤, 중성지방 감소 • 비피더스균 증식 향상
피트산		• 유방암 및 피부암의 생성 저해 • 심장병 예방 효과
사포닌		• 혈중 콜레스테롤 감소 • 항암효과, 면역증진효과, 항산화 효과 • 노화 방지
트립신저해제		• 장암, 간암, 구강암, 대장암, 폐암 등에 대한 예방효과 • 항산화
펩티드		• 항암성, 항고혈압성, 항혈전 활성 • 앤지오텐신전환효소(ACE : Angiotensin Converting Enzyme) 저해
피니톨		• 혈당 강화 효과 • 혈중 콜레스테롤 감소
레시틴		• 뇌기능 향상과 치매 예방 • 지용성 비타민 흡수 촉진 • 혈중 콜레스테롤 감소

예부터 된장, 두부, 간장 등으로 가공하여 이용되고 있다. 콩을 이용한 대표적인 다소비식품은 두부로 최근에는 대두에 포함된 건강기능성물질에 대한 연구와 관심이 집중되고 있어 이에 대하여 다루고자 한다.

1) 대두

대두soybean는 가공 형태나 방법에 따라 두부용, 두유용, 나물용 및 장류용 등 다양한 식품의 소재로 활용된다. 대두에 존재하는 단백질은 주로 수용성 단백질이며 대두의 대표적인 단백질은 글로불린계에 속하는 글리시닌glycinin이다. 대두에 존재하는 지질은 리놀레산linoleic acid, 올레산oleic acid, 팔미트산palmitic acid 등의 불포화지방산이 함유된 중성지질로 구성되어 있다. 대두의 인지질로는 식품의 천연유화제로 사용되고 있는 레시틴lecithin이 1~3% 정도 함유되어 있다. 또한 대두에는 비소화성 올리고당non-digestible oligosaccharide인 라피노스raffinose와 스타키오스stachyose가 함유되어 있어 장내 가스의 주된 발생 원인이 된다. 이 외에도 대두에는 적혈구 용혈작용이 있는 사포닌saponin, 황색을 지닌 색소 중의 하나이자 호르몬의 일종인 이소플라본isoflavone이라는 파이토케미컬phytochemical 성분과 적혈구 응집효소인 헤마글루티닌hemagglutinin, 단백질 분해효소의 작용을 억제하는 트립신 저해제trypsin inhibitor를 함유하고 있다.

표 4-3 | 대두 가공품의 종류 및 특성

종류	특성
두부용	• 단백질 함량과 수분 보수율이 높을 것 • 트립신저해제(trypsin inhibitor) 함량이 낮을 것
두유용	• 비린 맛이나 냄새가 작을 것 • 장내 가스 발생이 적을 것 • 탈피가 용이할 것
나물용	• 발아율이 높고 외관이 우수할 것 • 탄수화물 함량이 높을 것
장류용	• 미생물의 발효가 용이할 것 • 아미노산이나 펩티드 생성이 용이할 것

(1) 대두의 기능성

최근 여러 연구에서 대두가 성인병을 예방하는 효과가 있다는 것이 입증되고 있는데, 이는 대두에 함유되어 있는 식이섬유, 올리고당, 이소플라본, 사포닌, 레시틴, 펩티드, 비타민 B_1 및 E 등이 함유되어 있기 때문이다. 식이섬유는 변비를 완화하며 콜레스테롤을 감소시켜 심혈관계 질환의 예방효과가 있으며 올리고당의 경우는 장내 비피더스균의 성장에 필요한 영양의 공급원으로 작용하여 유해균의 증식을 억제, 정장작용에 효과가 있다고 알려져 있다. 이소플라본은 항산화효과와 함께 인체 내 칼슘의 흡수를 촉진하고 레시틴은 세포막을 구성하는 인지질로 세포막의 기능을 향상시켜 궁극적으로는 노화를 방지하는 효과가 있다. 사포닌은 인체 내에서 생성되는 독성물질인 활성산소를 제거하고 대두의 각종 펩티드류는 항암, 항콜레스테롤, 면역증강효과를 지닌다고 한다. 따라서 대두에 함유되어 있는 각종 성분은 현대인에게서 발생하고 있는 각종 성인병에 큰 효과를 나타내고 있어 대두를 함유한 식품을 건강한 식품이라 평가하고 있다.

(2) 대두 가공식품

대두 가공식품은 두부, 두유, 콩나물, 콩기름 및 간장, 된장, 고추장 등의 장류를 대표적으로 들 수 있으며 각각의 제조과정 및 특성에 대하여 알아보고자 한다.

① 두부

| 두부의 특성

두부는 대표적인 서민음식으로 저렴한 가격뿐만 아니라 구입의 용이성과 높은 영양적 가치로 인하여 한국인의 밥상에서 빼놓을 수 없는 먹을거리로 자리매김하고 있다. 대두는 글리시닌glycinin과 알부민albumin 등의 단백질 응고제를 이용하여 덩어리를 형성하도록 만드는 원리를 이용하여 제조한 것으로 제조과정에서 열처리를 수반하기 때문에 영양 성분의 소화율이 약 95%로 매우 높다.

| 두부 응고제

현재 국내의 대표적인 두부의 종류는 조직이 단단하며 특유의 담백한 맛을 지닌 일반 두부, 형태나 조직이 균일하며 매끄러운 표면을 갖는 연두부, 형태나 조직이

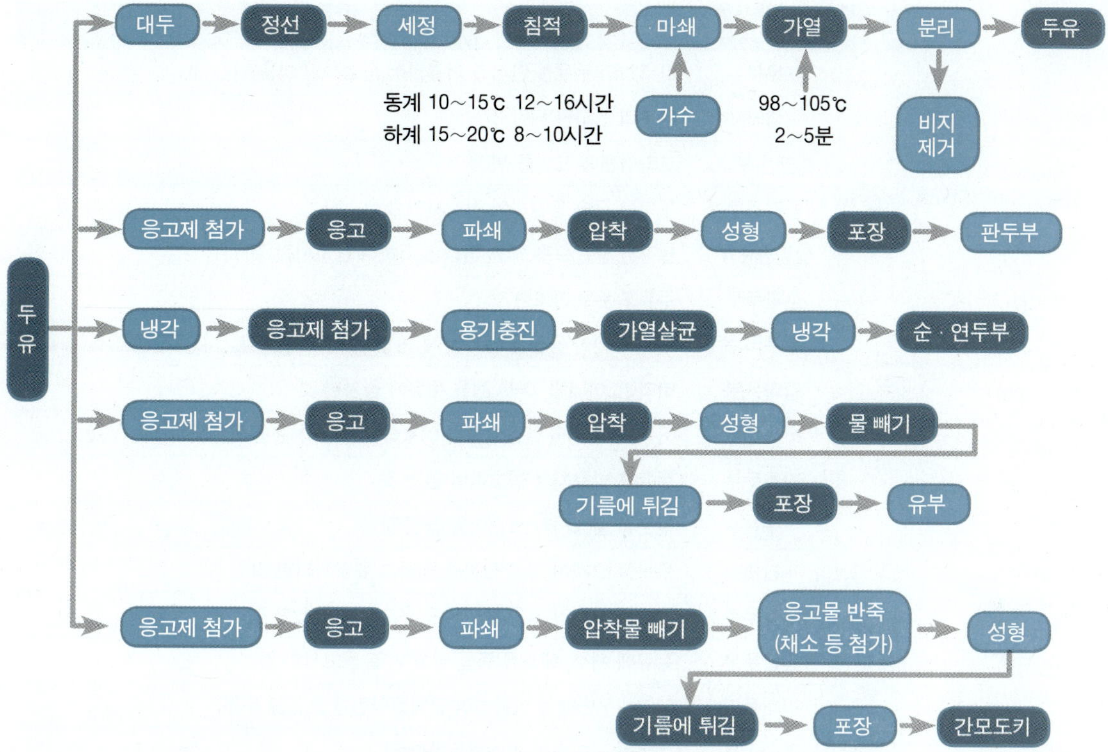

그림 4-8 | 두부의 제조공정도

불균일하며 일반 두부보다 견고성이 약한 순두부 등을 들 수 있다. 각 두부의 가장 큰 차이점은 사용되는 응고제의 종류, 압착 여부 및 수분함량이다. 각 두부 제품의 품질에 영향을 미치는 요인은 각 공정에서의 시간이나 조건에 영향을 받으나 응고제의 영향이 가장 크다 할 수 있으며 두부의 제조에 사용하는 응고제에 따라 두부의 특성이 결정된다고 해도 과언이 아니다.

표 4-4 | 두부의 종류 및 특성

분류	종류	특성
두부류	일반 두부	고형분이 6~8%인 두유를 응고시켜 수분이 85% 내외인 것
	연두부	고형분이 11% 내외인 두유를 가열냉각 후 응고시킨 것
	순두부	고형분이 7% 내외인 두유를 가열냉각 후 응고시킨 것
	경두부	일반 두부를 수분이 78% 이하로 압착한 것

분류	종류	특성
가공두부류	유부	3~5%의 두유를 단시간 가열하여 응고시킨 다음 튀긴 것
	생양	두부의 표피만 튀긴 것
	군두부	프라이팬에 표피를 튀긴 것
	냉동건조두부	두부를 급속 동결하여 건조시킨 것
	달걀연두부	달걀을 생란으로 10% 이상 첨가하여 응고시킨 것
	분말두부	두유를 분무 건조한 것
	두부국수	두유에 겔화 물질을 첨가한 후 가열 시 응고시킨 것
	강화두부	비타민, 미네랄, DHA 등을 두유에 첨가한 것
	어육두부	어육(수리미)의 열응고성을 이용하여 두부와 혼합 응고시킨 것
	발효두부	두유를 발효시켜 응고하여 얻는 것
	수프	두부를 발효시켜 보존성을 늘린 것
	간모	두부를 으깨어 다른 첨가물을 넣고 유탕처리한 것
	우유두부	우유를 산처리 혹은 응고제로 응고시켜 압착한 것
	혼합두부	두유에 채소, 해조류 등을 넣고 가열 응고시킨 것
	분리대두단백	분리대두단백을 이용하여 단백질함량을 조절한 두부
	조미두부	두부를 조미하여 인스턴트화한 것

표 4-5 | 두부 응고제의 종류 및 특성

응고제	첨가량	사용온도(℃)	특징	단점
글루코노델타락톤 (glucono-δ-lactone)	2.6g/L	85~90	• 수용성 • 응고력이 우수하여 수율이 높음	• 신맛이 있음 • 조직이 연함
염화마그네슘($MgCl_2$)	2.4g/L	75~80	• 수용성 • 응고가 빠름 • 보수력이 우수함 • 맛이 좋음	물이 잘 빠지지 않음
황산칼슘($CaSO_4$)	2.5g/L	80~85	• 불용성 • 단단한 물성	• 사용이 어려움 • 맛이 거칠고 좋지 못함
염화칼슘($CaCl_2$)	약 0.24%	75~80	• 수용성 • 응고시간이 짧음 • 압착 시 물이 잘 빠짐	• 수율이 낮음 • 두부가 거침

두부의 응고 원리

대두를 침지를 통하여 불린 다음 마쇄하여 대두의 가용성 단백질을 더운 물로 용출시키는 과정에서 단백질의 변성이 이루어진 두유soybean milk를 얻을 수 있으며 이때 단백질은 음전하를 띠게 된다. 대두의 단백질 입자는 음전하로 대전되어 정전기적으로 반발하여 분산되어 있다. 여기에 Mg^{2+}염 또는 Ca^{2+}염을 적당량 가하면 단백질입자는 등전점을 형성하여 침전한다. 이때 Mg^{2+}염 또는 Ca^{2+}염을 과잉으로 첨가하면 단백질입자는 양성을 띠게 되어 다시 용해되면서 응고가 되지 않으므로 응고제의 첨가량에 세심한 주의가 요구된다.

두부의 제조과정

두부의 일반적인 제조공정은 '선별 및 세척–침지–마쇄–여과 및 가열–응고–압착'이 기본공정으로 제조하려는 두부의 물성에 따라 이를 변형하여 사용하기도 한다.

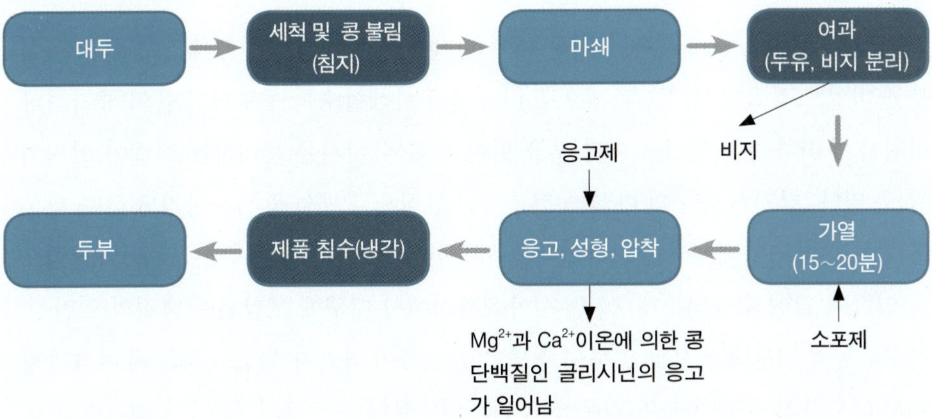

그림 4–9 | **두부의 제조과정**

선별과 세척

선별 및 세척screening and cleaning공정은 대두에 혼입된 이물질을 제거하는 공정으로 이 공정에서 부스러진 콩, 벌레먹은 콩, 흙, 먼지 등이 포함되어 있는 미생물을 제거하여 두부 부패의 원인을 제기하는 데 목적이 있으며, 단백질함량이 높은 품종을 선택하는 것이 바람직하다.

| 침지

침지steeping는 대두를 물에 불리는 공정으로 다음 공정인 마쇄공정에서 입자를 작게 쪼개기가 용이하도록 만드는 공정이다. 침지공정은 시간과 온도 및 침지에 사용되는 물의 양 조절이 중요하다. 침지 시 온도가 높으면 수분침투 속도는 증가하나 침지온도가 높을 경우 미생물이 번식할 위험성이 있으므로 주의하여야 한다. 침지시간이 길어지면 대두의 발아현상이나 대두의 유효 성분이 분해될 우려가 있어 침지시간의 조절 또한 중요하다. 일반적으로 하절기는 5~8시간, 동절기의 경우는 14~18시간 침지하였을 경우 대두 중량이 2.2~2.3배 증가하게 되는데, 이때가 침지의 조건으로 가장 적당하다 하겠다. 침지 시 사용되는 수분의 양이 적을 경우 대두의 팽윤 상태가 부족하여 단백질을 비롯한 유효 성분의 추출이 어렵고 마쇄가 어려운 상황에 놓이게 된다.

| 마쇄

마쇄breaking or grinding는 침지한 대두의 세포를 파괴하여 두부제조에 필요한 성분을 바깥으로 용출시키는 과정으로 미세하게 마쇄할수록 두부의 수율이 증가하나 비지를 분리하는 과정에서 체의 눈을 막아 두유와 비지를 분리하는 작업이 어려워질 수 있다. 침지한 대두의 마쇄는 전통적인 방식으로 맷돌을 사용하기도 하나 대부분의 두부 제조업체에서는 그라인더를 사용한다. 대두의 마쇄과정에서는 마찰력으로 인하여 열이 수반되는데, 이 열은 마쇄과정에서 대두에 포함된 단백질의 열변성, 탄수화물의 열분해 등으로 인하여 점도가 증가하여 마쇄가 어렵기 때문에 마쇄과정에서 대두량의 보통 두부의 경우 8~10배, 연두부나 순두부의 경우는 6배가량의 수분을 첨가하여 점도의 증가현상을 방지하고 유효 성분의 추출률을 높이게 된다.

| 가열

가열heating은 대두단백질을 열변성시켜 두부의 조직감과 맛을 부여하며 마쇄한 대두로부터 유효 성분을 가능한 한 많이 용출시키고 대두가 갖는 특유의 비린내를 제거하며 미생물을 살균하는 데 그 목적이 있다. 대두의 지나친 가열over heating은 대두 단백질이 도리어 불용성의 단백질로 변성되어 두부의 외관을 거칠게 할 수 있으므로 대두의 가열은 비린내가 없어지고 두유 자체의 고소한 향기가 날 정도면 충분하다. 가열 시에는 설익은 부분이 없도록 균일한 온도에 의한 가열이 중요하며 가열온도가 100℃ 근처에 도달하면 단백질이나 사포닌 성분이 원인이 되어 거품을 형성 열전달을 방해하여 설익은 부분이 발생할 수 있으므로 주의하여야 한다. 대두 가열 시 발생하는 거품에 대한 방지책으로 소포제를 이용하여 거품 생성을 억제할 수 있으나 소포제가 갖는 여러 가지 부작용들이 있어 사용상 주의가 요구된다.

| 두유 분리

두유는 마쇄한 대두의 고형분을 제거하고 남은 액체 성분으로 두유를 분리하는 시기에 따라 가열 후 두유와 비지를 분리하는 온비지 방식과 가열 전 두유를 분리하는 생비지 방식으로 분류한다. 두유 분리soybean milk에 사용되는 장치로는 유압식 압착기, 회전원심분리기, 스크류식 여과기 등을 사용하고 분리한 두유의 추출 성분의 함량은 건조기를 이용하여 수분함량을 측정하거나 굴절 당도계를 사용하여 두유 중에 함유된 유효 성분의 °Brix를 측정하여 첨가할 응고제의 양을 결정하게 된다.

| 응고

응고coagulation는 대두에 함유된 단백질이나 지방을 응고하는 공정으로 두유농도에 따른 응고제의 종류, 양, 첨가방법에 따라 두부의 맛, 촉감, 수율 등이 달라진다. 일반적으로 응고제의 양이 증가하거나 응고온도가 높고 두유 농도가 낮으면 응고물이 미세화되어 제품이 딱딱해지며 수율이 저하된다. 응고제를 투입하는 과정에서 두유의 온도가 하강하게 되므로 응고제는 소량의 물에 용해하여 사용하는 것이 바람직하다. 응고제 처리 후 잔여의 응고제 성분은 대부분 쓴맛을 형성하거나 표면의 변색을 유발하는 경우가 많으므로 성형물을 물에 담가 여분의 응고제를 제거하여야 한다.

| 압착

압착pressing은 대두로부터 형성된 응고물과 비응고물을 분리하는 과정으로 무거운 돌 등을 얹어놓음으로써 수분을 제거하는 자연압을 이용한 방식과 기계를 이용하여 압착하는 에어프레스, 유압프레스 등의 기계적인 방법이 사용되고 있다. 압착 시 처음부터 강하게 압력을 가할 경우 내부의 잉여 응고제가 밖으로 용출되면서 표면에 막을 형성하여 성형포에 두부 응고물이 달라붙어 나중에 응고물의 분리가 어려워질 수 있으므로 압착 초반에는 가볍게 압착하면서 점차 압력을 높여 주어야 한다.

② 두유

두유soybean milk는 침지시킨 콩을 물과 함께 마쇄한 다음 여과, 가열한 액체로 대두 가공제품의 가장 기초가 됨과 동시에 두부나 콩치즈 등의 제품을 생산하는 중간 원료이기도 하다. 두유의 일반 성분은 수분 88~89%, 지질 3.0~3.5%, 탄수화물 4.5~5.4%로 우유와 성분 조성이 비슷한 특징을 가지고 있다. 두유는 우유에 알레르기allergy가 있는 유아나 유당불내증lactose intolerance 환자에게 우유 대체식품으로 활용이 가능한 대두 가공품이다.

③ 대두단백

대두에서 추출한 단백질로 주로 콩기름을 짜고 남은 부산물을 이용하여 만든다. 대두단백을 뭉쳐서 고기처럼 만든 소위 말하는 콩고기가 대표적인 대두단백 가공품으로 대두단백은 기능성 식품의 소재로 활용되고 있다. 대두단백은 단백질함량 50% 정도의 탈지대두박, 70% 이상의 농축대두단백, 90% 이상의 분리대두단백으로 분류한다. 또 익스트루더extruder라는 고압사출기를 이용하여 육류와 비슷한 조직감을 부여한 조직대두단백이 있다. 이들 대두단백은 육제품 제조 시 첨가제나 환자식, 채식주의자의 단백질 공급원 및 우유 단백질의 대체 단백질로 활용되고 있다.

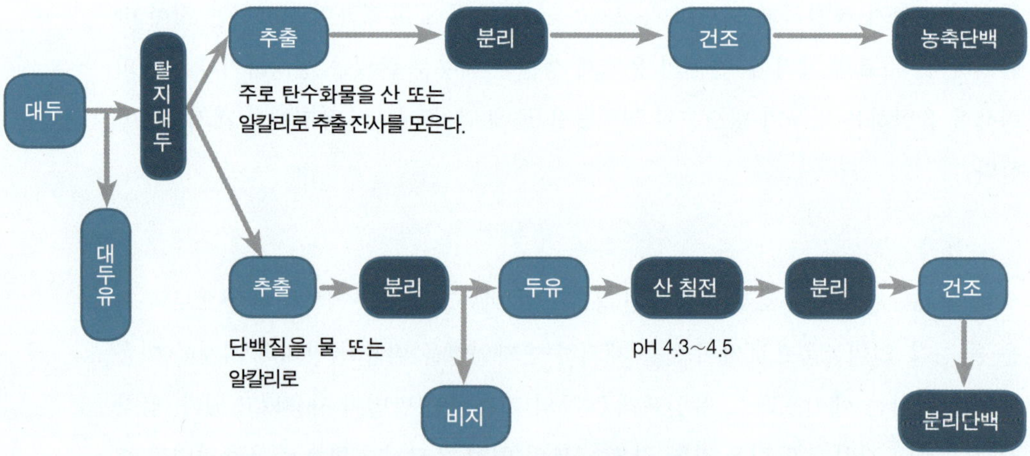

그림 4-10 | 대두단백 제조공정도

④ 장류

국내 식생활에서 빠질 수 없는 또 하나의 두류 가공식품은 장류이다. 장류라 함은 동·식물성 원료에 누룩균 등을 배양하거나 메주 등을 주원료로 하여 식염 등을 섞어 발효, 숙성시킨 것을 제조, 가공한 것으로 메주, 한식간장, 양조간장, 산분해간장, 효소분해간장, 혼합간장, 한식된장, 된장, 조미된장, 고추장, 조미고추장, 춘장, 청국장, 혼합장 등을 말한다. 장류는 영양학적으로 글루타민산glutamic acid의 함량이 높으며 칼슘, 칼륨과 같은 알칼리성 염류의 함량과 철 성분을 풍부히 갖춘 식품이다. 두류 및 곡류를 이용한 대표적인 장류로는 된장, 간장, 고추장, 청국장 등을 들 수 있다. 장류는 주로 두류와 함께 쌀, 보리 등의 곡물을 원료로 하며 장류를 담그기 전 먼저 코지를 만들어 사용하기도 한다. 황국균이라 불리는 *Aspergillus oryzae*는 청주, 간장, 된장, 메주, 발효 사료 등에 이용되며 흑국균으로 분류되는 *Aspergillus niger*는 구연산, 글루콘산, 소주 제조에 이용되고 있다. 백국균으로 불리는 *Aspergillus shirousamii*나 *Aspergillus kawachii*는 약주나 탁주 생산에 이용된다. 장류의 제조 시 사용되는 주 원료인 메주는 각종 미생물이 부착된 것으로 장류 제조에서 빠져서는 안 되는 주재료로 메주에 함유된 미생물은 표 4-6과 같다.

표 4-6 | 메주 부착 미생물

구분	함량	미생물	특징
곰팡이	1%	*Mucor abundans* *Scopulariopsis brevicaulis* *Aspergillus oryzae* *Penicillium lanosum* *Aspergillus sojae*	• 표면에 존재 • 갈라진 틈으로 균사가 발육
세균	99%	*Bacillus subtilis* *Bacillus pumilus* *Mucor griseocyanus*	• 표면 및 내부 • 내부에는 세균만 존재 • 단백질, 탄수화물 분해효소 분비
효모	0.01%	*Rhodotorula flava* *Torulopsis dattila*	향미 생성

표 4-7 | 장류의 유형

구분		규격
메주	한식메주	대두를 주원료로 하여 찌거나 삶아 성형하여 발효시킨 것
	개량메주	대두를 주원료로 하여 원료를 찌거나 삶은 후 선별된 종균을 이용하여 발효시킨 것
한식 간장	재래한식 간장	한식메주를 주원료로 하여 식염수 등을 섞어 발효 · 숙성시킨 후 그 여액을 가공한 것
	개량한식 간장	개량메주를 주원료로 하여 식염수 등을 섞어 발효 · 숙성시킨 후 그 여액을 가공한 것
양조간장		대두, 탈지대두 또는 곡류 등에 누룩균 등을 배양하여 식염수 등을 섞어 발효 · 숙성시킨 후 그 여액을 가공한 것
산분해간장		단백질을 함유한 원료를 산으로 가수분해한 후 그 여액을 가공한 것
효소분해간장		단백질을 함유한 원료를 효소로 가수분해한 후 그 여액을 가공한 것
혼합간장		한식간장 또는 양조간장에 산분해간장 또는 효소분해간장을 혼합하여 가공한 것
한식된장		한식메주에 식염수를 가하여 발효한 후 여액을 분리한 것
된장		대두, 쌀, 보리, 밀 또는 탈지대두 등을 주원료로 하여 누룩균 등을 배양한 후 식염을 혼합하여 발효 · 숙성시킨 것
조미된장		된장(90% 이상)을 주원료로 하여 식품 또는 식품첨가물을 가한 것
고추장		두류 또는 곡류 등을 주원료로 하여 누룩균 등을 배양한 후 고춧가루(6% 이상), 식염 등을 가하여 발효 · 숙성하거나 숙성 후 고춧가루(6% 이상), 식염 등을 가한 것
조미고추장		고추장(90% 이상)을 주원료로 하여 식품 또는 식품첨가물을 가한 것
춘장		대두, 쌀, 보리, 밀 또는 탈지대두 등을 주원료로 하여 누룩균 등을 배양한 후 식염, 캐러멜색소 등을 가하여 발효 · 숙성하거나 숙성 후 식염, 캐러멜색소 등을 가한 것
청국장		대두를 주원료로 하여 바실러스(*Bacillus*)속균으로 발효시켜 제조한 것 또는 이를 고춧가루, 마늘 등으로 조미한 것
혼합장		간장, 된장, 고추장, 춘장 또는 청국장 등을 주원료로 하거나 이에 식품 또는 식품첨가물을 혼합하여 제조 · 가공한 것

또한 사용되고 있는 장류 가공식품에는 보존료를 사용하고 있는 제품들도 있는데, 장류의 보존료 사용기준은 표 4-8 같은 제품에만 한정적으로 사용할 수 있다.

표 4-8 | 장류의 보존료 검출 기준

보존료	검출기준
소르빈산 소르빈산칼륨	1.0g/kg 이하(소르빈산으로서 한식된장, 된장, 조미된장, 고추장, 조미고추장, 춘장, 청국장(비건조제품에 한함), 혼합장에 한한다)
안식향산 안식향산나트륨	0.6g/kg 이하(간장에 한한다. 파라옥시안식향산에틸 및 파라옥시안식향산메틸과 병용할 때에는 안식향산으로서 사용량과 파라옥시안식향산으로서 사용량의 합계가 0.6g/kg 이하이어야 하며 그중 파라옥시안식향산으로서의 사용량은 0.25g/kg 이하)
파라옥시안식향산메틸	0.25g/kg 이하(간장에 한한다. 안식향산, 안식향산나트륨, 안식향산칼륨 및 안식향산칼슘과 병용할 때에는 파라옥시안식향산으로서 사용량과 안식향산으로서 사용량의 합계가 0.6g/kg 이하이어야 하며, 그중 파라옥시안식향산으로서의 사용량은 0.25g/kg 이하)

출처 : 식품공전.

| 코지

코지는 누룩곰팡이라고도 하며 발효식품의 원료인 콩, 쌀, 보리 등의 곡물에 전분 분해효소amylase, 단백질 분해효소protease, 지질 분해효소lipase 등을 지닌 곰팡이를 번식시킨 것을 말한다. 곰팡이가 생산하는 효소에 의하여 형성된 각종 당과 아미노산은 장류의 구수한 맛의 원인 성분이다. 코지의 제조 시 가장 중요한 사항은 산소와 습도의 조절이다. 또한 코지의 증식과정에서 열과 수증기가 발생하게 되는데, 이러한 환경적인 요건이 곰팡이가 생육하는 데 영향을 미치기 때문에 코지 제조 시에는 수분과 온도를 코지균이 생육하기에 적합한 상태로 유지해주는 것이 중요하다.

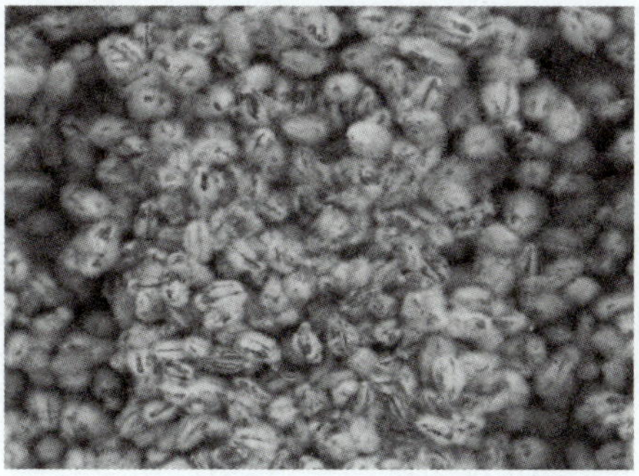

그림 4-11 | 코지균

⑤ 콩나물

가정에서 흔히 사용되는 또 다른 대표적인 두류가공품의 하나로는 콩나물을 들 수 있다. 콩나물에는 비타민 C와 아스파라긴산이라는 아미노산을 함유하고 있다. 콩나물 제조에 적합한 콩은 크기가 작은 품종이 적합하며 여름철에는 콩을 4시간, 겨울철에는 12시간 정도 물에 담근 다음 배수가 잘되는 통에 담아 따뜻한 곳에 두고 아침과 저녁 2차례 미지근한 물을 충분히 부어주면 쉽게 자라게 할 수 있으며 1주일 정도 지나면 15cm 정도로 키울 수 있다.

2) 땅콩

땅콩Arachis hypogaea L.은 땅에서 나는 콩이란 뜻으로 명명되었다고 한다. 남미가 원산지로 조선시대에 중국에서 들여왔으며 호콩이라고도 불리고 꽃잎이 떨어져 땅속에서 열매를 맺는다는 의미의 낙화생으로도 불린다. 땅콩은 모래가 많은 지형에서도 잘 자라며 개화 후 꼬투리가 땅속으로 들어가 열매를 맺는다. 콩과 식물에서 열매가 들어 있는 껍질을 꼬투리라고 하는데, 꼬투리 1개에는 1~3개의 알맹이가 들어 있다. 땅콩은 탄수화물을 약 10~15% 정도 함유하고 있어 두류 중 가장 적게 탄수화물을 함유하고 있다. 또 탄수화물 대부분은 전분이며 갈락토스와 펜토산을 함유하고 있다. 단백질은 25% 정도 함유하고 있으며 대부분이 글로불린 단백질이다. 아미노산은 라이신이나 아르기닌은 많으나 함황아미노산은 적게 함유하고 있다. 지질은 45~50%로 가장 많으며 지질을 구성하는 지방산은 올레산oleic acid과 리놀레산linoleic acid이 주성분으로 리놀렌산linolenic acid, 아라키돈산arachidonic acid이 많은 것이 특징이나 지질함량이 높아 산화에 취약한 단점을 지닌다. 땅콩의 껍질을 벗겨두면 쉽게 산화되어 품질이 저하된다. 땅콩에는 비타민은 B_1과 니아신niacin이 많이 함유되어 있으며 무기질은 칼륨과 인이 많다. 이같이 땅콩에는 미생물이 번식하기에 좋은 영양원을 골고루 함유하고 있어 곰팡이균의 생육이 활발할 경우 아플라톡신aflatoxin이라는 독성물질이 생성될 수도 있는데, 이 독소는 주로 배아부분에서 생성되는 경우가 많다.

땅콩은 알맹이를 볶거나 찐 후 껍질을 제거하고 식용하는 경우가 대부분이며 이

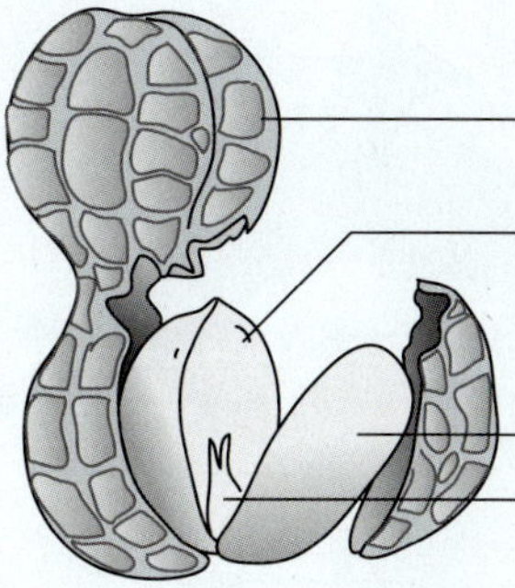

그림 4-12 | 땅콩의 구조

밖에 지질을 추출하여 오일을 제조하거나 땅콩버터나 마가린 제조에 이용된다. 지질을 제거하고 남은 탈지박은 제과산업이나 장류산업에서 원료로 이용되기도 한다.

3) 완두

완두Pisum sativum L. pea는 인도 북부가 주산지로 중국을 통해 국내로 유입되었다. 미숙 시에는 초록색을 띠고 성숙하면 담황갈색이 되며, 하나의 꼬투리 안에 5~6개 정도의 완두콩이 들어 있다. 완두의 색은 백색, 초록색, 갈색과 얼룩무늬색이 있다. 이 중 미숙완두인 청완두green pea는 광택이 있는 초록색을 띠며 단맛이 있는 특징이 있다. 영양성분으로는 50~60%가 탄수화물, 20% 정도가 단백질, 지방질이 약 25% 정도이다. 단백질은 대부분이 글로불린이며 비타민 B군과 칼슘, 인이 풍부한 식품이다. 완두는 직접 식용하거나 죽의 형태로 이용되는 경우가 가장 많으며 간장, 된장, 과자 등의 원료로 사용되고 청완두의 경우 통조림으로 가공되고 있다.

4) 강낭콩

페루가 원산지인 강낭콩Phaseolus vulgaris L., kidney bean은 생김새가 인체의 신장과 유사하며 하나의 꼬투리 안에 약 5~10개의 백색 콩이 들어 있다. 영양 성분은 탄수화물이 50~60%, 단백질이 20%, 지질함량은 매우 작으나 다량의 레시틴lecithin을 함유하고 있다. 필수 아미노산으로 라이신, 로이신, 트립토판, 트레오닌이 풍부하게

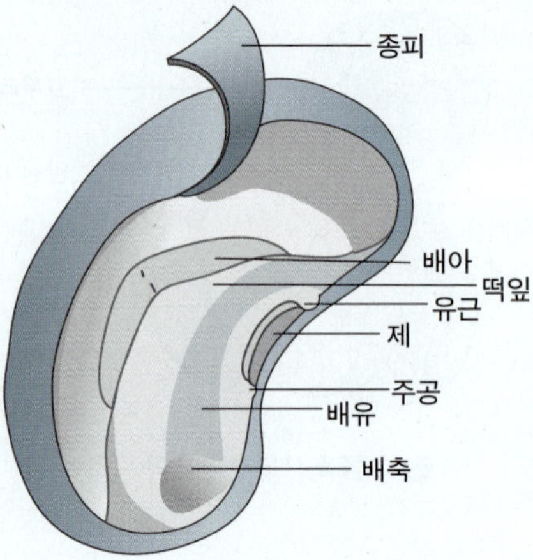

그림 4-13 | 강낭콩의 구조

함유되어 있으나 리나마린linamarin이라고 하는 청산배당체를 포함하고 있으므로 가공 시 주의하여야 한다.

5) 녹두

녹두Phaseolus gram L., mungbean는 인도가 주산지로 초록색을 띤 두류이다. 탄수화물 45%, 단백질 20%, 지방질이 1% 정도로 구성되어 있다. 녹두의 아미노산은 주로 루신leucine과 라이신lysine이다. 녹두는 청포묵의 주원료이며 중국 당면, 숙주나물, 빈대떡, 녹두죽의 제조에 이용되고 있다.

6) 팥

팥Phaseolus angularis L., small red bean은 알맹이와 껍질의 색 등으로 분류하며 붉은색, 푸른색, 검은색, 얼룩색 등이 있다. 팥은 탄수화물이 50~60%, 단백질은 주로 글로불린 단밸질로 20%, 지질은 1% 정도를 함유하고 있다. 비타민은 B_1, 무기질은 칼륨과 인을 함유하고 있으며 소량의 사포닌과 사이아닌cyanin 배당체가 있어 팥을 이용한 앙금 제조 시 색이 검어지는 원인이 되기도 한다. 팥은 주로 죽, 잡곡 등으로 이용되며 떡, 제과, 제빵, 양갱 등의 제조에도 널리 이용된다.

실험 experiment

두부의 제조

1. 목적

침지한 콩으로부터 가용성 단백질인 글리시닌(glycinin)을 용출시켜 만든 두유는 정전기적으로 음전하를 띤 상태에서 분산된다. 여기에 Mg^{2+} 또는 Ca^{2+} 이온을 함유한 응고제를 적당량 가하면 등전점을 형성하여 침전되게 되는데, 이를 압착하여 수분을 제거한 다음 두부를 제조하는 과정에 대해 습득한다.

2. 재료 및 기구

믹서, 대두, 응고제(황산칼슘 또는 염화마그네슘 등), 거즈, 주걱

3. 실험방법

① 썩었거나 벌레 먹은 대두와 기타 협잡물을 제거한다.
② 대두 표면에 묻어 있는 흙이나 먼지 등을 깨끗한 물로 3회 이상 세척한다.
③ 원료 콩의 2~3배의 물을 가하여 대두가 충분히 잠기도록 한 다음 실온에 방치한다(동절기 : 24시간, 하절기 : 5~6시간).
④ 두부 제조기 또는 믹서를 이용하여 불린 대두를 마쇄하여 두미를 제조한다(마쇄 시 대두의 2~3배의 물을 서서히 가한다).
⑤ 질긴 거즈를 이용하여 두미를 걸러 두유와 비지를 분리한다.
⑥ 분리한 두유를 냄비에 넣고 주걱을 이용하여 바닥면을 저어가면서 95~100℃에서 10분간 가열한다(가열 시 거품이 심하게 발생될 수 있는데, 이 경우 찬물을 조금 넣거나 소포제를 소량 첨가하여 거품생성을 억제할 수 있다).
⑦ 첨가할 응고제 양을 계산한 다음 소량의 물에 희석하여 가열한 두유에 첨가한다.
⑧ 두부 제조용 틀에 배수가 용이한 거즈를 깐 후 응고물을 붓는다.
⑨ 윗면을 내용물이 흘러나오지 않도록 잘 덮은 다음 무거운 물건을 이용하여 압착한다.
⑩ 깨끗한 물에 제조한 두부를 담가 여분의 응고제를 제거한다.
⑪ 제조된 두부를 잘라 표면 및 내부를 관찰한다.

①

④

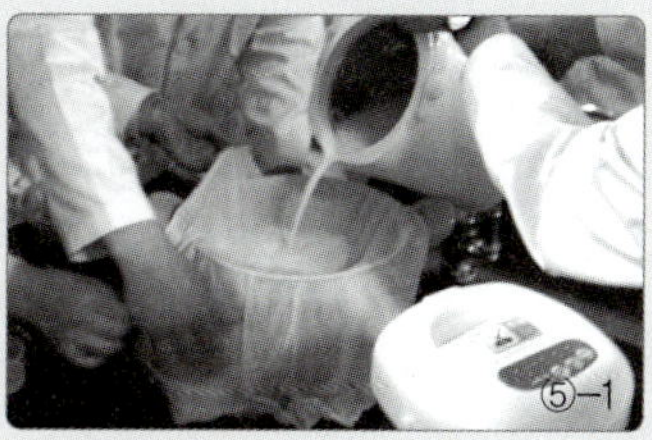
⑤–1

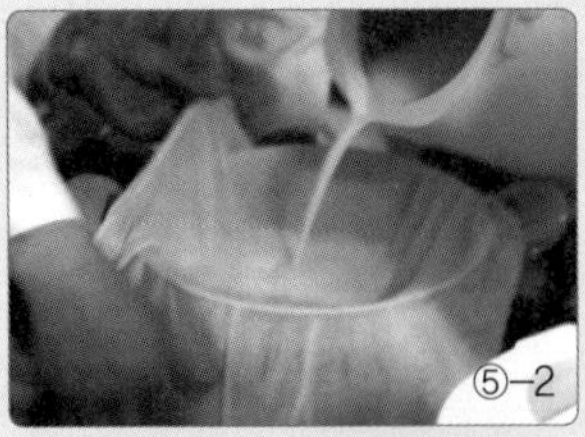
⑤-2

⑥

⑦
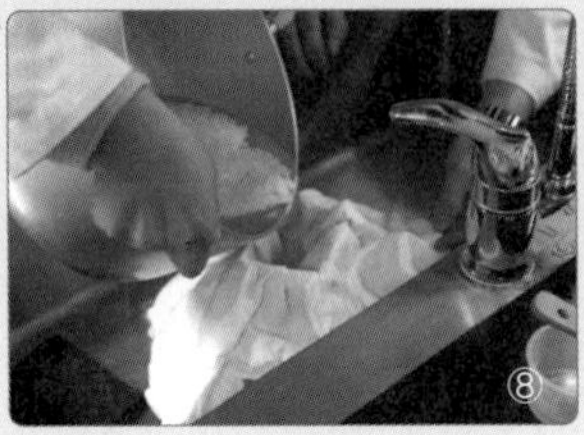
⑧
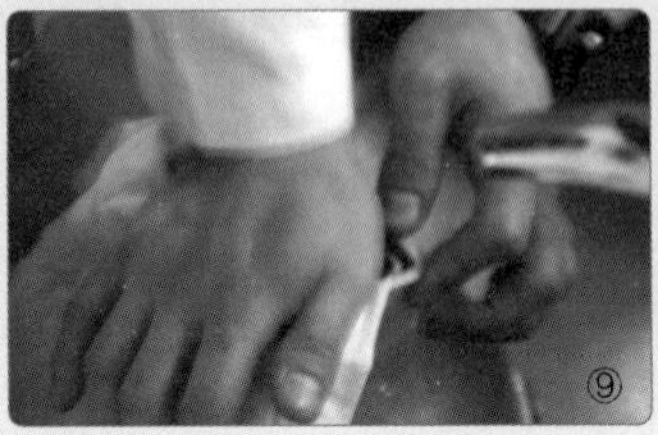
⑨

⑪

Chapter 5

유지류

1. 유지의 채취
2. 유지의 품질검사

Chapter 5

❶ 유지의 채취

유지를 채취하는 식물성 원료로는 대두가 가장 많은 40%를 차지하고 있다. 그 밖에 유채씨, 팜, 쌀겨 등이 있으며 표 5-1에 이러한 원료들의 함유량을 나타내었다. 한편, 동물성 원료는 가축의 기름으로 우지, 돈지와 어유魚油가 있다.

유지를 채취하는 방법은 압착법과 추출법으로 크게 나누어지는데, 그 밖에 용출법도 있다. 압착법은 기계의 힘으로 원료를 압착하여 기름을 짜내는 방법으로 주로 원료 중 지질의 함유량이 많은 유종유에 적용되고, 추출법은 기름을 녹이는 용제에 원료 중의 기름을 추출시키는 것이다. 용제는 증발시켜 제거한 뒤 기름을 얻어내는 방법으로 주로 함유량이 높지 않은 재료에 이용된다.

표 5-1 | 식물성 원료의 유지함량

원료	유지함량	특징
대두	17	일부종 19%
유채씨	41	적색종 38%, 양종 44%
팜	20~65	아열대지방에서 생산된다.
쌀겨	19	정백도, 배아 함유 정도에 따라 상이하다.
참깨	50	백종이 흑종보다 함량이 높다.
옥수수배아	20	옥수수전분 제조의 부산물
코프라	65	건조한 야자의 씨
면실	16	

1) 유지의 추출법

(1) 용출법

주로 우지, 돈지, 어유 등 동물성 원료에서 채취하는 경우 이용된다. 원료를 직화로 끓여내거나 물과 함께 끓여 유지를 녹여서 모으는 방법이다. 용출법에는 건식 용출법, 습식 용출법, 소화법이 있다.

① 건식 용출법

동물성조직에 110℃로 직화 또는 증기를 이용하여 가열한다. 지방분리 후 찌꺼기는 수압 프레스press 또는 나사 프레스screw press로 다시 착유한다. 대량제조 시에는 탈수가 빠르고 지방의 산화방지를 위해 밀폐 솥에서 진공 조건에서 채취한다. 건식법 채취 시 단백질과 같은 물질이 소량 함유되어 독특한 냄새가 발생하거나, 지방이 짙은색을 나타내기도 한다. 고래기름, 간유 등을 채취할 때 많이 사용한다.

② 습식 용출법

세포 파괴가 쉽고, 우지, 돈지, 어유 등에 사용하는 방법이다. 물의 비점 이하에서 하는 저온법과 고압하에서 하는 고온법이 있다.

저온법은 냄새가 없는 지방을 원할 때, 상부에 지방이 뜨면 1.5~2.5%의 마른 소금으로 맑게 하여 지방을 채취한다. 잔사는 증기습식용출법을 사용하여 다시 채취한다.

고온법은 돈지, 우지의 경우에도 이 방법으로 채취하는데, 고지방함량의 원료는 99.5%의 지방 채취가 가능하다. 채유율이 높으며 여러 원료를 처리 가능한 것이 장점이다. 비지방 원료 처리 및 뼈처리가 가능하나 열효율이 건식보다 떨어지는 단점이 있다. 또한 처리과정 중에 지방의 가수분해가 발생할 수 있다.

③ 소화법

알칼리분해법으로서 원료지방에 대해 1.75%의 가성소다용액을 85~95℃에서 45~60분간 처리하고 수세한다. 신선한 원료에만 사용이 가능한 단점이 있다. 효소법은 동물지방제조에 0.005~0.020%의 파파인papain효소 용액을 pH 6.0~7.5에서 작용시켜 단백질을 분해시킨 후 유지를 추출한다.

(2) 압착법

① 배치식 압출법

배치batcht식이란 1회씩 원료를 처리하는 것을 말한다. 우선 압착 조작에 들어가기 전에 여러 종류의 전처리를 하여 기름이 분리되기 쉽게 한다. 그 다음 체 등으로 거르고 송풍에 의해 가벼운 물질을 불어내며, 자석으로 금속 성분을 제거하는 등의 불순물 제거공정을 거친다. 또한 롤 사이를 통과시켜 조직을 붕괴시키고 볶음으로 해서 수분 등을 감소시킨다. 볶는 것은 건조와 동시에 단백질을 응고시켜 기름이 탁해지지 않게 하는 의미도 있다. 참깨와 채종菜種의 경우는 볶는 과정을 통해 독특한 향기를 발생시킬 수 있다. 다음으로 압착하기 전에 증기가열을 한다. 이 과정을 통해 수분을 흡수시키고, 또 가열에 의해 기름의 점도를 낮추며 압착에 의해 기름이 나오기 쉬운 상태로 만든다.

압착은 압력이 강할수록 좋지만, 적당한 압력으로 압착하여 나온 기름은 박粕과 수분 때문에 탁하지만 정치해 놓으면 기름은 분리되어 맑은 층이 된다. 압착과정에서 유의해야 할 것은 온도저하를 막는 것이다. 증기 가열된 원료는 80~90℃ 정도가 되어 있는데, 이보다 온도가 내려가면 기름의 점도가 증가하여 품질이 저하된다.

② 익스펠러에 의한 연속식 압착법

익스펠러expeller는 원통형 동체 안에 스크류가 회전하고 앞으로 갈수록 동체의 직경이 점점 작아지거나 스크류의 간격이 조금씩 좁아져 스크류가 회전하면 원료가 좁은 쪽으로 보내지고 동시에 압력이 가해져 기름이 압착되어 나온다. 고압의 경우에는 수분이 적은 편이 기름이 압착되기 쉽기 때문에 증기가열을 하지 않는 경우가 많다. 또 익스펠러에서는 1회 압착으로는 충분하지 않은 경우가 많아 압착을 2회 실시하는 경우가 많다.

압착법에 의해서 기름의 전부를 압착할 수는 없고 상당한 양의 기름이 박에 남게 된다. 유채씨의 경우 7~8%, 쌀겨에서는 9~10%의 기름이 남는다. 그래서 압착하고 난 박을 다시 추출법에 의해 기름을 완전히 추출해내는 경우가 있는데, 앤더슨 매출기Anderson expeller와 프렌치 스크루 프레스French screw press 두 가지 형이다.

앤더슨 매출기

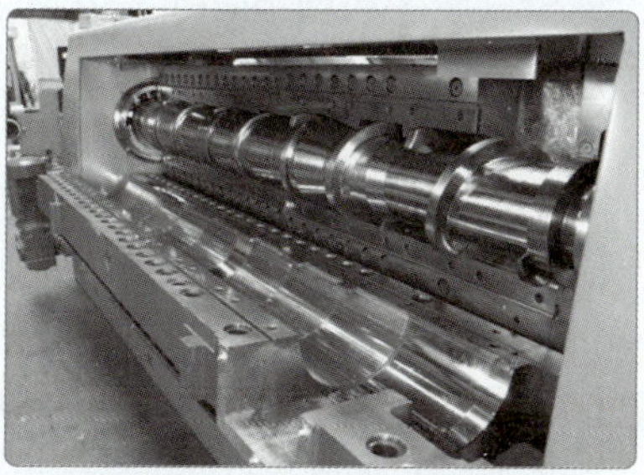

프렌치 스크루 프레스

그림 5-1 | 익스펠러

(3) 추출법

함유 원료를 추출탱크에 넣어 여기에 용제를 가하면 유지가 용제로 녹아 나온다. 대두유, 옥배유, 미강유, 카놀라유 등의 제조에 사용한다. 사용 용제 선택의 경우 기름을 녹이는 힘이 강하고, 회수하기 쉬울 것, 원료와 기름이 반응을 하지 않을 것 등의 선택 조건이 있는데, 현재는 대부분 헥산hexane이 사용된다. 그 밖에는 에탄올이 효과가 있다.

원료는 얇게 압편하여 기름이 추출되기 쉽게 한 뒤 건조하여 수분을 10% 정도로 만들어둔다. 이것을 추출기에 넣고 용제를 넣은 뒤 원료를 충분히 침지시켜 기름이 용제에 녹아 나온 뒤 유지를 함유한 용제를 증류기에 옮기고 증기로 가열하여 증류시킨다. 그렇게 하면 기름을 얻을 수 있다. 용제는 응축기에서 액화하여 회수한다. 또 추출기 안의 박은 아직 용제가 함유되어 있기 때문에 증기를 불어넣어 빼내고 이것도 회수한다.

실제로는 추출기를 4~8대 정도 설치해 놓고 첫 번째 추출기에서 추출한 용제를 두 번째 추출기로, 다시 세 번째 추출기로 차례로 주입하여 침출하는 방법을 사용한다. 이러한 방법을 배치batch식이라고 한다. 이 원리를 응용, 발전시킨 것이 연속식 추출장치이다.

① 추출용 용제

추출용 용제가 되기 위해서는 인화 폭발성이 없고, 유지 성분만 용해하며, 독성이 없어야 하고 안정하며 유지 또는 박 중에 악취를 남기지 않고, 겨울에 얼지 않으며 가격이 저렴해야 하는 조건이 있다.

사용되는 추출용제로서 인화성이 높은 것은 석유벤젠, 헥산, 아세톤, 이황화탄소, 알코올 등이며 비인화성인 것은 삼염화에틸렌trichloroethylene, 사염화탄소 등이 사용된다.

② 추출설비

추출설비에는 배치식, 연속식이 있는데, 연속식에는 다시 여과식과 침지식이 있다. 이 중 연속식의 여과식은 용제의 농도가 높고, 용제의 청징도 및 여과가 쉬운 장점이 있으며 침지식은 원료를 정제 중에 침지하는 것으로 추출 효율이 좋고 장치가 간편하다.

2) 유지의 정제

압착법 또는 추출법으로 채취한 원유는 소량의 유리지방산을 함유하며 색은 진하고 냄새가 있다. 참기름과 같이 특수한 경우를 제외하고 그대로 식용으로 사용할 수 없기에 정제과정을 거친다. 정제공정은 주로 탈검degumming, 탈산deaciding, 탈색decoloring, 탈취deodoring, 탈납winterization의 공정을 거친다. 탈검의 과정을 생략하고 탈산과정에서 탈검과정을 동시에 하는 경우도 있다.

(1) 탈검공정

원유 중에 혼입되어 있는 인지질, 단백질, 점질물 등을 온수를 가해서 수화시켜 기름을 분리한다. 최근의 연속식 방법에는 온수 대신 수증기를 혼입시켜 수초 후에 원심분리로 검 성분을 제거하고 있다.

(2) 탈산공정

원유 중의 유리지방산을 NaOH로 중화 제거하는 과정이다. 원유를 교반기에 넣어 산소와 접촉하지 않도록 하며 신속히 교반하고 35℃로 데우면서 15~20%의 가성소다액을 원유 표면에 살포하여 유리산을 분리한다. 이 과정을 통해 유리산뿐 아니라 색소와 다른 불순물도 동시에 제거된다. 이때에 기름 온도가 너무 높으면 검화가 되기 쉽다.

(3) 탈색공정

이 공정에서는 주로 산성백토와 활성탄을 이용하여 카로티노이드, 카로틴 등의 색소를 흡착시킨다. 즉, 잘 건조한 산성백토를 착색도에 따라 1~5% 첨가하고, 100℃ 정도로 가열교반한 뒤 여과한다. 이런 과정을 통해 미색의 기름이 제조된다.

(4) 탈취공정

마지막 공정으로서 정제과정이 되며, 기름 중의 알데하이드, 케톤, 탄화수소 등의 냄새물질과 흙내음을 제거하는 과정이다. 기름을 탈취탑에 넣고 3~6mmHg의 감압을 한 후 약 200℃로 가열하여 여기에 250℃ 정도의 과열수증기를 1~2시간 불어넣어 냄새물질을 증류하여 없앤다. 탈취가 끝나면 빨리 냉각한다. 이상과 같이 정제한 기름은 대부분 무색, 무취의 기름으로 일반 식용유가 이것이다.

(5) 탈납공정

샐러드유의 경우 생채소 요리에 사용되기 때문에 냉장했을 경우 탁해지지 않는 조건이 필요하다. 그래서 정제유를 냉각하여 생기는 침전을 제거하는 과정을 탈납공정winterization이라고 한다. 탈납공정을 거친 기름을 동유오일이라고 부르며 보통 샐러드유를 만드는 데에는 면실유가 가장 적합하다. 또 미강유의 경우에도 탈납공정을 거친다.

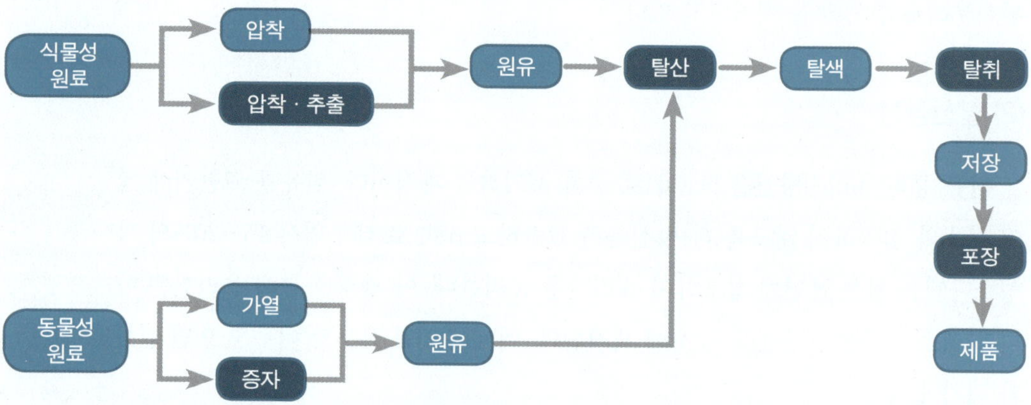

그림 5-2 | 유지의 제조법

3) 유지의 가공

(1) 수소 첨가(경화)

어유와 식물유 등 액상 지질에 니켈 등을 촉매로 사용하며 고압수소를 불어넣으면 불포화지방산의 이중결합부분에 수소가 첨가되어 포화지방산이 생기고 그 때문에 융점이 높아지며 기름이 경화된다. 이렇게 해서 만든 기름을 경화유라고 한다. 경화의 정도, 즉 기름의 단단한 정도는 수소 첨가를 가감함에 의해서 조절할 수 있다.

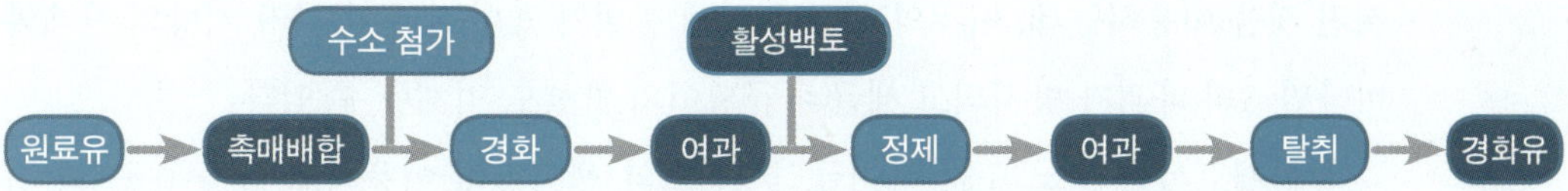

그림 5-3 | 경화유의 제조법

촉매를 섞은 유지를 내산성인 경화장치에 넣고 예열시켜 100~180℃에서 6~12기압의 수소를 불어넣어 반응시킨다. 처음에는 150℃에서 시작해서 최종 200℃에서 종결되도록 한다. 반응 후 뜨거운 상태에서 필터 프레스filter press하여 촉매를 제거한다. 수소 첨가 반응 시에는 발열하므로 냉각시키며 온도를 조절해야만 한다. 경화유에 사용되는 유지는 정제유를 사용하며, 촉매 독소가 없는 수소, 강한 촉매가 사용되어야 양질의 경화유를 생산할 수 있다.

(2) 에스터 교환

식용유지는 여러 지방산의 트리글리세리드의 혼합물인데, 여기에 나트륨메틸라드와 같은 알칼리성의 촉매를 첨가하여 20~30℃에서 24시간 두면 지방산의 에스터 결합위치가 상호적으로 교환하여 성상이 다른 유지가 된다. 이 반응을 에스터 교환interesterification이라고 부른다. 예를 들어, 라드에서 이 반응을 일으킨 후 윈터링wintering으로 고형 유지를 제거하면 부드러운 라드가 만들어진다.

(3) 마가린

인조 버터라고도 불리는 것으로 정제한 동물성 유지에 경화유를 배합하고 여기에 물과 여러 가지 부원료를 첨가하여 유화한 후 급냉, 교반해서 버터와 동일한 성상이 되도록 만든 것이다. 마가린은 실온에서는 고형 상태이어야 하며, 입 안에 들어가서는 녹아야 한다. 그러한 원료유지의 배합을 개발하여 일반적으로 융점이 25~35℃ 정도가 되게 한다.

원료로는 야자유, 대두유, 팜유 등의 식물성지질, 우지 등의 동물성지질, 생선과 고래 등의 경화유 등이 이용된다. 여기에 부산물로서 발효유, 식염, 유화제, 보존료, 산화방지제, 향료, 착색료, 비타민 A 등이 첨가된다. 발효유는 탈지유를 유산 발효시킨 것을 이용하는데, 이것의 첨가에 의해 풍미가 좋아질 뿐 아니라 지방의 산패와 비타민 A의 파괴가 방지되고 세균과 곰팡이의 발생도 억제할 수 있다.

유화제로서는 모노 또는 다이글리세리드와 레시틴이 이용되고, 0.3~0.8%의 첨가로 수분의 분리 등을 방지할 수 있다.

향료로서 천연 버터 방향 성분의 하나인 다이아세틸diacetyle, 바닐라 등을 첨가하며 착색료로서 베타카로틴, 안나토 등의 천연 색소 등이 이용된다.

이상과 같은 각종 원료를 배합한 것에 식염수를 첨가하여 유화시킨다. 식염은 2~3%, 물은 20% 정도 첨가한다. 유화는 1시간 정도 진행되는데, 유지의 융점 부근에서 한다. 이 유화를 보테이터votator라고 하는 밀봉된 장치에서 하면 유화된 후의 냉각과 교반 등의 모든 공정을 연속적으로 할 수가 있다. 이 장치는 열전도가 좋고 고압$20kg/cm^2$, 고냉각 상태에서 교반해야 제품의 조직이 좋아진다.

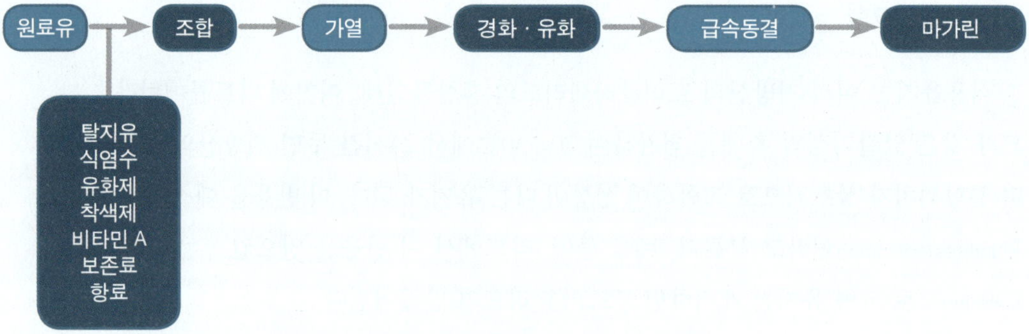

그림 5-4 | 마가린 제조법

(4) 쇼트닝

쇼트닝의 특징은 쇼트닝성shortening과 크림성creaming이 뛰어나다는 것이다. 쇼트닝성이라는 것은 비스킷과 쿠키 등에서 볼 수 있는 부숴지기 쉬운 성질을 말하며 크림성은 버터, 크림 등에서 볼 수 있는, 교반하는 경우 공기를 품는 성질을 말한다. 이러한 목적으로 이용되는 유지로는 예전부터 유럽에서는 라드, 미국에서는 면실유, 대두유로 만든 경화유가 주로 이용되었으나 현재에는 야자유, 우지, 라드 또는 면실유, 대두유, 어유, 고래유 등의 경화유 등을 정제한 것을 주원료로 하여 여기에 10~20%의 가스질소, 탄산가스, 공기를 넣은 것이 만들어지며 이것을 쇼트닝이라고 부른다.

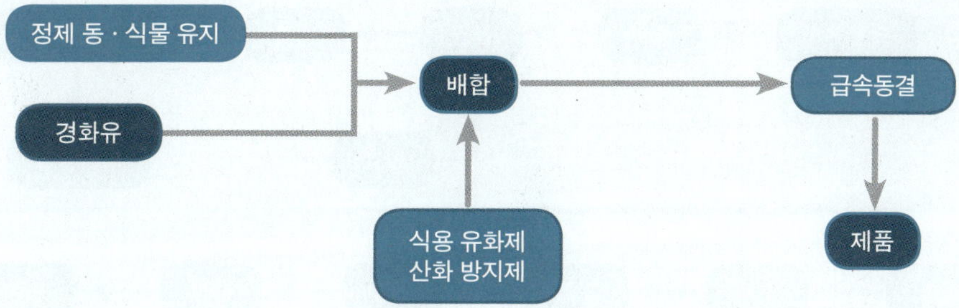

그림 5-5 | **쇼트닝 제조법**

(5) 마요네즈

마요네즈mayonnaise는 난황에 함유된 천연유화제의 작용으로 유지를 안정화시킨 것으로 유화는 수중유적형o/w이 되어 있다.

마요네즈 제조법을 그림 5-6에 나타내었다.

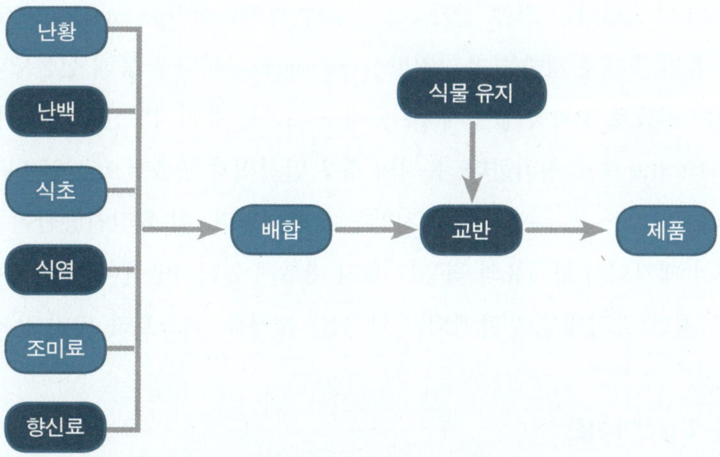

그림 5-6 | **마요네즈 제조법**

(6) 버터

우유의 지방을 분리한 것이 버터butter이다. 버터의 제조법을 그림 5-7에 나타내었다.

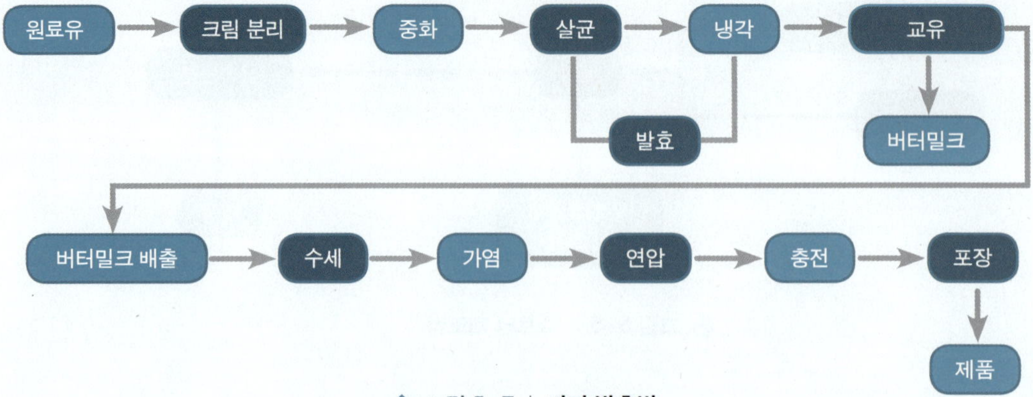

그림 5-7 | 버터 발효법

❷ 유지의 품질검사

유지의 품질검사는 크게 산가acid value와 과산화물가peroxide value가 사용된다. 산가는 유지 중에 존재하는 유리지방산free fatty acid의 양을 통해 신선도와 정제도를 예측하는 지표로 정확하게 유지 1g 중에 존재하는 유리지방산을 중화하는 데 필요한 KOH의 mg 수로 정의한다. 유지의 경우 압착법과 추출법으로 원유crude oil 상태일 경우는 내부에 많은 양의 유리지방산이 존재한다. 이 유리지방산이 정제과정을 거치면서 제거되어 정제유의 경우는 유지 내부에 유리지방산이 거의 존재하지 않게 된다. 하지만 비정제유로 판매되는 참기름, 들기름, 익스트라 버진 올리브유 등은

표 5-2 | 산가 기준

유형	산가	유형	산가
콩기름	0.6 이하	참기름	4.0 이하
옥수수기름	0.6 이하	추출참기름	0.6 이하
채종유	0.6 이하	들기름	5.0 이하
미강유	0.6 이하	추출들기름	0.6 이하
땅콩기름	2.0 이하	압착올리브유	2.0 이하
정제땅콩기름	0.6 이하	정제 올리브유	0.6 이하
압착고추씨기름	3.0 이하	향미유	3.0 이하

유리지방산이 신선한 상태에서도 많은 양이 존재한다. 그래서 〈식품공전〉의 기준에 의하면 식용유지의 종류에 따라 산가 기준이 다른데, 표 5-2에 대표적인 예 몇 가지를 적었다.

산가는 유지의 산패가 얼마나 진행되었는지 알려 주는 대표적인 화학적 지표인 것은 사실이나 비정제유처럼 초기 산가가 높은 유지의 경우는 사용이 제한적일 수 있다. 그렇기 때문에 정제유의 산패 정도를 측정할 때 주로 사용된다.

산가를 측정하는 방법은 화학적 측정법과 시험지를 이용한 측정법이 있다.

화학적 측정법에 의한 산가 측정

과거부터 화학 분석법을 이용하여 정확하게 산가를 측정하는 방법이다. 정확한 산가를 측정할 수 있으나 화학적 실험을 해야 하기 때문에 전문가적인 능력이 필요하다.

1. 필요 시약

① 표준용액 : 0.1N KOH 알코올 표준용액

② 용매 : 에틸에테르 : 에탄올 = 1 : 1의 혼합용매를 사용 직전에 페놀프탈레인을 지시약으로 하여 0.1N KOH 알코올 표준액으로 중화한 것

③ 지시약 : 1% 페놀프탈레인

2. 시험방법

① 시료 유지 5~10g을 삼각 플라스크에 취한다. 이때 신선유일 경우는 더 많은 양의 시료를 취하도록 한다.

② 에틸에테르 : 에탄올 = 1 : 1의 혼합용매 100mL를 넣는다.

③ 시료 유지가 용매에 완전히 녹도록 잘 흔든다.

④ 지시약인 1% 페놀프탈레인을 몇 방울 넣는다.

⑤ 0.1N KOH 알코올 표준용액으로 보라색이 될 때까지 적정한다.

$$\text{산가} = \frac{56.11 \times A \times B \times F}{C}$$

A : KOH의 소비량

B : KOH의 노르말 농도

F : KOH의 농도계수

C : 시료 채취량

산가측정지를 이용하는 방법

산가측정지는 측정지를 사용한 유지에 담갔다가 꺼내 보는 것만으로 쉽게 유지의 상태를 예측할 수 있는 방법이다.

1. 사용방법

① 산가측정지가 들어 있는 플라스틱 용기를 열어 산가측정지를 꺼낸다.

② 산가측정지의 윗부분(빨간줄 표시부분)을 잡고 조리 중인 기름(163~204℃)에 4개의 밴드가 완전히 잠기도록 한다.

③ 2~3초간 담근 후 꺼낸다.

④ 약 30초 동안 잡고 있다가 맨 아래 밴드부터 색상의 변화를 관찰한다(밴드가 부분적으로만 노란색으로 변했을 경우 측정 가이드를 참고하여 값을 확인한다).

⑤ 측정 가이드와 비교 후 측정된 값에 따라 기름의 사용 여부를 결정한다.

⑥ 사용된 산가측정지는 재사용 혹은 보관하지 않고 버린다(사용된 산가측정지는 공기와 반응하여 색상이 계속 노란색으로 변한다).

⑦ 산가측정지는 플라스틱 용기에서 개봉 전 4℃ 이하(냉장보관 권장), 개봉 후 최소 20℃ 이하에서 보관한다.

2. 판단기준

산가측정지 측정 가이드는 다음 그림과 같다.

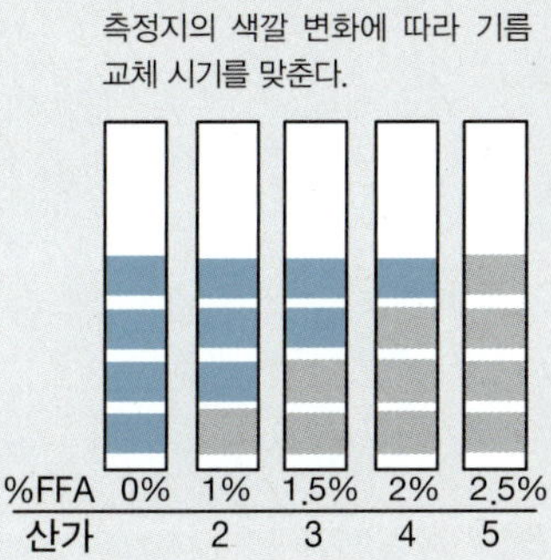

기름 상태	산가
신선유	0.5 이하
사용 가능	1
사용 가능	1.5
교체	2
교체	2.5

Food Processing & preservation

Chapter 6

우유 및 유제품

1. 우유 및 유제품의 개요
2. 우유
3. 발효유
4. 유크림
5. 버터
6. 농축유제품
7. 분유
8. 치즈
9. 아이스크림
10. 저장

Chapter 6

❶ 우유 및 유제품의 개요

유가공품은 생유원유, raw milk 또는 유가공품을 원료로 가공한 우유류, 저지방우유류, 유당분해우유, 가공유류, 산양유, 발효유류, 버터유류, 농축유류, 유크림류, 버터류, 치즈류, 분유류, 유청류, 유당, 유단백 가수분해식품, 조제유류, 아이스크림류, 아이스크림 분말류, 아이스크림 믹스류 등의 제품을 말한다. 원유는 낙농가에서 착유 후 집유하는 탱크차에 5℃로 냉장 운반되어 가공 공장의 탱크로리에 모인 후 살균과 균질화 등을 거쳐 제품화된다. 가공처리 전살균 전의 우유를 원유라 하며 그 구성 성분은 젖소나 산양의 혈통, 분만 횟수, 착유방법, 사료의 종류, 기온과 계절 등의 요인에 따라 달라지기도 한다. 우유에서 유지방을 제거하지 않은 상태의 것을 전유whole milk라 한다. 음용 우유보통 시유, 저지방우유, 무지방우유 등에는 성분규격기준이 마련되어 있기 때문에, 이 규격에 맞도록 원료유의 성분을 조정하는 표준화standardization 과정이 필요하다. 이 과정에서 주로 지방의 조정이 이루어지며, 원심분리기를 이용한다.

원심분리기를 이용하여 분리된 유지방을 크림cream이라 하며, 주성분은 유지방이다. 버터, 아이스크림, 커피크림, 생크림 등에 이용된다. 유지방을 분리하고 나면 탈지유skim milk가 생기는데, 단백질과 유당이 주성분이다.

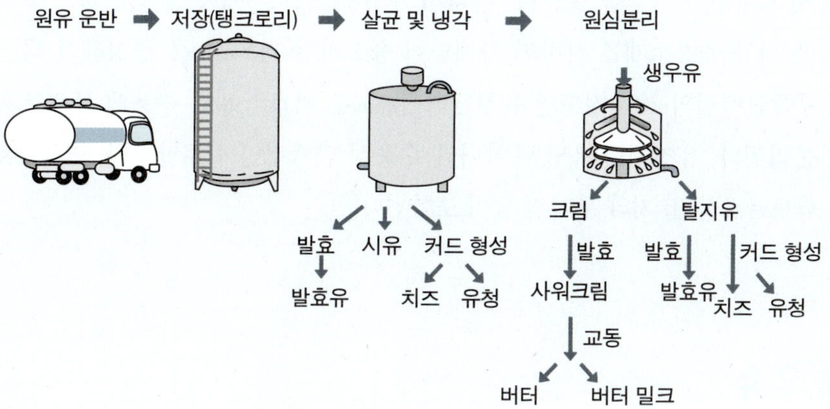

그림 6-1 | 유제품의 가공

우유는 87~88%의 수분과 고형분지질, 단백질, 탄수화물, 다수의 미네랄, 비타민, 효소 등으로 구성되어 있다. 고형분 중 유지방을 제외한 나머지 고형분을 무지유고형분SNF : Solids-Not-Fat이라고 한다.

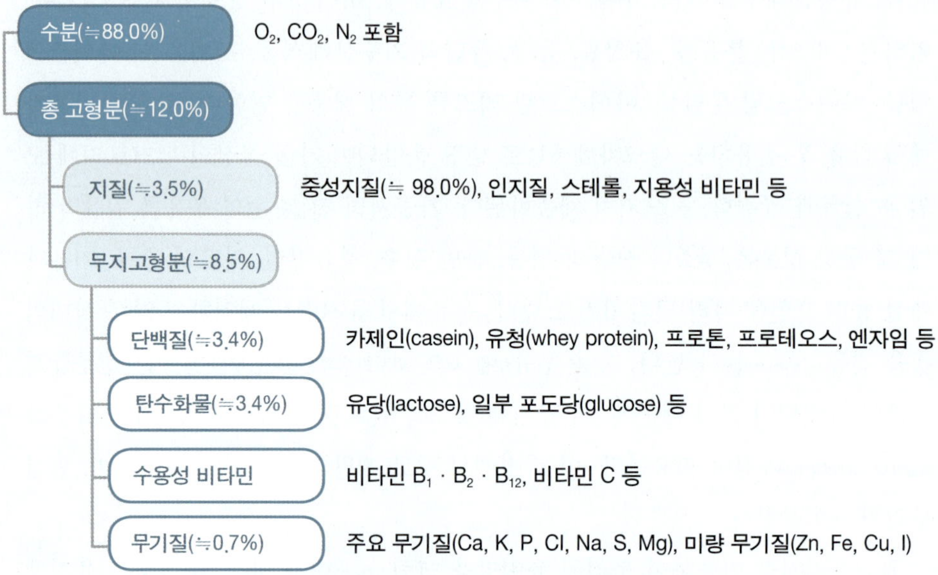

그림 6-2 | 우유의 구성 성분

카제인casein은 우유 단백질의 80%를 차지하는 주요한 단백질로서 pH 4.6에서 침전, 응고되는 등전점을 갖는다. 따라서 우유pH 6.4~6.6에 산을 첨가하거나 레닛rennet 등의 응유효소제를 가하면 카제인이 응고하여 커드curd를 형성하게 되는데, 이때 우유단백질의 20% 정도인 유청단백질whey은 비교적 맑은 수용액 상태로 커드에서 분리된다. 유청에는 유당뿐 아니라 수용성 단백질인 락토알부민, 면역글로불린인 락토글로불린, 기타 무기질 등이 포함된다.

2 우유

시장에서 쉽게 구입할 수 있는 우유를 시유라고 한다. 시유는 원유를 살균하여 식품위생상 안전하게 처리하여 소비자가 마실 수 있도록 상품화하여 시장에서 판매 · 유통된다는 의미에서 마켓 밀크market milk 또는 시티 밀크city milk라고 한다. 현재 시유는 모두 열처리공정을 거친 우유로, 살균방법에 따라 살균우유와 멸균우유로 구별할 수 있으며 조성분함량의 일부를 조절한 강화우유나 저지방유 또는 무지방유, 맛과 향미를 조절한 가공유 유음료류, 가공법을 조절한 환원유와 유당분해우유 등으로 소비자 요구에 맞추어 세분화되어 생산되고 있다.

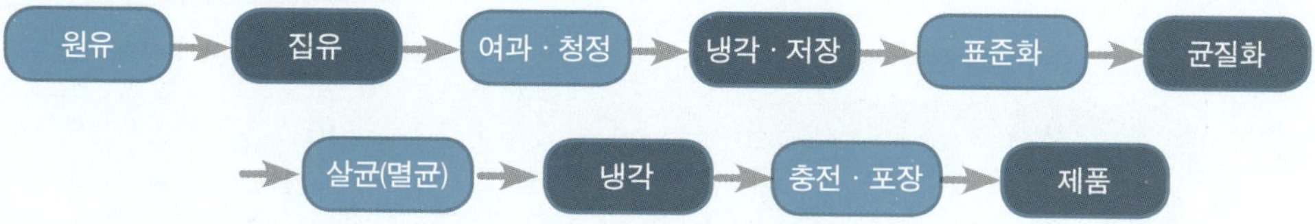

그림 6-3 | **우유의 제조공정**

1) 우유의 제조공정

(1) 원유검사

질 좋은 원유를 선별하고 저유하기 위해 원유의 위생검사, 시설위생검사, 위생관리검사를 실행한다. 원유의 위생검사는 목장에서 수유 전 실행하는 수유검사관능, 비중, 알코올, pH, 진애검사와 시험검사적정산도, 세균 수, 세균발육억제물질, 성분검사로 구분한다. 체세포 수는 15일에 1회 검사를 원칙으로 한다.

(2) 여과 및 청정화

목장에서 생산된 원유를 집유한 후 여과포 등으로 여과하여 원심분리기를 이용, 백혈구, 체세포, 미생물, 먼지 등을 청정clarifier한다.

(3) 표준화

청정화된 우유는 냉각기를 통해 4℃ 이하로 냉각되고 저장조로 옮겨져 시유의 규격에 맞도록 성분의 표준화가 이루어진다.

(4) 균질화

목장에서 착유한 우유를 그대로 방치하면 밀도 차에 의해 지방구가 부상하여 크림층을 형성하는데creaming, 이것을 방지함과 동시에 우유의 소화를 잘되게 하기 위해 균질기homogenizer를 이용하여 유지방을 미세하게 균질화한다. 우유를 고압으로 작은 구멍을 통해 분출시키면 약 3~4μm 직경의 유지방구가 0.1~2.2μm 이하로 분쇄되면서 부상력이 거의 없어지므로 크림 분리를 막을 수 있다.

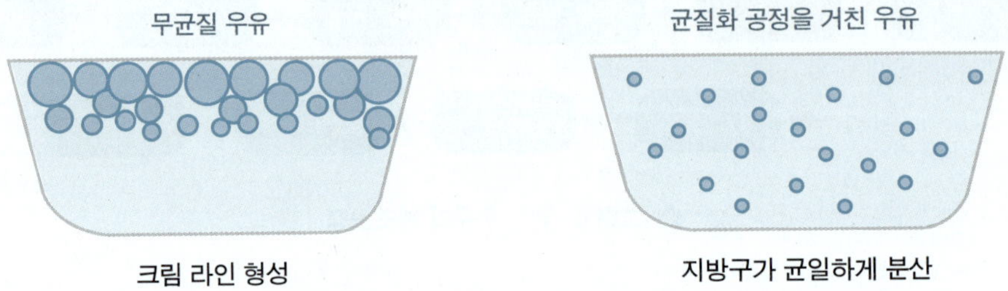

그림 6-4 | 균질화의 효과

(5) 살균 및 멸균

원유의 영양소 손실을 최소화하는 범위 내에서 병원성 미생물을 사멸시키고 효소를 파괴하여 위생적으로 안전하며 저장성을 높이기 위해 살균 또는 멸균을 한다. 원유 중 존재 가능한 유해병원균으로는 우형 결핵균*Mycobacterium bovis*, 브루셀라균*Brucella abortus*, Q열균*Coxiella burnetii* 등으로 균이 사멸되는 최소온도는 61.1℃에서 30분이다. 따라서 우유의 살균은 최소 이 온도보다는 높은 것을 기준으로 가열살균한다.

① 저온장시간살균

저온장시간살균LTLT : Low Temperature Long Time pasteurization은 원유를 63~65℃에서 30분간 가열하는 방법으로, 저온이기 때문에 우유의 풍미가 잘 보존되며 유산균의 잔존율이 다른 살균법에 비해 높은 특징이 있다. 설치비용이 저렴하여 소규모 공장에 적합하다.

② 고온단시간살균

고온단시간살균HTST : High Temperature Short Time pasteurization은 원유를 72~75℃에서 15~20초간 평판 열교환기로 가열하여 살균하는 방식으로, 가열에 의한 열교환과 냉각이 동시에 이루어지기 때문에 단시간 살균이 가능할 뿐 아니라 작업을 연속적으로 진행할 수 있어서 열의 효율적 이용이 가능하다. 대규모 공장에 적합한 살균법이다.

③ 초고온순간처리법

초고온순간처리법UHT : Ultra High Temperature pasteurization은 원유를 130~150℃에서 0.5~5초간 가열살균한다. 고온에 의해 미생물을 거의 사멸시킬 수 있는 방법이다. 가열 후에는 즉시 냉각하여 비타민 파괴, 단백질 응고 등의 품질변화를 방지하여야 한다.

(6) 충전 및 포장

과거에는 살균 후 냉각공정을 거친 우유는 증기 또는 염소수 등의 약품으로 소독된 유리병에 포장되어 두꺼운 종이 뚜껑을 덮어 시판되었는데, 현대에는 광선 차단성이 우수하고 운반이 용이한 종이용기나 방수 · 방습성이 우수한 플라스틱병에 충전하여 유통된다. 충전 및 포장공정은 무균공정으로 실행하여야 한다.

2) 우유의 종류 및 규격기준

(1) 우유

우유는 원유를 균질화또는 무균질 후 살균이나 멸균처리한 것으로 가공기준에 따라 분류된다. 우유란 원유 100%를 살균이나 멸균처리한 것으로 다른 물질을 혼합 가공할 수 없으며, 필요에 따라 유지방을 감하여 표준화한 후 가공한다. 강화우유는 원유에 비타민 또는 무기질을 강화한 원유함량 100%강화제 제외 우유류로, 첨가제의 열 안정성과 미생물 오염을 고려해 가공의 적절한 단계에서 무균적으로 첨가한다. 환원유는 원유를 사용하지 않고 탈지분유 등의 유가공품으로 원유 성분과 유사하게

표 6-1 | 우유의 성분 규격

구분	내용
성상	유백색~옅은 황색의 액체로서 무미, 무취
비중	15℃에서 측정 시 1.028~1.034
산도	젖산으로서 0.18% 이하
무지유고형분	8.0% 이상
유지방	3.0% 이상
세균 수	1mL당 2만 cfu 이하(멸균제품일 경우, 30℃에서 2주 또는 55℃에서 1주 배양 후 음성), 유산균 첨가 우유의 경우 유산균 수는 제외
대장균 수	n=5, c=2, m=0, M=10(멸균제품의 경우 음성)*
포스파테이스 (Phosphatase)**	저온장시간 살균제품, 고온단시간 살균제품의 경우 음성
유산균 수	유산균첨가제품에 한해 100만 CFU 이상

* 축산물의 가공기준 및 성분 규격 중 대장균군 또는 대장균의 정량시험에 사용되는 용어로서, [n : 검사하기 위한 시료의 수, c : 최대허용 시료 수, m : 허용기준치, M : 최대허용한계치]로 정의한다.

** 포스파테이스(phosphatase) : 우유 중 인산 에스터(ester) 및 폴리인산 가수분해를 촉매하는 효소의 총칭으로, 62.8℃에서 30분간 또는 71~75℃에서 15~30초간의 가열로 불활성화되므로 저온살균처리 여부 및 생유의 혼입 여부를 검출하기 위해 검출시험이 실시된다.

환원하여 살균 처리한 것으로 유고형분함량이 11% 이상 되도록 가공한 것을 의미한다. 유산균첨가우유란 원유에 유산균을 첨가하되 유산균을 제외한 원유함량이 100%인 제품으로 1mL당 100만 cfu 이상의 유산균 수를 갖도록 가공된 우유류이다. 우유류의 일반적인 성분 규격은 표 6-1과 같다.

(2) 저지방우유

저지방우유는 원유의 유지방을 0.6~2.6%로 조정하여 살균 또는 멸균한 것으로 원유함량이 100%인 우유이다. 이러한 저지방우유에 비타민 또는 무기질을 강화한 것을 강화저지방우유라고 한다. 우유와 마찬가지로 유가공품으로 저지방우유처럼 환원하여 무지유고형분 함량을 8.0% 이상으로 한 것을 환원저지방우유라고 하며, 비타민이나 무기질 등을 강화하여 환원강화저지방우유로 가공하기도 한다. 원유함량 100%에서 유산균만을 첨가하는 유산균첨가 저지방우유가 있으며, 유지방함량을 0.5% 이하로 가공한 것을 무지방우유라 한다. 저지방우유의 성분 규격 중 비중15℃에서 측정 시 1.030~1.045과 유지방함량0.6~2.6%을 제외하면 우유의 성분 규격과 같다.

(3) 유당분해우유

유당분해우유란 원유, 우유, 저지방우유 또는 무지방우유를 유당분해효소로 처리하여 유당을 분해하거나, 또는 물리적으로 제거하여 유당의 함량을 1.0% 이하로 조정한 것을 의미한다. 경우에 따라 비타민과 무기질을 강화하여 가공하기도 한다. 유당분해우유에서 유지방분을 0.6~2.6%로 낮추어 저지방 유당분해우유로 가공하기도 하고, 지방함량을 0.5% 이하로 낮추어 무지방 유당분해우유로 가공하기도 한다.

(4) 가공유

가공유란 원유 또는 유가공품을 원료로 하여 식품이나 식품첨가물 등을 가한 후 살균이나 멸균처리를 한다. 제조업체의 사정에 따라 우유와 첨가물을 각각 살균이나 멸균처리 후 무균적으로 혼합하기도 한다. 소비자의 다양한 입맛에 맞추어 흰 우유에 초코, 커피, 딸기, 바나나 등의 과육이나 향 및 색소 등과 함께 당류를 첨가하여 제조한다. 최근에는 우유의 소비촉진 및 기호성의 다양화를 살리는 저지방가공유와 무지방가공유 등의 가공품이 많아지고 있다. 저지방가공유는 조지방함량이 0.6~2.6%이며 무지방가공유는 조지방함량이 0.5% 이하이다. 유음료는 무지유고형분이 4% 이상 함유된 음료로서 다른 유가공품 품목에 해당되지 않는 것을 의미한다.

표 6-2 | 가공유의 성분 규격

구분	가공유	저지방 · 무지방가공유	유음료
무지유고형분(%)	7.2 이상	5.5 이상	4.0 이상
유지방(%)	2.7 이상	저지방(0.6~2.6), 무지방(0.5 이하)	–

(5) 산양유

그 밖에 산양의 젖을 가공하는 산양유도 있다. 산양유 100%를 살균 또는 멸균처리하여 가공한다.

표 6-3 | 산양유의 성분 규격

구분	내용
성상	유백색~옅은 황색의 액체로서 무미 · 무취
비중	15℃에서 측정 시 1.030~1.034
산도	젖산으로서 0.20% 이하
무지유고형분	7.5% 이상
유지방	3.2% 이상
세균 수	1mL당 2만 cfu 이하(멸균제품일 경우, 30℃에서 2주 또는 55℃에서 1주 배양 시 음성)
대장균군	n=5, c=2, m=0, M=10(멸균제품의 경우 음성)
포스파테이스 (phosphatase)	저온장시간 살균제품, 고온단시간 살균제품의 경우 음성

3 발효유

발효유fermented milk는 일반적으로 살균 또는 멸균된 우유에 배양한 젖산균이나 효모 등을 접종하여 발효시켜 산미와 향미를 강화한 것이다. 흔히 요구르트라고 부르는 것은 일반명칭이고 「축산물가공처리법」상으로는 발효유라 하여 유산균 수 규격기준이 세심히 관리되고 있는 품목이다. 발효유는 기원전 5000~6000년경 유목민들이 소, 양, 염소, 낙타, 말 등의 젖을 가죽주머니에 담고 사막을 이동하여 다니던 중 우연히 유산균에 의해 우유가 순두부와 같은 질감의 커드curd로 변해 있는 것을 발견한 것에서 유래되었다. 이렇게 형성된 커드는 쉽게 변질되지 않고 특유의 맛과 향을 낸다는 것을 알게 되면서 발전했을 것이라 유추하고 있다. 이후 1900년 초 메치니코프Mechnikov, 프랑스의 세균학자가 발효유를 일상적으로 음용하는 불가리아와 코카서스 지방에 장수 인구가 많은 것을 언급하면서 유산균의 자가중독증상의 치유력과 생명연장효과에 대해 연구하여 노벨의학상을 수상하였다. 발효유의 원료인 우유 중 고르게 함유되어 있는 단백질, 지방, 유당, 비타민, 무기질 등과 유산균이 생성한 젖산에 의해 장내 pH가 저하되어 유해세균을 억제하고 숙주의 면역력 증진 및 칼슘 흡수의 개선, 간기능 강화, 장분비 등을 촉진하는 작용을 한다. 이러한 체내에 유용한 작용을 하는 균을 프로바이오틱스라 한다. 유산균은 생균뿐 아니라 죽은 유산균으로도 효과가 있다.

1) 발효유의 분류

(1) 최종생성물의 종류에 따라

발효유는 젖유산 발효유와 알코올 발효유로 나눌 수 있다. 우리나라는 주로 젖산 발효유 제품이 생산되는데, 우유나 산양의 젖을 원료로 유산균만을 이용하여 젖산을 생성하는 발효형식이다. 발효유 제조에 사용하는 유산균은 *Lactobacillus bulgaricus, L. acidophilus, L. casei*의 혼합균주와 *Streptococcus thermophilus*가 혼합배양되어 사용되거나, *Bifidobacterium* spp. 3~4종이 혼합배양되어 스타터starter[1)]로 사용된다. 알코올 발효유는 우유, 산양유, 마유 등 포유류의 젖을 원료로 하여 유당발효성 효모lactose-fermenting yeast와 유산균을 병행해 발효하는 알코올-젖산 생성 방식이다. 유당 발효성 효모로는 *Saccharomuces lactis, S. fragilis, Candida kefyr, C. pseudotropicalis, Torula* spp. 등이 사용된다. 알코올 발효유의 대표적인 종류로는 케피어kefir와 쿠미스kumiss가 있다.

① 케피어

코카서스 산악지대의 유목민들이 양, 염소, 소 등의 젖을 발효시켜 마시던 것에서 유래했으며 최초의 발효유라고 알려져 있는 발효유의 종류이다. 유당발효성 효모와 젖산균을 포함하는 케피어종을 종균스타터으로 하는데, 발효 초기에는 젖산균에 의한 젖산발효가 일어나며 이어서 유당발효성 효모에 의해 알코올 발효가 일어나 알코올 성분이 약 1%, 젖산함량이 0.6~0.9%인 이산화탄소 거품이 있는 알코올성 발효유를 만들 수 있다.

② 쿠미스

말젖을 원료로 유당발효성 효모와 젖산균을 이용해 발효한 젖산-알코올 발효유로 아시아의 쿠만Kouman족에서 유래했다고 알려져 있다. 몽골, 시베리아, 중앙아시

1) 스타터(starter) : 발효제품 제조 시 사용되는 종균(master seed)을 뜻한다. 발효유제품 제조에 이용되는 젖산균 스타터는 용도와 형태에 따라 액체, 농축냉동, 냉동건조 스타터 등이 있다.

아, 러시아 등지에서 주로 식용하는 형태이다. 말젖은 우유에 비해 단백질양이 적고 유당이 많기 때문에 카제인의 등전점에서 커드를 생성하지 않으므로 알코올 발효유로 이용하기 좋다. 케피어보다 알코올함량이 높으며 회색빛이 감도는 백색을 띠게 된다.

(2) 발효유 제조방법에 따라

① 스터드 타입

벌크 발효조에서 발효를 마친 후, 커드를 깨고 과육, 잼, 감미료 등을 첨가하고 혼합해 개별 용기에 충전하고 밀봉한 것이 스터드 타입stirred type, 교반형으로 호상떠먹는 요거트이다. 이때 커드를 균질기로 더 촘촘하고 강하게 분쇄시켜 액상으로 만든 것이 액상드링킹, drinking 요구르트이며, 아이스크림 프리저ice cream freezer로 미세 공기를 혼입시켜 동결한 것이 프로즌 요거트frozen yogert이다.

② 세트 타입

세트 타입set type, 정치형은 유산균을 첨가한 원료유를 믹스한 후 개별 제품 용기에 충진하여 발효시킨 호상떠먹는 방식으로 첨가물을 넣지 않는 플레인 타입과 과육, 잼, 감미료 등을 첨가하여 젤라틴이나 한천agar으로 단단히 응고시킨 푸딩 타입이 있다. 국가별로 선호하는 방식의 제품이 달라서 유럽 등지에서는 떠먹는 타입을 선호하는 경향이 있으며 우리나라의 경우는 마시는 타입을 선호하는 것으로 알려져 있다.

축산물의 가공기준 및 성분 규격에 따른 발효유의 유형과 성분 규격은 표 6-4와 같다.

표 6-4 | 발효유의 유형 및 성분 규격

구분	발효유	농후발효유	크림발효유	농후크림발효유	발효버터유*	발효유분말
무지고형분(%)	3.0 이상	8.0 이상	3.0 이상	8.0 이상	8.0 이상	
유지방분(%)	-	-	8.0 이상	8.0 이상	1.5 이하	
유산균(효모) 수(/mL)	10^7 이상	1억(10^8) 이상	10^7 이상	1억(10^8) 이상	10^7 이상	-
수분함량(%)	-	-	-	-	-	5.0 이하
유고형분(%)	-	-	-	-	-	85.0 이상
대장균군	n=5, c=2, m=<3, M=10					

* 발효버터유 : 유크림에서 버터를 제조하고 남은 버터유를 가지고 발효시킨 것

2) 발효유의 제조공정

(1) 원료유

- 원유를 사용하는 경우 : 신선도검사와 항생물질검사 등에 합격한 원료를 사용한다.
- 유가공품을 이용하는 경우 : 탈지분유와 설탕, 안정제 등을 칭량하고 혼합한 후 용해한다.

(2) 균질화

믹스의 온도를 55~80℃, 압력을 80~250kg/cm^{2}로 하여 균질화 효율을 높인다.

(3) 살균 및 냉각

80~90℃로 20~30분간 살균 후 곧바로 30~35℃로 냉각한다.

(4) 스타터 첨가

발효유 제조에 이용되는 유산균은 *Lactobacillus acidopilus*, *L. bulgaricus*, *L. casei*, *Streptococcus thermophilus*, *Bifidobacterium*으로 혼합 균주를 배양한 후 약 1~2%를 살균된 우유에 접종한다.

(5) 발효

유산균주에 따라 20~35℃에서 14~20시간 배양하는 보통배양과, 30~38℃에서 6~8시간 배양하는 고온 유산균배양법이 있다. 발효액의 산도가 최종 0.7~0.9가 되면 냉각한다.

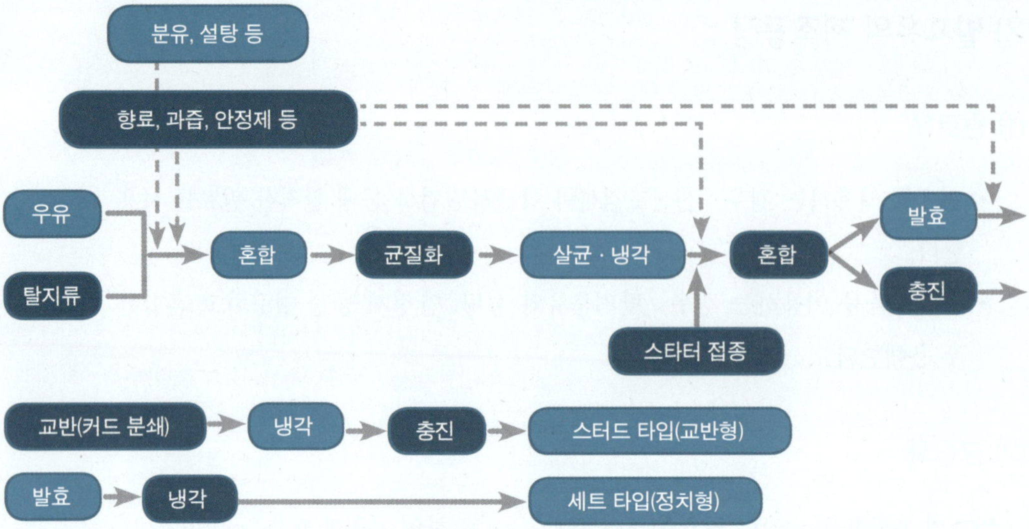

그림 6-5 | 발효유의 제조공정

❹ 유크림

유크림milk cream류는 원유 또는 우유에서 분리한 유지방분 또는 이에 식품 및 식품첨가물을 혼합한 후 살균 또는 멸균처리하여 이를 분말화한 것이다. 축산물의 가공 기준에 따라 유크림을 다음과 같이 분류한다.

1) 유크림

우유에서 분리한 유지방분 30% 이상의 것에 어떤 첨가물도 가하지 않고 살균한 것으로 산도젖산으로서 0.2% 이하, 일반세균 수는 g당 2만 마리 이하의 제품을 의미한다. 우유에서 유지방을 분리하여 첨가물 없이 그대로 살균하여 포장하며, 버터를 제조하거나 아이스크림, 케이크 등의 제과류, 크림소스 등에 사용한다.

2) 가공유크림

유크림에 식품 또는 식품첨가물을 가한 후 혼합하여 가공한 것으로, 유지방분

18% 이상의 것이다. 휘핑크림whipping cream은 유크림에 첨가물을 사용하여 가공 적성에 유리하도록 가공한 크림이다. 보통 설탕이나 유화제, 산도조절제, 향료 등을 가하여 거품기로 강하게 교반해 미세한 공기 기포가 크림 속에 들어가도록 제조하여 생크림 케이크에 바르거나 빵의 필링filling 등에 사용한다. 커피 전문점에서 흔히 볼 수 있는 무스 타입의 크림은 쉽게 사용할 수 있도록 휘핑하여 용기에 포장한 가공유크림이다.

3) 분말유크림

유크림에 식품 또는 식품첨가물을 혼합한 후 수분함량을 5% 이하로 분말화한 것으로 유지방분 50% 이상의 크림을 말한다. 분말크림수프, 조제커피, 캔디, 과자 등 다양한 제품에 사용되고 있다.

기타 식물성유지를 유크림류의 제품들과 유사하게 물리적 특성을 갖도록 제조한 케이크용, 커피크림coffee cream[2)]용 크림 등의 유지류 제품도 있다. 유지방 대신 식물성 유지를 원료로 조제한 제품이므로 용도와 목적에 따라 구별하여 바르게 알고 사용할 필요가 있다.

5 버터

버터류는 원유 또는 우유류에서 유지방분을 분리한 것 또는 이것을 발효시킨 것을 기본 베이스로 하여 그대로 또는 이에 식품이나 식품첨가물을 혼합하여 교반 후 연압한 것을 말한다. 산화방지제로는 부틸하이드록시아니솔BHA, 다이부틸하이드록시톨루엔BHT, 터셔리하이드록시톨루엔TBHQ을 0.2g/kg 이하로 사용할 수 있고,

2) 커피크림(coffee cream) : 커피에 첨가하여 쓴맛을 감소하거나 커피향을 유지하고자 사용하는 유지방함량 20% 내외의 크림으로, 테이블 크림(table cream), 라이트 크림(light cream)이라고 한다. 지방함량이 높아 거품을 낸 것을 사용하기도 하고 유크림 대신 값싼 식물유를 이용한 유사제품이 많이 이용되고 있다.

몰식자산 프로필은 0.1g/kg 이하로 사용할 수 있다. 보존료로는 데하이드로초산나트륨을 0.5g/kg 이하로 사용할 수 있다.

1) 버터류의 가공기준 및 유형

(1) 버터

버터는 우유에서 유지방분을 분리한 후 교반과 연압과정을 거쳐 성형한 것으로 유지방분이 80% 이상이다. 식염을 첨가한 가염버터와 첨가하지 않은 무염버터가 있다.

(2) 가공버터

가공버터란 우유의 유지방분에 식품이나 식품첨가물을 혼합하고 교반과 연압과정을 거쳐 성형한 것으로 유지방분 30% 이상의 제품이다. 빵에 발라먹는 스프레더spreder 형태의 가공버터나 땅콩 같은 것과 혼합한 피넛버터 등이 있다. 유럽 등지에서는 젖산균으로 발효시킨 발효버터가 흔하다. 산도 0.18% 이하의 유크림을 살균한 후 20℃로 냉각하여 0.5%의 젖산균 스타터를 가하여 산도 0.3%가 되도록 발효한다. 발효가 끝나면 6℃ 전후에서 숙성시켜 교동하고 연압한다. 젖산균이 생성한 상큼한 산미와 독특한 향은 버터에 향미와 방향성을 부여한다.

(3) 버터오일

버터오일은 버터에서 유지방 이외에 거의 모든 수분과 무지유고형분이 제거되어 유지방함량 99.6% 이상, 수분함량 0.3% 이하, 산가 2.8 이하의 것을 말한다.

2) 버터 제조공정

(1) 원유의 분리 및 중화

우유에서 지방을 분리하는 데는 원심분리기를cream separator 이용하고 비중 차이에 의해 이루어진다. 이렇게 나누어진 가벼운 부분을 크림cream, 무거운 부분을 탈지유skim milk라고 한다. 크림의 지방함량은 30~40%로 조절하고, 산도가 높을 경우 살균 시 카제인이 응고하여 버터 속에 응고물로 남아 버터 생산량의 감소 원인이 되므로 크림의 산도가 0.2~0.3%가 되도록 중화제Na_2CO_3, $NaHCO_3$, NaOH, CaO, $Ca(OH)_2$를 사용하여 중화한다.

(2) 크림의 살균 및 냉각

분리한 크림은 보통 75~85℃에서 5~10분간 살균하거나 90~98℃에서 15초간 HTST 살균법으로 가열살균 후 급랭한다. 여름은 보통 3~5℃로 냉각하며 겨울철은 6~8℃로 냉각한다.

(3) 크림의 숙성 및 지방 결정화

크림을 비교적 낮은 온도에서 교동 전까지 냉각 및 저장하여 버터의 가공적성을 향상시키는 과정이다. 숙성을 하면 다음과 같은 효과를 기대할 수 있다.

- 탱크 안의 크림이 균일한 상태가 되므로 교동작업이 일정하게 유지된다.
- 액상의 유지방이 결정화되므로 교동작업이 쉬워지고 버터밀크로의 지방손실이 감소된다.
- 버터에 과잉수분이 함유되지 않아 버터의 경도와 전연성[3]을 일정하게 유지할 수 있다.

발효버터는 크림에 배양한 젖산균을 스타터로 사용하여 발효하는 것인데, 유산 생성력이 강해 우유 응고력이 강한 *Streptococcus lactis* 또는 *Sc. cremoris*와 다이아세틸diacetyl, 아세토인acetoin 등의 방향물질을 주로 생산하는 *Sc. citrovorus* 또는 *Sc. paracitrovorus*를 혼합하여 약 2.5~5.0% 첨가 후 적절한 시간을 발효하여 유산과 방향성을 생성한다. 산도가 너무 높으면 보존성이 떨어지므로 산도는 0.5% 정도에서 멈추게 한다. 발효한 크림은 오랜 시간 보관에 어려움이 있으므로 버터의 보존성이

3) 전연성 : 두드리거나 누르면 얇게 펴지는 성질을 전성이라 하고, 잡아당기면 가늘게 늘어나는 성질을 연성이라 하며, 이 두 가지 성질을 합친 특성을 전연성이라 한다.

중요한 경우에는 크림발효를 하지 않는다.

(4) 교동 및 수세

숙성된 크림에 교반과 충격 등의 물리적인 힘을 가하면 지방구 피막이 제거되면서 지방이 용출하여 지방입자의 지름이 0.3~0.6mm 이상의 크기로 결합하여 버터입자가 형성되고, 버터밀크와 분리된다. 이 과정을 교동churning이라 하며, 이때 사용되는 장치를 교동기churn라 한다. 교동기의 날개는 1분에 30회 정도 회전한다. 대형인 것은 교반 날개가 횡으로 회전하고 내부에 받침판과 같은 장애물이 붙어 있어 충격을 더한다. 교동기는 사용하기 전 냉수로 냉각해 두고 크림은 탱크의 1/3~1/2 정도만 넣는다. 크림은 교동기에 넣기 전, 여과하여 균일한 형태가 되도록 한다. 교반하여 지방입자의 크기가 밀이나 팥알 정도의 크기가 되면 분리된 버터밀크는 제거하고 버터입자를 냉수로 세정한다. 수세를 하게 되면 버터입자에 부착되었던 버터밀크가 완전히 제거되어 버터의 경도를 높이고 수용액의 이취bad smell를 제거하여 보존성이 우수해진다.

(5) 가염 또는 천연색소 첨가

식염을 가하지 않는 버터를 무염버터염 농도 0.5~1%라 하며, 보존성을 높이고 풍미를 개량하고자 식염을 첨가하는 가염버터가 있다. 식염은 순도가 높고 입자가 가늘어서 쉽게 물에 녹을 수 있는 것으로 버터중량의 1.5~2.5% 정도를 첨가한다. 경우에 따라 버터에 색소를 첨가하는데, 천연 안나토색소나 β-카로틴을 첨가할 수 있다.

(6) 연압

수세가 끝난 버터입자를 모아 짓이기는 작업을 반복하여 덩어리로 만드는 작업을 연압working이라 하며 연압의 목적은 다음과 같다.

- 물과 지방 성분이 분리되지 않도록 안정된 유화물w/o을 형성함과 동시에 물방울이 제거된다.
- 첨가한 식염이나 색소를 완전히 녹여 균일한 분포를 형성한다.

• 버터의 조직을 기포가 없는 부드럽고 치밀한 물성이 되도록 한다.

(7) 포장 및 저장

버터의 종류와 사용 용도에 따라 적당한 용기와 유산지 및 알루미늄박 포장지에 포장한다. 포장공정의 온도는 10℃ 전후가 적당하다.

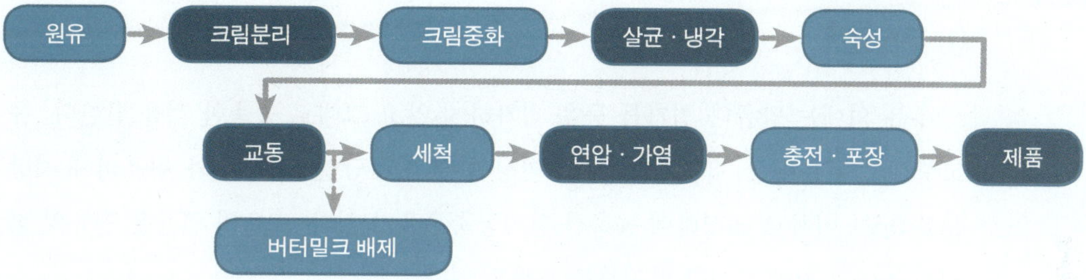

그림 6-6 | **버터의 제조공정**

3) 버터의 증용률

버터의 생산량은 원료로 사용한 크림의 양보다 많다. 그 이유는 버터에는 크림의 지방 외에 수분, 단백질, 식염 등이 함유되기 때문이다. 이때 사용한 크림의 지방량보다 증가된 버터의 생산량을 오버런overrun, %이라 하며 이는 버터 중 지방 이외의 성분량을 의미한다.

$$\text{오버런}(\%) = \frac{\text{버터중량} - (\text{크림중량} \times \text{크림의 지방률})}{\text{크림중량} \times \text{크림의 지방률}} \times 100$$

❻ 농축유제품

원유 또는 우유나 저지방우유를 그대로 농축한 것 또는 이것에 식품 또는 식품첨가물을 가하여 농축한 것을 농축유제품이라 하며 연유가 대표적이다. 우유 성분의 대부분은 수분으로 저장하기에는 부피가 클 뿐 아니라 저장 기간도 짧다. 우유의 수분을 증발시켜 농축하면 고형분의 함량이 늘어 다양한 식품에 식재료로 활용이 가능하다.

1) 농축유제품의 규격 및 종류

(1) 무당연유

우유 외에는 당류나 첨가물 등을 첨가하지 않고 그대로 농축한 것을 말한다. 유고형분 22.0% 이상, 유지방분 6.0% 이상의 전지 무당연유농축우유와 원유의 유지방분을 0.5% 이하로 조정하여 농축한 탈지농축우유가 있다. 고온의 멸균은 연유의 점성을 높이고 지방 분리를 방지하는 효과도 있다.

(2) 가당연유

원유에 설탕, 포도당, 과당, 올리고당 등의 당류를 16~18% 가하여 원액의 1/2.5~1/3까지 농축한 것으로 유고형분 29.0% 이상, 유지방분 8.0% 이상, 당분은 유당을 포함하여 58.0% 이하의 것을 말한다. 가당탈지연유는 원유의 유지방분을 0.5% 이하로 조정한 후 가당연유와 같이 농축한 것을 말한다. 축산물 가공 유형에서 가공연유란 우유 또는 저지방우유에 식품 또는 식품첨가물을 가하여 농축한 것으로 유고형분 22.0% 이상, 유지방분 6.0% 이상, 유당을 포함하는 당분 58.0% 이하의 것을 말한다.

2) 가당연유의 제조공정

(1) 원유의 검사 및 표준화

관능검사, 산도 측정, 알코올 시험, 메틸렌블루methyleneblue 시험, pH 측정, 유방염유검사법 등을 통해 원유검사 후 탈지유 또는 크림을 가감하여 지방률을 표준화한다.

(2) 예비가열

예비가열은 농축 전에 가열 및 살균하는 공정으로 프리히팅preheating 또는 퍼워밍forewarming이라고도 한다. 80℃ 내외에서 5~10분간 또는 110~120℃에서 순간 가열 처리한다. 예비가열의 효과는 다음과 같다.

- 미생물의 살균 및 효소의 실활로 제품의 보존성을 향상시킨다.
- 우유 단백질의 변성으로 열안정성 및 점도를 낮추어 농축 시 가열 면에 우유가 눌어붙는 것을 방지한다.
- 첨가한 당을 완전히 용해시킨다.
- 제품의 농후화age thickening를 방지한다.

(3) 설탕 첨가

당을 첨가하는 순서에 따라 2가지 방법의 제조법이 있는데, 예열 전에 직접 설탕 분말을 첨가하는 방법과 농축공정에서 당액sugar syrup의 형태로 첨가하는 방법이 있다. 설탕의 첨가 시점에 따라 제품의 점도가 다르게 나타나는데, 너무 이른 당의 첨가는 점도가 강한 제품의 원인이 되기도 한다.

가당연유에 사용되는 설탕은 순도가 높은 설탕을 사용해야 한다. 순도가 낮은 설탕은 환원당의 함량이 많아서 갈변화를 쉽게 일으키기 때문이다. 제품의 당도는 최소 62.5%가 되어야 미생물의 증식을 억제할 수 있으며 최하 65% 미만이어야 설탕 결정의 석출을 막을 수 있다.

(4) 농축

농축은 증발기를 이용하여 우유의 수분을 제거, 고형분을 높이는 작업이다. 진공농축법우유 온도 51~56℃, 농축시간 10~20분, 진공도 635~660mmHg이 많이 사용되며 가당연유의 경우 비중이 약 1.30, 가당탈지연유의 경우 1.35 정도이면 농축이 완성된 것이다.

(5) 냉각

가당연유는 농축공정 후에 반드시 냉각되어야 제품의 농후화와 갈색화 및 유당의 결정화를 방지할 수 있다. 유당결정은 크기가 10μm 이상이면 소비자가 관능적으로 결정상태를 느낄 수 있는 사상조직sandy이 생성되어 품질이 저하된다. 따라서 유당결정의 크기를 10μm 이하의 미세결정으로 만드는 조작이 필요하다. 냉각기에서 1시간 정도 교반하며 품온을 30℃까지 냉각시키는데, 이때 기포가 혼입되지 않도록 주의하면서 분말 유당을 약 0.05% 첨가한다. 이러한 작업을 시딩seeding이라 하는데, 첨가된 유당이 핵이 되어 유당의 결정수를 늘리게 되므로 미세하고 균일한 결정을 만드는 효과가 있다. 시딩 후에는 15~18℃까지 급속히 냉각한다.

(6) 충전 및 포장

과거에는 주로 캔에 담아 포장하였지만 현대에는 캔뿐만 아니라 다층 구조의 플라스틱 용기에 짜먹는 타입 등도 생산되고 있다. 가당연유는 무당연유농축유와는 다르게 포장공정 이후 멸균공정이 따로 없다.

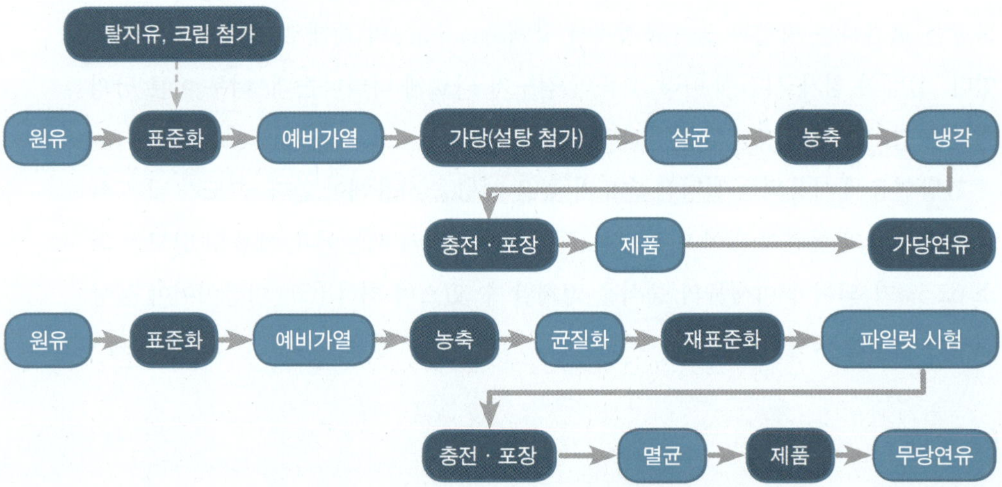

그림 6-7 | **연유의 제조공정**

3) 무당연유의 제조공정

무당연유는 공정 중 당류를 첨가하지 않는다. 또한 농축 후 균질화 작업, 파일럿 시험과 포장 후 멸균처리를 하는 공정이 가당연유공정과 다르다.

(1) 균질화

농축이 완료된 원유는 균질공정1단 압력 : 140~210kg/cm^2 → 2단 : 25kg/cm^{2}을 통해 제조 후 발생할 수 있는 지방의 분리를 방지한다. 균질공정에서 지방구는 미세하게 분쇄되어 분산되기 때문에 멸균공정에서 지방의 융합을 막을 수 있게 되어 적절한 점성을 갖게 한다.

(2) 파일럿플랜트 시험

파일럿플랜트pilot plant[4)]는 농축 연유를 캔에 담아 고온으로 살균할 때 제품의 멸균효과와 잘못된 멸균 조작을 방지하기 위해, 일정량의 시료로 실제 멸균 조건의 안정성과 안정제의 첨가 유무를 결정하기 위해 실행하는 단계이다.

(3) 멸균

무당연유는 가당연유와는 달리 보존성이 떨어지므로 고온으로 멸균하여 미생물이나 효소를 파괴해야 한다. 멸균 후에는 실온으로 빨리 냉각한 후에 진탕하여 부드러운 크림상의 질감을 갖도록 가공한다. 농축 및 멸균공정을 거치는 동안 마이야 반응Maillard reaction에 의한 갈변화가 일어나기도 하는데, 갈변화는 저장 중에도 계속 진행되므로 이를 방지하기 위해서는 아스코르브산ascorbic acid과 같은 항산화제를 첨가해야 한다.

4) 농축유의 품질저하

불충분한 가열로 미생물이 오염되어 가스발효팽창관를 일으키는 현상으로 농후화 및 갈색화는 농축유 품질저하의 공통현상이다.

---

4) 파일럿플랜트(pilot plant) : 생산 공장보다는 작고 실험실의 장치보다는 큰 중간 규모의 시험공장을 말한다. 생산 공장의 라인과 똑같은 설비이므로 파일럿에서 비교적 적은 양의 원료로 제품을 생산 및 개량 시험 후 실험 데이터를 근거로 실제 공장라인에서의 공정, 조작, 안정성, 제품 개량 등을 실행한다.

(1) 가당연유의 품질 결함

가당연유에서 흔히 발생하는 품질저하는 사상조직sandy이다. 사상조직은 직경이 큰 유당 결정체가 형성되어 있는 경우를 말하며, 제조공정 중에서 특히 냉각공정관리를 하지 않은 경우에 발생한다. 유당의 결정이 15~20μm의 크기를 가질 때에는 약간 거친 조직을 나타내며, 30μm 이상에서는 굵은 모래알과 같은 조직감을 보인다.

완제품 하부에 유당이 가라앉는 당침현상은 유당결정의 크기가 20μm 이상일 때 발생한다.

(2) 무당연유의 품질 결함

균질화 공정이 불완전한 경우 이후 공정에서 고온의 열처리에 의해 점도가 낮아지며 지방이 분리되는 현상이 발생하기도 한다. 불완전한 멸균처리 시 내열성 세균이 번식해 이미취를 내기도 하며, 과도한 멸균처리 온도나 너무 높은 고형분함량은 갈변화를 초래하기도 한다. 부적합한 예비가열과정에 의해서는 응유효소와 유산균의 잔존으로 응고현상이 발생되기도 한다.

7 분유

분유는 원유 또는 탈지우유를 그대로 또는 이에 다른 식품이나 식품첨가물 등을 가하여 처리 · 가공한 분말상의 것을 말한다.

1) 건조유제품의 가공처리기준 및 종류

(1) 전지분유

원유에서 수분을 제거하여 분말화한 것을 말한다원유 100%.

(2) 탈지분유

탈지유에서 수분을 제거하여 분말화한 것을 말한다탈지유 100%.

(3) 조제분유

원유 또는 유가공품을 원료로 하여 모유의 성분과 유사하게 가공한 분말상의 모유대용품으로 유성분우유에서 유래된 수분 이외의 성분 60.0% 이상의 것을 말한다.

(4) 가당분유

원유에 당류설탕, 과당, 포도당, 올리고당류를 가하여 분말화한 것을 말한다원유 100%, 가당량은 제외.

(5) 혼합분유

원유, 전지분유, 탈지유 또는 탈지분유에 곡분, 곡류가공품, 코코아 가공품, 유청, 유청분말 등의 식품 또는 식품첨가물을 가하여 가공한 분말상의 것으로 원유, 전지분유, 탈지유 또는 탈지분유유고형분으로서 50% 이상의 것을 말한다.

2) 분유 제조공정

(1) 드럼건조

우유를 회전하는 드럼의 내부에서 얇은 막을 형성시켜 건조하는 방법이다. 드럼 내부는 가압수증기를 통해 가열하고 그 표면에 우유를 분사하여 수분을 증발시킨 후 표면의 우유고형분을 긁어내어 분말화한다.

(2) 동결건조

우유를 −80℃ 이하로 급랭한 후 동결된 상태 그대로 진공을 걸어 동결건조한다. 얼음을 승화시켜 건조하는 방법으로 일반 가열방식의 건조법과 달리 구조 변화, 단백질 변성 등이 거의 없이 풍미를 유지할 수 있다. 저수분의 제품을 얻을 수 있기 때문에 장기간 보존 가능하나 공기 중 노출 시 쉽게 수화될 수 있으므로 방습에 주의해야 한다.

동결건조는 외부에서 내부로 승화되며 건조되는데, 이때 유리수가 모두 승화되고 결합수까지 제거되어 수분함량 1~2%까지 건조되기 때문에 지방질이 많은 식품에서는 산화가 촉진되어 바람직하지 못한 결과물을 얻기 쉽다.

(3) 분무건조

우유는 열에 장시간 노출 시 열변성에 의해 품질이 저하되므로 분무건조spray dry법을 이용해 짧은 시간에 건조하는 방법을 주로 사용한다. 분무건조기의 구조는 분무기액체를 10~200㎛로 미세하게 분무하는 장와 수직 드럼형의 건조실150~300℃의 열풍기류로 분무한 입자가 고형 건조분말로 침강할 수 있는 공간로 구성된다.

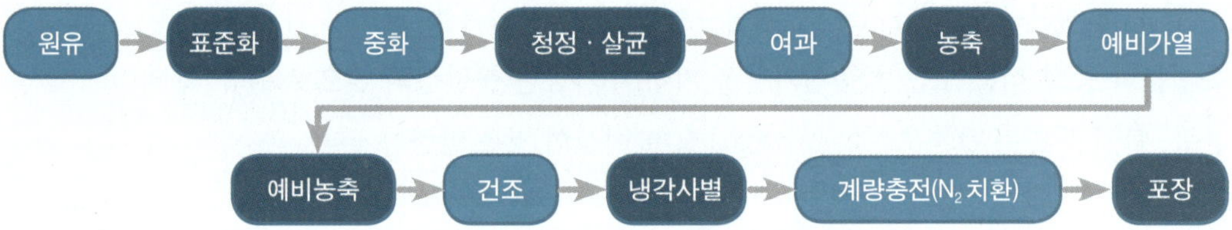

그림 6-8 | 분유의 제조공정

8 치즈

1) 치즈의 가공기준 및 유형

(1) 자연치즈

자연치즈natural cheese는 전지유, 탈지유, 크림 또는 버터밀크에 유산균 또는 단백질 응유효소레닌, rennin, 유기산 등을 가하여 카제인을 응고시키며 유청whey을 제거한 후 성형하여 숙성 또는 비숙성하여 제조한 것을 말한다. 숙성치즈의 경우 숙성 기간은 수일에서 수십 개월까지 다양하며 숙성에 관여하는 미생물도 세균이나 곰팡이류로 치즈의 종류에 따라 다르다. 숙성되어감에 따라 우유 단백질은 분해되어 다양한 길이의 펩티드peptide 분해물과 아미노산이 생성되고 이것이 치즈의 풍미와 조직감을 제공한다. 또한 유지방류는 숙성과정 중 지방산으로 분해되고 다시 알데하이드나 케톤, 에스터류와 알코올 등의 휘발성 유기화합물을 형성하여 치즈의 중요한 향미를 형성한다.

천혜의 자연환경을 간직하고 있는 낙농 강국 스위스는 에멘탈, 그뤼에르, 스브린츠, 아펜젤라 등 450여 가지 최상급 치즈를 생산하는 나라이다. 네덜란드는 고다, 에담, 코티지치즈가 유명하며, 이탈리아는 고르곤졸라, 파마산, 모차렐라, 마스카포네치즈를 생산한다. 프랑스는 나폴레옹이 즐겼다는 카망베르와 브리, 콩테치즈가 유명하고, 영국은 천연 황색소인 베타카로틴을 넣어 만드는 체다치즈가 대표적이다. 미국의 치즈로는 콜비, 몬테레이 잭, 페퍼잭, 아메리칸치즈 등이 있다. 우리나라에서도 서울우유, 매일우유, 임실치즈 등에서 자연치즈를 생산하고 있지만 아직은 미미한 수준이다.

이처럼 치즈는 국가별로 상당히 다양한 종류와 제조방법이 있다. 자연치즈를 분류하는 기준은 매우 다양한데, 원료유의 종류우유, 산양유, 염소유, 물소유 등, 응유방법효소응고, 산응고, 가열응고 등, 원료유의 지방함량전지유, 탈지유, 크림, 숙성방법곰팡이 숙성, 세균 숙성, 비숙성 등에 따라 나누며, 치즈의 경도와 수분함량에 따라 초경질very hard, 경질hard, 반경질semi-hard, 연질soft로 분류할 수 있다.

표 6-5 | 치즈의 분류

구분	수분함량	숙성 관여 미생물	치즈의 종류		
초경질치즈	13~34%	세균	 파마산(parmesan)	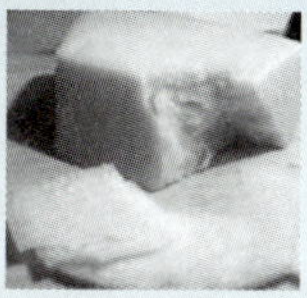 로마노(romano)	 사프사고(sap sago)

구분	수분함량	숙성 관여 미생물	치즈의 종류		
경질치즈	34~45%	세균	 에멘탈(emmental)	 고다(gouda)	 체다(cheddar)
			 그뤼에르(gruyere)	 에담(edam)	 콩테(comte)
반경질치즈	45~55%	푸른곰팡이	 로큐포트(roqueforti)	 블루(blue)	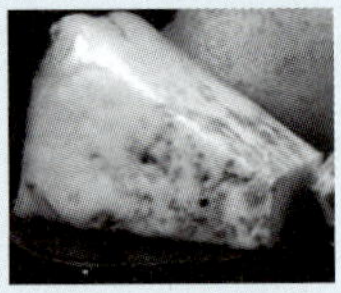 고르곤졸라(gorgonzola)
		세균	 브릭(brick)	 먼스터(munster)	 림버거(limburger)
연질치즈	55~80%	흰곰팡이	 카망베르 (camembert)	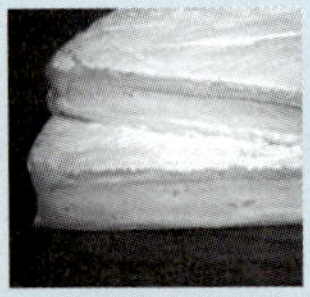 브리(brie)	 샤우르스 (chaource)
		비숙성	 코티지(cottage)	 모차렐라 (mozzarella)	 마스카포네 (mascarpone)
			리코타(ricotta), 크림(cream)		

(2) 가공치즈

가공치즈processed cheese는 자연치즈를 주원료로 하여 이에 식품이나 유화제 등의 첨가물을 가한 후 유화시켜 가공한 유제품이다. 주원료로는 체다치즈를 많이 사용하며 고다, 림버거, 카망베르, 브리, 스위스치즈도 사용된다. 자연치즈에 버터 및 견과류, 말린 과일 및 채소, 육류 등과 유화제, 보존료, 향료 등을 유화솥에 넣고 혼합한 후 85℃로 살균한다. 가공치즈는 가열 살균제품이므로 저장성이 향상되며 원하는 모양과 크기로 포장이 용이하다.

표 6-6 | 자연치즈와 가공치즈의 성분함량에 따른 구분

자연치즈 구분	유고형분(%)	유지방(%)	가공치즈 구분	유고형분(%)	유지방(%)
경성치즈	60.0 이상	24.0 이상	경성가공치즈	50.0 이상	25.0 이상
반경성치즈	40.0 이상	9.8 이상	반경성가공치즈	46.0 이상	18.4 이상
연성치즈	35.0 이상	7.0 이상	혼합가공치즈	38.0 이상	7.6 이상
생치즈	18.0 이상	3.6 이상	연성가공치즈	34.0 이상	6.8 이상

2) 치즈의 제조공정

(1) 자연치즈의 제조공정

- 원료유 살균 : 우유를 저온살균한다.
- 스타터 첨가 : 살균한 우유를 약 30℃ 정도로 유지한 후 유산균 스타터starter를 첨가하여 유산발효를 시킨다. 산도가 0.2%가 되었을 때 다음 단계로 넘어간다.
- 레닛 첨가 : 응유 효소인 레닌rennin은 어린 소의 제4위에서 분비되는 효소로서 이를 정제 가공한 응유 효소제를 레닛rennet이라 한다. 또한 미생물 레닛microbial rennet이라고 하여 사상균의 일종 *Mucor*, *Pusillus*, *Lindt* 등이 생산하는 응유효소를 이용하기도 한다. 레닛을 혼합하여 약 30분을 방치하면 우유가 응고되어 커드curd를 형성한다.
- 커드 컷팅 : 커드가 적당히 단단해지면 치즈 나이프를 이용해 약 1~2cm 크기의 주사위 모양으로 절단하고 절단면이 다시 달라 붙지 않도록 교반한다.

• 유청 빼기 : 연녹색의 물 층이 분리되는데, 이것을 유청whey이라 하며, 유청을 커드와 분리되도록 밸브를 열어 배출한다.

• 압착, 성형 및 숙성 : 치즈의 종류에 따라 압착 전이나 후에 식염을 넣는다. 카망베르치즈 등의 경우는 커드를 원통형 틀에 넣고 압착하여 성형 후 표면에 흰곰팡이 포자를 뿌려 발효실에 넣어 숙성하며, 블루치즈의 경우 모양을 만들기 전에 커드에 푸른곰팡이 포자를 뿌린 후 성형하여 발효실에서 숙성한다. 발효실은 보통 온도 15℃, 습도 80~88%를 유지하며 치즈에 따라 숙성 기간은 수일에서 수개월까지 다양하다.

(2) 가공치즈의 제조공정

고다치즈, 체다치즈, 에담치즈 등을 잘라 주원료로 사용하며, 여기에 식염, 인산나트륨 또는 구연산 나트륨 등을 첨가하여 약 65℃로 가열한 후 녹여 혼합한 다음 따뜻할 때 적절한 용기에 넣어 성형한다.

인산염 등을 첨가하는 것은 치즈에 부드러운 조직감을 부여하고 지방의 분리를 방지하기 위해서이다. 또한 가열하는 것은 원료의 혼합뿐 아니라 살균을 하기 위함이며, 항곰팡이제를 도포한 합성피막으로 포장하여 보존성도 높인다.

가공치즈에는 훈연한 것과 후추, 계피, 정향 등의 향신료를 고형물 그대로 첨가한 특수한 제품도 있다.

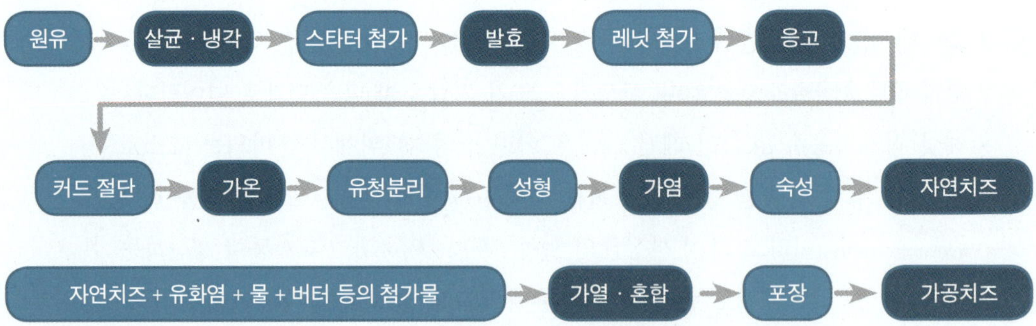

그림 6-9 | 치즈의 제조공정

9 아이스크림

아이스크림ice cream은 원유나 유가공품을 원료로 하여 이에 다른 식품 또는 식품 첨가물 등을 가한 후 냉동, 경화한 것을 말하며, 지방, 수분 및 얼음과 공기가 적절하게 혼합되어 유화된 상태이다. 우유 및 유제품에 설탕과 달걀, 기타 향료와 색소 등의 원료를 첨가하고 혼합 후 미세한 공기를 주입하여 동결한 소프트soft 아이스크림, 공기를 주입하지 않고 믹스 후 그대로 냉동한 하드hard 아이스크림이 있다. 유산균 함유제품은 유산균유산간균, 유산구균, 비피더스균을 포함한다 또는 발효유를 함유한 제품을 냉동한 것을 말한다.

1) 아이스크림류의 가공기준 및 종류

(1) 아이스크림

유지방분 6% 이상, 유고형분유지방분과 무지유고형분의 합 16% 이상의 것을 말한다. 가공원료 및 가공방법에 따라 다음과 같이 종류가 다양하다.

- 플레인 아이스크림plain ice cream : 유지방 10% 이상이며 바닐라vanilla 등의 향료를 사용한 기본적인 아이스크림이다.
- 커스터드 아이스크림custard ice cream : 플레인 아이스크림과 같은 유지방 10% 이상의 아이스크림에 달걀 노른자 고형분 함유율을 1.45% 이상으로 한 것을 프렌치french 또는 커스터드custard 아이스크림이라 한다.
- 과실 아이스크림fruit ice cream : 풍미 원료로서 딸기, 바나나, 복숭아, 레몬, 파인애플, 자두 등의 과육 또는 과즙을 2~5% 이상 함유한 유지방 8% 정도의 아이스크림이다.
- 너트 아이스크림nut ice cream : 땅콩, 아몬드, 호두, 잣, 밤 등을 2~3% 이상 혼합한 유지방 8% 정도의 아이스크림이다.
- 마우스 아이스크림mouse ice cream : 유지방 30% 정도의 휘핑whipping 크림에 당류와 첨가물을 가해 제조하여 조직이 부드러운 특징을 갖는다.

(2) 아이스밀크

아이스밀크ice milk는 유지방분 2% 이상, 유고형분 7% 이상으로 아이스크림보다 지방률이 낮은 편이다.

(3) 셔벗

셔벗sherbet은 무지유고형분 2% 이상이며 구연산이나 주석산을 첨가하여 산도를 0.3~0.4%로 제조하므로 산미와 감미가 강하다.

(4) 저지방아이스크림

조지방 2% 이하, 무지유고형분 10% 이상의 것을 말한다.

(5) 비유지방아이스크림

우유 지방 대신에 식물성 지방으로 만드는 모조 아이스크림멜로라인, mellorine으로 조지방은 5% 이상, 무지유고형분은 5% 이상을 함유한다.

2) 아이스크림의 제조공정

(1) 아이스크림 믹스의 제조 및 혼합

우유, 연유, 분유, 크림, 버터 등의 유제품과 설탕, 물엿 등의 당류, 안정제, 유화제에 물을 혼합하여 30~70℃에서 가열한 후 용해시킨 아이스크림 믹스를 준비한다. 아이스크림 믹스는 불순물 제거를 위해 여과하여 준비한다.

(2) 믹스의 살균, 냉각 및 균질

68℃에서 30분간 가열 살균하거나 이와 동등의 효력을 갖는 살균과정을 실행한다. 살균 후 믹스를 5℃ 이하로 냉각하고 향료, 색소 및 부재료를 첨가하여 균질기로 믹스를 분쇄하여 균질한 물성과 유화상태의 향상으로 부드러운 조직감을 형성한다.

(3) 숙성

보형성을 높이기 위해 일정시간 탱크에 저장하여 숙성aging한다. 개량된 안정제와 유화제의 경우 숙성이 필요하지 않은 경우도 있다.

(4) 충전, 포장 및 경화

냉동장치에서 나온 소프트아이스크림은 수분의 일부만이 동결된 상태이다. 이를 컵이나 콘에 넣고 −30℃ 이하로 급속 냉동시켜 조직을 안정화시킨 것을 경화아이스크림이라 하는데, 일반적인 아이스크림이다. 용기에 충전한 아이스크림은 가급적 빨리 경화시켜야 조직의 질이 떨어지지 않고 맛을 유지할 수 있다.

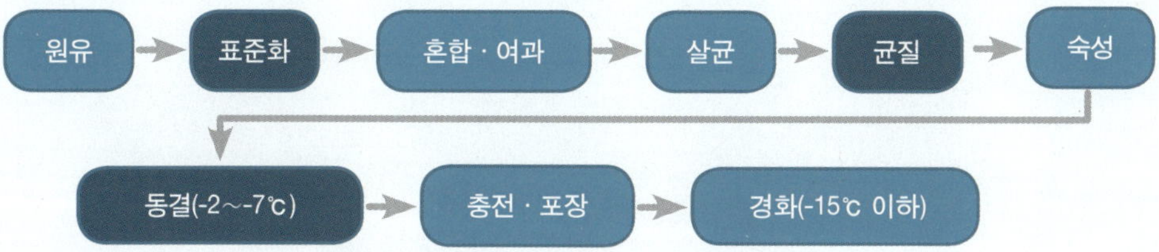

그림 6-10 | **아이스크림의 제조공정**

⑩ 저장

우유를 135~150℃에서 1~3초 가열하는 초고온 순간살균법으로 처리하면 살균 후에 내열성 세균포자가 완전히 사멸된다. 이것을 무균 종이용기에 무균적으로 충진하면 우유를 장기간 상온 보존할 수 있기 때문에 이러한 우유를 무균우유, 또는 롱 라이프long life우유LL우유라고 한다. 이용되는 종이용기는 폴리에틸렌, 크라프트지, 박막 알루미늄포일 등 6겹으로 이루어져 있고 외기와 빛의 투과를 완전히 차단하여 보존 중 우유의 변질과 변패를 방지한다.

분무 건조방식으로 제조되는 분유는 보통 캔에 포장되는데, 보존 시 점차 용해도가 저하되는 동시에 지방이 산패되어 불쾌한 향미를 일으키게 된다. 이것을 방지하기 위한 방법으로 설탕을 첨가하기도 하는데, 상품의 설탕을 고운 가루로 만들어

15% 정도를 혼합한다. 캔 내부의 공기를 제거하는 이른바 진공충진방법도 이용된다. 그러나 이것으로는 충분히 산소를 제거하기 어렵기 때문에 질소가스를 주입하는 질소 충진법으로 지방의 산화를 방지하고 우유의 향미를 오랫동안 보존하며 비타민 A의 파괴도 막을 수 있다.

우유의 신선도 평가

1. 목적

우유의 신선도를 평가하는 지표와 검사법에 대해 이해한다.

2. 재료 및 기구

우유 200mL, 70% 에탄올(ethanol), n-아밀 알코올(n-amyl alcohol), 황산(15℃에서 비중 1.820~1.825), 0.1N NaOH, 1% 페놀프탈레인(phenolphthalein) 용액

냄비, 온도계, 메스실린더(mess cylinder), 비중계, 유리접시(또는 petri-dish), 피펫(pipette), 거버 지방 검은병, 항온수조(water bath), 원심분리기(centrifuge), 비커

3. 실험방법

(1) 우유의 비중 측정

① 우유 20mL를 15±5℃로 데운 후 거품이 나지 않도록 주의하면서 메스실린더에 붓는다.

② 메스실린더 속에 비중계를 살포시 넣어 눈금을 읽는다(시료의 온도가 15℃ 이하에서는 1℃에 대해 0.0002를 빼고, 15℃ 이상에서는 0.0002를 더해 수치를 보정한다).

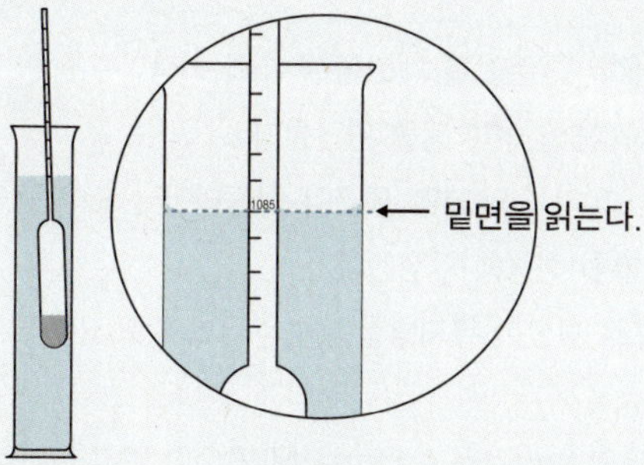

비중계

(2) 우유의 신선도 측정

① 유리접시에 70% 에탄올 5mL를 넣는다. 여기에 같은 양의 우유(5mL)를 첨가한다.

② 응고물의 생성 여부를 관찰한다.

(3) 우유 지방 정량(Gerber법)

① 황산용액 10mL를 유리 피펫으로 거버 유지계에 넣는다.

② 우유 시료 11mL를 서서히 벽을 따라 가한 후 n-아밀아코올 1mL를 가한다.

③ 고무마개를 닫고 손으로 누른 후 위, 아래로 여러 차례 흔들며 혼합한다. 이때 열이 발생되므로 주의한다.

④ 우유가 용해되면 65℃ 항온수조에 15분간 방치한 후 원심분리기에 넣어 700~1,000rpm으로 3~5분간 원심분리한다.

⑤ 원심분리가 끝난 후 다시 65℃ 항온수조에 넣고 5분간 방치하여 석출된 지방층의 눈금을 읽어 유지방함량(%)으로 한다.

(4) 우유의 산도측정

① 우유 10mL를 비커에 넣는다.

② 증류수 10mL를 끓여서 이산화탄소를 제거한 후 식혀, 우유 비커에 넣는다.

③ 1% 페놀프탈레인 용액 0.5mL를 가하고 0.1N NaOH 용액으로 적정한다.

④ 산도(젖산) % a는 0.1N NaOH의 적정량(mL), f는 0.1N NaOH의 역가이다.

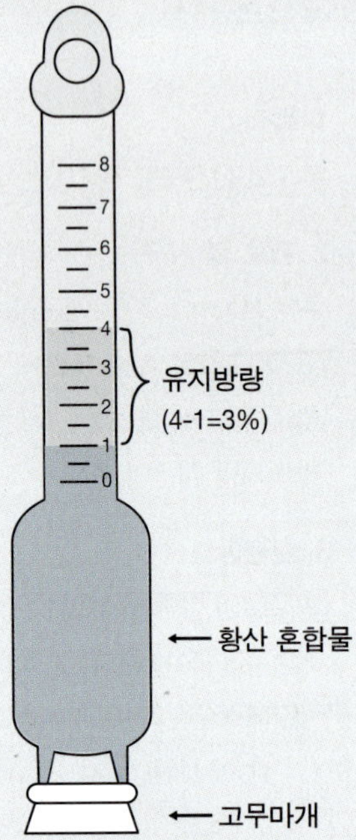

거버 유지계

4. 결과 및 고찰

① 우유의 비중 : 우유 기준값과 계산한 우유의 비중을 비교하여 물의 혼입 여부 등을 판단한다.

② 신선도 판정 : 우유가 오래되면 세균이 번식되어 산도가 높아지므로 에탄올에 응고물이 생성되는 여부를 이용해 판정한다.

③ 거버법 : 실험으로 계산한 유지방함량을 우유팩에 표시된 유지방함량과 비교하여 판정한다.

④ 산도 측정 : 우유의 일정량을 중화하는 데 필요한 알칼리량을 측정하여 이 알칼리와 반응하는 산성물질의 적정량을 젖산(lactic acid)으로 환산하여 나타낸 중량 %를 비교한다. 신선유는 0.14~0.15%, 초기 부패유는 0.19~0.2%, 부패유는 0.25% 이상의 산도를 갖는다.

코티지치즈의 제조(산 첨가법)

1. 목적

코티지치즈(cottage cheese)는 직접 산을 첨가하거나 레닛(rennet)을 첨가해 응고시켜 제조한다. 직접 산 첨가법의 경우 강한 신맛과 다이아세틸(diacetyl)향이 있으며 불규칙한 입자나 끈적한 조직을 갖는다.

레닛 응고법으로 제조하는 경우는 유산균 스타터를 일부 혼합한 후 응유효소제를 더해 응고시켜 제조하여 마일드한 신맛 또는 상쾌한 신맛을 갖는 것이 특징이고 조직은 팝콘과 같은 불규칙한 조직을 갖는다.
비숙성 자연치즈인 코티지치즈를 가정에서도 쉽게 제조할 수 있는 산 첨가법을 통해 치즈의 제조원리에 대해 알아보고 제조방법을 이해한다.

2. 재료 및 기구

시유 1.8L, 소금 1.2mg , 레몬즙 100mL, 깊은 냄비, 핫플레이트, 나무주걱, 면 거즈, 채반, 커드를 거를 1.8L 정도 용량의 비커, 높이가 낮고 직경이 넓은 비커 또는 볼, 10℃의 차가운 물 2L, 얼음

3. 실험방법

① 냄비는 시유 1.8L를 부었을 때 높이의 0.5~1배가 남는 깊이의, 바닥이 두꺼운 냄비인 것이 우유가 타지 않고 넘치지 않아 좋다. 시유를 모두 붓고 50℃(약한 불)로 가열한다.

② 우유의 가장자리에서 끓어 거품이 올라오기 시작하면 불을 끄고 소금 1.2mg을 넣고 저어 용해시킨다.

③ 소금을 용해시킨 우유에 레몬즙 100mL를 첨가하고 나무주걱으로 천천히 약 2분간 저어 순두부 형태의 몽글몽글한 커드를 형성시킨다. 이때 너무 세게 오랫동안 저어주게 되면 커드 입자가 작아져 조직감이 좋지 않은 치즈가 된다. 레몬이 없는 경우 식초를 첨가할 수 있으나 톡쏘는 신맛이 강하다.

④ 냄비의 뚜껑을 닫고 그대로 30분간 방치한다.

⑤ 빈 비커에 채반을 걸치고 채반 위에는 면 거즈를 펼쳐둔다. 면 거즈 위에 커드액을 부어 커드와 유청(whey)을 분리한다. 약 5분간 그대로 두어 유청이 자연적으로 빠져나가도록 한다.

⑥ 높이가 낮고 직경이 넓은 비커에 10℃의 차가운 물 1L를 받아두고, 커드를 받쳐둔 거즈 네 귀퉁이를 모아 감싸 쥔 후 차가운 물에 거즈 채로 담가 겉에 묻은 유청을 제거한다. 그리고 거즈를 열어 나무주걱으로 커드를 갈라주며 내부의 유청도 헹구어지도록 한다. 헹군 물은 버린다.

⑦ 다시 차가운 물 1L를 담고 얼음을 띄워 약 1℃의 차가운 물을 준비한다. 같은 방법으로 거즈에 싸인 커드를 담그고 거즈를 열어 나무주걱으로 커드를 갈라주며 차가운 물로 헹구어지도록 한 후, 거즈를 모아 쥐고 유청 및 세척수가 완전히 빠져나가도록 5~10분가량 눌러둔다.

⑧ 실험방법 ⑥번까지는 플레인 코티지치즈의 기본 방법이며, 부드럽고 크리미한 코티지치즈를 제조하는 경우 유크림을 가해 고소하고 부드러운 질감의 치즈를 제조한다.

⑨ 코티지치즈는 숙성하지 않아 빠른 시간에 소비하는 것이 좋다. 냉장 보관으로 약 3~4일 내로 소비하는 것이 바람직하다.

레닛을 사용한 소규모 작업장에서의 코티지치즈 제조법

❶ 원료유의 열처리 : 신선한 우유 또는 탈지유 100L를 준비하여 63℃에서 30분간 가열살균 후 21℃로 냉각한다.

❷ 스타터 첨가 : 열처리 후 냉각한 우유를 35℃로 유지한 후, 미리 배양해 두어 활성이 높은 스타터(*Lactobacillus lactis, L. cremoris, Leuconostoc citrovorum*)를 10% 첨가하고 20~30분간 잘 혼합한다.

❸ 레닛(rennet) 첨가 : 스타터를 혼합한 100L의 우유에 10배 희석한 레닛을 2mL가량 첨가한다. 6시간 동안 배양하고 나면 커드가 형성된다. 이때 첨가량이 부적절하면 커드의 경도가 지나치게 단단하거나 무른 현상이 발생하므로 적절한 농도로 첨가하는 것이 중요하다.

❹ 커드의 절단 : 8mm 주사위 모양이 되도록 커드를 가로 세로로 절단하고 산도가 0.55%(pH 4.6)가량이 되면 커드가 떠오를 정도로만 교반 후 30분간 방치한다.

❺ 열탕(scalding) : 온도를 49~55℃로 2시간 동안 가열한다. 스칼딩이 불충분하면 커드가 지나치게 연해지고 지나치면 커드가 너무 단단해지거나 푸석해지므로 온도와 시간을 준수한다.

❻ 커드(curd) 세척 : 50℃의 염소수(5ppm)로 수세하여 커드 내의 유당을 깨끗이 제거하고 커드가 단단해질 때까지 15~30분간 부드럽게 교반한다.

❼ 유청(whey) 배출 : 커드를 손으로 가볍게 쥐어 부스스 흐트러지지 않고 쥔 모양을 유지할 정도로 단단해지면 유청을 빼고 10℃ 이하의 찬물을 100L가량 채운 후 커드를 교반하여 부상시킨다. 3회 반복하여 수세하고 마지막 수세는 1℃의 찬물로 채운 후 30~60분간 커드를 냉각한다.

❽ 수세액 배출 : 커드를 갈라 양 끝으로 쌓아 가운데 골 사이로 물이 빠지도록 한다.

❾ 포장 : 커드의 온도가 1℃ 이하가 되도록 플라스틱이나 유리 용기에 담은 후 밀봉 보관한다. 이때 그대로를 포장하는 것을 플레인이라 하고, 소금, 크림(18~40%), 조미료, 채소류 등의 드레싱을 가하는 경우가 있다.

Chapter 7

달걀 및 알가공품

Chapter

7

❶ 달걀

달걀은 알가공품의 한 유형으로 닭에서 얻어지는 달걀과 메추리알이 가장 많이 소비되며 오리알, 타조알, 거위알, 칠면조알 등이 있다. 달걀 한 알에는 생명이 탄생하는 데 필요한 모든 영양소가 완벽히 들어 있는 완전식품이다.

달걀의 모양은 타원형으로 난각껍질 : shell, 난백흰자 : white, 난황노른자 : yolk 세 부분으로 구성되어 있다.

1) 달걀의 구조

(1) 난각

난각의 색은 닭의 품종마다 차이가 있으나 보통 옅은 갈색이나 백색이다. 난각은 탄산칼슘이 98%로 이루어져 있으며 약 7,000~1만 7,000개의 미세한 다공질로 되어 있어 세균의 침입을 막고 알 내부의 수분도를 조절함과 동시에 공기가 통할 수 있도록 한다. 난각의 외부는 뮤신mucin 단백질의 큐티클cuticle로 덮여 있어 미세한 구멍을 막아주는데, 미생물로부터 오염되는 것을 방지하고 신선함을 유지하는 기능을 한다. 신선한 달걀일수록 껍질이 까슬까슬한 이유이기도 하다.

(2) 난각막

난각 안쪽으로는 백색의 불투명한 두 겹의 반투성 난각막shell membrane이 있어서 세균의 침입을 막고 내용물을 보호하는 역할을 한다.

(3) 기실

기실air cell은 난각막의 내 · 외막이 벌어지면서 공기 또는 수증기가 차며 생긴 공간으로 신선란에는 없으나 오래될수록 커져 둥근 쪽 끝으로 생긴다. 따라서 알을 보관할 때에도 둥근 쪽을 위로 가게 하여 보관한다.

(4) 난백

난백albumin은 노른자를 보호하고 있는 점도가 높은 액체로 바깥 부분은 수양난백weak albumin, 안쪽 부분은 농도가 짙은 농후난백thin albumin으로 구분된다. 신선란은 수양난백과 농후난백의 비율이 4 : 6으로 농후난백 비율이 높아 깨뜨려 보았을 때 난백의 높이가 높다. 신선란의 pH는 7.6이지만 오래될수록 알칼리성pH 8.2~8.4이 된다. 생 난백의 아비딘avidin은 비오틴biotin과 특이적으로 결합하는 성질이 있는데, 비오틴은 탄수화물, 단백질, 지방과 에너지 대사에 중요한 비타민의 하나이므로 비오틴 흡수저해는 탈모, 피부병 등의 결핍증을 유발할 수 있다. 그러나 아비딘은 가열하면 불활성화되어 비오틴과 결합하지 않는다.

(5) 난황

난황egg yolk은 달걀의 26~34%를 차지하는 부분으로 단백질 15%, 지질 30%를 함유하고 있으며 비타민 B_2를 제외한 대부분의 무기질 및 비타민들은 난황에 존재한다. 난황에는 인지질인 레시틴lechitin이 다량 존재하기 때문에 난황에 존재하는 콜레스테롤이 혈관에 침착되는 것을 일부 방지하여 간장에서 분해되도록 운반해주는 역할을 한다. 또한 레시틴은 마요네즈나 제과제빵 등의 제조과정에서 유화제로서 이용된다.

(6) 칼라자

칼라자chalaza는 알끈이라 부르는 부분으로 노른자가 중앙에 위치하도록 고정하는 역할을 한다. 알끈은 난백부분이 변성된 것으로 단단하게 부착된 것일수록 신선하다. 알끈에 콜레스테롤이 많아 제거해야 한다는 의견이 있는데, 이는 잘못된 것으로 콜레스테롤은 난백부분에 거의 존재하지 않고 난황부분에만 존재한다.

(7) 난황막

젤라틴으로 이루어진 탄력성의 막으로 노른자를 보호하는 막이다.

(8) 배반

난황에 존재하는 하얀 반점으로 유정란의 경우 병아리가 되는 부분이다.

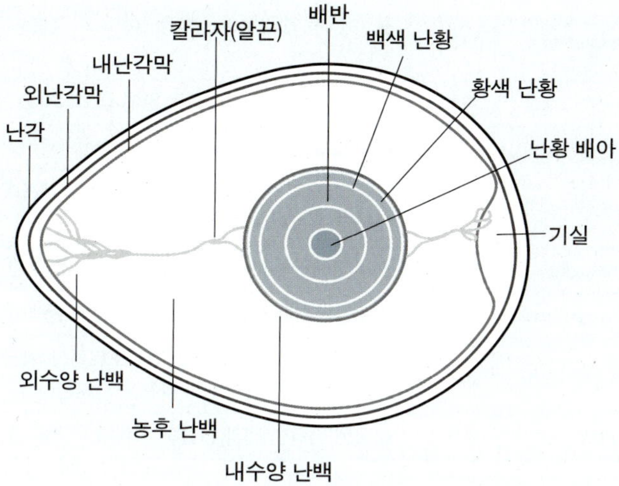

그림 7-1 | 달걀의 구조

2) 달걀의 주요 성분

달걀에는 단백질이 약 15%, 지질 30%, 당질은 약 1%가 존재하며 콜레스테롤, 칼슘, 베타카로틴, 레티놀 및 기타 비타민과 무기질이 고루 갖추어진 동물성 영양식품으로 그 자체만으로도 우수한 식품으로 이용되고 있다.

(1) 단백질

달걀의 단백질은 인체에 필요한 필수 아미노산이 고루 포함된 단백가protein score 100의 식품이다. 우유단백가 80, 쇠고기단백가 80, 돼지고기단백가 85 및 생선단백가 70등과 비교하여도 우수한 단백가를 가지고 있음을 알 수 있다. 난백 단백질은 표 7-1과 같으며, 난황의 단백질은 인단백질인 비텔린vitellin, 비텔레닌vitellenin이 지질과 결합한 지질단백질lipoprotein 형태로 존재한다.

표 7-1 | 난백 단백질

성분	함량(%)	달걀의 성질
오보알부민(ovoalbumin)	54	난백의 60%를 차지하는 주요 단백질로서 아미노산의 구성 면에서나 소화율(75%) 측면적인 가치가 높은 단백질이다.
콘알부민(conalbumin)	13	철, 아연 등의 금속이온과 잘 결합하며, 결합 시 열안정성이 증가한다.
오보뮤코이드(ovomucoid)	11	난백의 대표적 당단백질로 열에 응고되지 않는다.
오보글로불린(ovoglobulin)	8	65℃에서 응고하며 기포성이 있다.
라이소자임(lysozyme)	3.5	세균의 세포막을 분해하는 용균력을 가지며 63℃에서 10분 가열로 불활성화된다.
오보뮤신(ovomucin)	1.5	물에 용해도가 높으며 점성이 있어서 거품의 안정성을 형성한다.
플라보단백질(flavoprotein)	0.8	리보플라빈(비타민 B_2)과 결합한 황색 단백질이다.
오보인히비터(ovoinhibitor)	0.1	70℃에서 응고되며 트립신, 키모트립신, 세균 또는 곰팡이 유래의 단백질 분해효소의 작용을 저해한다.
아비딘(avidin)	0.05	비오틴(비타민 H)과 결합하여 체내 비오틴 흡수를 낮춘다.

(2) 지질

달걀의 지질은 약 30%로 거의 대부분 난황에 존재한다. 중성지방인 트리글리세리드triglyceride가 20%, 유화제 역할을 하는 인지질이 10%를 차지한다. 인지질의 대부분은 레시틴lecithin과 세팔린cephalin이다.

(3) 당질

달걀에는 약 1%의 당질이 존재하는데, 단백질과 결합한 형태의 당단백질과 유리된 상태의 글루코스glucose, 마노스mannose, 갈락토스galactose가 대부분이다.

(4) 비타민 및 무기질

난백에는 비타민 B_2가 약간 함유되어 있으며 난황에는 비타민 A, B, D군이 풍부하다. 난황의 색소 성분인 루테올린luteolin, 제아잔틴zeaxanthin, 카로틴carotene, 크립토잔틴cryptoxanthin도 함유되어 있다.

난백에는 유황 성분이 많고, 난황에는 철, 인, 황, 칼슘 등이 많다. 특히, 철은 Fe_3^+로 Fe_2^+보다 체내 이용률이 높은 철분이다.

3) 가공적성

달걀은 유화력, 응고력, 기포력 및 기포안정력 등의 성질을 가지고 있으므로 마요네즈, 제과 및 제빵 등의 식품 가공에 부재료로 많이 이용되고 있다.

(1) 열에 의한 응고력

난백은 60℃ 정도에서 응고를 시작하여 62~65℃에서 유동성을 잃고, 70℃에서 응고된다. 단단히 응고되는 온도는 약 80℃이다. 난황은 난백보다 높은 온도인 65℃에서 응고가 시작되어 진한 황색이 엷어지고 쉽게 부스러지는 물성을 갖게 된다.

달걀의 응고력에 영향을 미치는 요소는 다음과 같다.

- 단백질 농도 : 단백질의 농도가 높을수록 낮은 온도에서 응고된다.
- 염류 : 소금은 달걀의 응고력를 촉진한다.
- 당 : 설탕 등의 당류는 응고력을 저해한다.
- pH : 달걀의 전체 단백질 중 60%를 차지하는 오브알브민의 경우 등전점이 pH 4.6~4.8로 산을 가해 등전점에 가깝게 하면 쉽게 응고한다.
- 가온 : 서서히 온도를 높여 가열할 경우 부드러운 질감의 응고물이 되고, 급속히 가열 시 단단하고 덩어리져서 응고되는 특징이 있다.

(2) 난백의 기포력

난백을 교반하면 용적의 약 10~30배 가량의 거품을 형성시킬 수 있다. 신선란의 난백일수록 기포 형성력 및 안정성이 크며, 묵은 달걀은 기포력은 좋으나 거품이 유지되는 안정력은 낮다. 기포력 및 안정력을 증가시키는 방법으로는 거품 발생 시 산을 약간 첨가하는 방법이 있으며 온도는 30℃이다. 반대로 거품 제조 시 기름, 난황, 소금, 우유 등을 첨가하면 기포력은 감소한다.

(3) 난황의 유화력

난황에 존재하는 인지질인 레시틴, 세팔린은 버터, 마요네즈, 제과 및 제빵에 유화제로서 사용한다.

4) 달걀의 품질평가

축산물품질평가원에서는 달걀의 외관검사, 투광검사, 할란 판정 등의 검사법을 통해 소비자가 품질을 쉽게 알아볼 수 있도록 등급을 부여한다. 달걀은 품질등급1^{+}, 1, 2, 3등급과 중량 규격을 표시해야 하며 등급판정일과 축산물품질평가원의 기관명칭을 표시하도록 규정하고 있다.

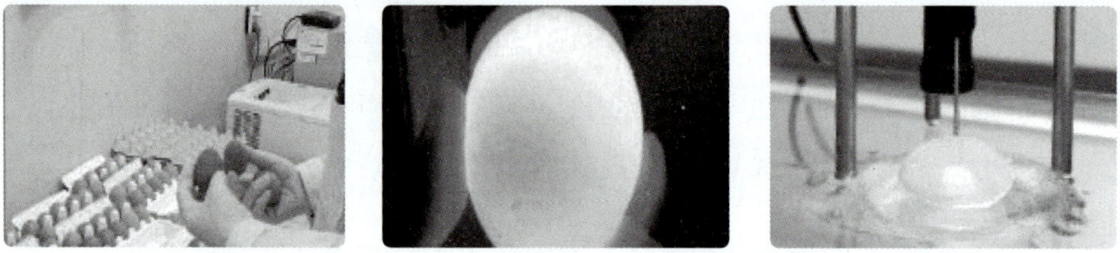

외관 판정   투광 판정   할란 판정

그림 7-2 | 달걀의 품질평가

출처 : 축산물품질평가원(2013).

(1) 외관검사

달걀을 깨지 않고 실행하는 신선도 평가법이다.

- 중량 : 국내에서 사용하는 중량규격2011년 10월 개정은 왕란68g 이상, 특란60g 이상~68g 미만, 대란52g 이상~60g 미만, 중란44g 이상~52g 미만, 소란44g 미만으로 구분된다.
- 외관 판정 : 달걀의 표면이 까끌까끌하며 광택이 없고 균열이 없는 타원형의 모양이 우수하다. 난형은 긴 쪽과 짧은 쪽의 비율이 4 : 3인 것이 좋다.
- 투광검사캔들링, candling: 달걀을 투광검사기candler에 대어 빛을 비춘 후 반대쪽에서 관찰한다. 기실의 크기, 난백의 상태, 난황의 상태, 혈액의 흔적 여부 및 이물질 등을 검사한다.
- 비중측정법 : 신선한 달걀의 비중은 1.0784~1.0914이며 오래될수록 기공을 통한 수분이 증발하고 기실이 커지며 비중이 낮아지는데, 저장 약 100일 후에는 비중이 1.003 정도가 된다. 오래 묵어 비중이 가벼워진 달걀은 6% 식염수

액비중 1.027 중에 떠오르게 된다.

- 진음법 : 달걀을 흔들어 보았을 경우 신선란은 기실이 작고 내용물이 꽉 차 있어 소리가 나지 않지만 오래 묵은 란은 내용물이 흔들림에 따라 출렁이며 움직이는 소리가 난다.
- 설감법 : 신선란의 뾰족한 끝은 차가운 느낌이나 둥근 쪽 부분은 기실이 있어 따뜻한 느낌을 준다. 오래 묵은 란은 기실의 이동으로 양쪽 모두 차갑다.

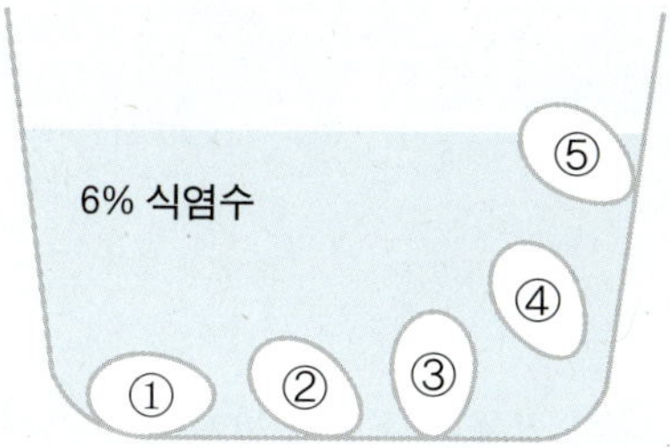

① 산란 직후의 신선란 : 둥근 쪽과 뾰족한 쪽 모두가 균형 있게 가라앉은 형태
② 약 1~2주간 보통의 저장 중 : 둥근 바닥 부분이 약간 위로 들린 형태
③ 3주 정도 묵은 란 : 둥근 쪽이 수직으로 들린 형태
④, ⑤ 오래 묵거나 거의 부패한 란

그림 7-3 | 식염 용액(6%)에서 달걀의 비중 측정

(2) 할란검사

달걀을 유리판 위에 깬 후 내용물의 형태와 모양으로 선도를 평가하는 방법이다. 신선한 달걀은 난황이 봉긋 솟아 있고 농후난백의 높이가 높으며 기실의 크기가 작다. 오래 묵은 달걀은 pH가 상승하여 비중이 감소하고 난황의 점도가 저하된다.

- 난백계수 : 달걀을 평판 위에 깨뜨린 후 난백의 가장 높은 부분의 높이를 평균 직경으로 나눈 것이 난백계수이다. 신선란의 난백계수는 0.14~0.17이다.

$$\text{난백계수} = \frac{\text{난백의 높이}}{\text{난백의 지름}}$$

- 하우 단위Haugh unit : 난백의 높이mm를 H, 달걀의 무게g를 W라 하고 100 log(H−1.7W+7.6)로 계산한 수치를 의미한다. 신선한 백색란의 H.U.는 86~90이다.
- 난황계수 : 평판 위에 깨뜨려 놓은 난황의 높이를 난황의 직경으로 나눈 값을 말한다. 신선란의 경우 난황계수는 0.36~0.44이며 난황계수가 0.25 이하이면

깨뜨렸을 때 난황이 터지기 쉽다.

$$\text{난황계수} = \frac{\text{난황의 높이}}{\text{난황의 지름}}$$

- 난황 편심도 : 달걀을 깨뜨려 유리판 위에 올려놓았을 때 난백의 중심에 안정되게 위치하는 정도를 의미한다.

2 알가공품

알가공품이란 달걀뿐만 아니라 알의 내용물에 다른 식품이나 식품첨가물을 가해 분리, 건조, 냉동, 가열, 발효숙성 등의 방법으로 가공한 난황액, 난백액, 전란분, 전란액, 난황분, 난백분, 알가열성형제품, 염지란, 피단 등을 말한다.

(1) 위생란

우리가 흔히 마트에서 구입할 수 있는 판에 포장된 판란을 의미하며 신선란을 세척, 건조, 검사, 선별 및 포장하여 생산한다.

(2) 액상란

액상란이란 알을 깨뜨려 난각과 난각막을 제거한 후 알의 내용물을 필터링하고 살균한 것으로 전란액노른자+흰자, 난황액노른자, 난백액흰자이 있다. 액상란을 살균하여 폴리에틸렌 봉지에 담고 −35~−40℃로 급속동결한 후 −18~−20℃로 저장하는 것을 동결란이라 한다. 노른자는 그대로 동결했다 해동하면 유동성을 잃고 젤 형태로 굳어지기 쉬우므로 글리세린, 소금, 설탕 등을 약 5% 첨가하여 동결한다.

전란액은 제과제빵의 원료로 주로 사용되고, 난황액은 마요네즈를 제조하기 위해 소비되며, 난백액은 제과용 또는 수산연제품 및 소시지, 달걀음료 등의 제조에 이용된다. 할란은 오염되지 않도록 구획된 작업장에서 위생적으로 실시하여야 한다.

(3) 건조란

알의 전 내용물을 분말화한 전란분, 노른자를 분말화한 난황분, 흰자를 분말로 한 난백분이 있다. 건조란 가공 시 난백에 존재하는 당분glucose을 제거하기 위해서는 분무 건조하기 전 효모 등을 이용해 당을 제거한 후 분무건조를 실행하여야 당에 의한 갈변을 막을 수 있다.

(4) 염지란

달걀을 삶은 후 그대로 또는 할란하여 식품이나 식품첨가물을 가하여 일정시간 조리거나 가공한 것을 의미한다. 이 경우 알 가공물의 내용물 중 알 내용물은 50% 이상이어야 한다. 생란을 가열해 응고한 후, 난각질을 벗겨 염용액과 조미액에 침지한 후 훈연하는 훈연란도 있다.

(5) 마요네즈

난황의 유화력을 이용하여 만든 제품으로 난황에 식초분량의 1/2와 조미 재료를 넣고 고속으로 교반 후 식용유를 소량씩 가해 유화한다. 어느 정도 유화를 시킨 후에 나머지 식초를 조금씩 넣어가며 교반하여 유화를 완료한다. 식용유의 품질이 마요네즈 품질에 큰 영향을 미치기 때문에 올리브유, 면실유, 대두유 등 고급 식용유를 사용한다. 조미 재료로는 소금, 설탕, 후추, 겨자가루, MSG, 생강분말 등을 사용한다. 간단한 구성비의 예를 들면 기름 75%, 식초 11%, 난황 9%, 설탕 2.5%, 식염 1.5%를 첨가하는 방법이 있다.

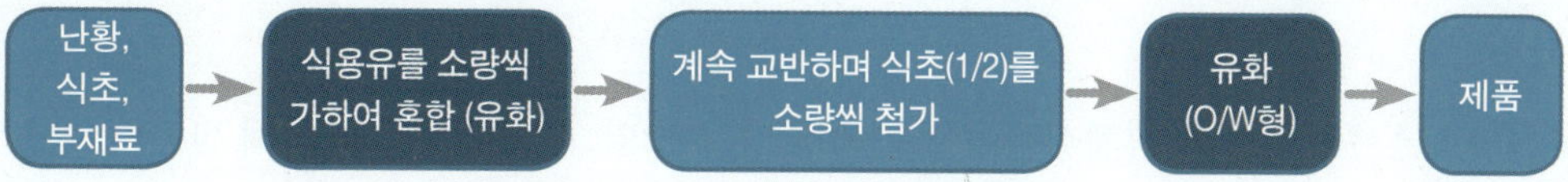

그림 7-4 | **마요네즈의 제조공정**

(6) 피단

피단pidan이란 알껍질 외부로부터 조미 · 향신료 등을 알 내용물에 침투시켜 특유의 맛과 단단한 조직을 갖도록 숙성한 것을 말한다. 달걀을 알칼리 용액에 담가 내용물을 응고, 숙성시킨 것으로 주로 중국에서 만들어지는 가공품인데, 현재는 세계적으로 퍼져 있다. 원래는 오리의 알을 원료로 했지만 달걀과 메추리의 알을 이용하기도 한다.

알칼리 성분이 내부에 침투하여 난백과 결합하면 난백이 응고되고 동시에 투명한 적갈색이 된다. 난황의 주변부는 단단한 흑녹색으로, 내부는 황갈색이 되고 암모니아, 황화수소 등의 휘발성 물질이 생성되어 독특한 풍미의 제품이 된다.

달걀의 난백은 오리의 경우와는 달리 젤라틴화가 되기 어렵기 때문에 알칼리 처리와 함께 가열도 병행한다.

(7) 달걀음료

난백을 난황 중의 효소로 분해한 후 유기산, 향료, 감미료, 색소 등을 첨가해 살균하여 제조하는 음료이다.

(8) 알가열 성형제품

알을 원료로 하여 그대로 또는 식품 또는 식품첨가물을 첨가하여 응고온도 이상으로 가열, 살균 등의 열처리공정을 거치거나 이를 성형시킨 것으로 알 내용물이 30% 이상인 것을 말한다.

3 저장

달걀은 일종의 생체식품이므로 저장 중 온도와 습도에 영향을 크게 받는다. 온도 5℃, 습도 80%의 조건에서 저장할 때 신선도를 오래 유지할 수 있으며 동시에 난각에 존재하는 기공들을 통해 미생물이 침입하는 것을 막는 것이 좋다. 달걀에는 여러 가지 효소가 있어 효소작용에 의해 내용 성분의 변화가 일어나기 때문에 신선도를 유지하기 위해서는 씻지 않고 오물이 묻었을 경우 풍력으로 날리거나 털어내어 냉장 보관하는 것이 적합하다.

냉장 보관 시 1 개월 이상 저장이 가능한데, 그동안 난백 중의 탄산가스가 기공을 통해 빠져나가기 때문에 달걀의 pH가 상승하고 동시에 난백의 액상화가 진행된다. 일정량의 탄산가스 안에 저장하면가스 저장 이러한 변화를 늦출 수 있기 때문에 냉장법과 가스저장법을 병용하면 품질을 유지하면서도 장기간 저장이 가능해진다.

기공을 통해 미생물이 침입하는 것을 막기 위해서 난각의 기공을 밀봉하는 방법이 있다. 난각의 겉면에 기름, 파라핀, 방부제 등을 첨가한 에멀전emulsion을 발라 피막을 만들면 기공이 막혀 내부에서 탄산가스, 수분이 빠져나가는 것을 방지할 수 있고 외부의 미생물 침투를 방지할 수 있다. 이러한 난각 겉면 처리법과 냉장법을 병용하면 장기간 저장에도 신선도를 유지할 수 있다.

마요네즈의 제조

실험 experiment

1. 목적

전란, 난황, 난백 재료에 따른 마요네즈 제조 시의 변화에 대해 알아봄으로써 마요네즈의 유화 원리에 대해 이해한다.

2. 재료 및 기구

① 표준 마요네즈 : 식용유 1컵, 난황 1개, 식초 1큰술, 소금 1/4작은술, 설탕 1/2작은술

② 난백 사용 : 식용유 1컵, 난백 1개(달걀 1개 분량), 식초 1큰술, 소금 1/4작은술, 설탕 1/2작은술

③ 전란 사용 : 식용유 1컵, 전란 1개, 식초 1큰술, 소금 1/4작은술, 설탕 1/2작은술

④ 공통기구 : 계량컵, 계량 스푼, 거품기, 볼, 비커

3. 실험방법

① 달걀을 상온에 두어 기름의 온도와 같은 상태가 되도록 한 후 전란, 난황, 난백을 준비한다.

② 3개의 볼에 각각 난황, 난백, 전란과 소금, 설탕, 식초 1/2분량을 넣고 거품기로 섞는다. 이때 한 방향으로 일정한 속도로 빠르게 한다.

③ 계속 저으면서 기름을 약 1~2작은술 덜어 넣고 저어주는데, 이때 넣은 기름이 보이지 않을 때까지 저어주고 그 다음 기름 스푼을 넣는다.

④ 유화가 일어나기 전에는 기름을 조금씩 넣고, 유화가 일어난 후로는 기름의 양을 늘려서 넣고 저어준다.

⑤ 분량의 기름이 다 들어가면 남은 1/2분량의 식초를 넣고 저어준다.

⑥ 농도가 어느 정도 되직해지면 저어주기를 멈추고 3개 볼의 유화 정도 및 색, 냄새 및 맛을 비교한다.

4. 결과

5점 테스트(5점 : 매우 만족, 4점 : 만족, 3점 : 보통, 2점 : 약간 불만, 1점 : 불만)를 통해 유연성(유화 정도), 색, 맛, 농도를 비교한다.

Chapter 8

육제품

Chapter 8

식육은 인간이 음식물로 이용할 수 있는 모든 동물의 조직골격근, 지방조직 및 가식 내장으로, 한우, 젖소 등과 같은 소, 돼지, 닭, 오리 등의 가축 또는 가축육 등의 식육을 주원료로 하여 제조되는 제품이 육가공품이며, 햄, 베이컨, 소시지 등이 주된 육가공품이다.

식육의 화학적 성분은 수분을 제외하면 대부분이 단백질로 이루어져 있어 단백질의 주보급원이고, 단백질을 제외하면 지방, 탄수화물, 무기물 및 미량성분으로 구성되어 있다. 식육의 화학적 조성은 어류의 화학적 조성과 마찬가지로 동물의 종류, 품종, 성별 및 영양상태에 따라 차이가 있다.

1 식육의 구조

육가공품의 원료로 사용되는 식육은 생체에 있어서는 근육muscle이다. 근육은 조직학적으로는 횡문근striated muscle과 평활근smooth muscle으로 분류한다. 횡문근은 골격에 부착되어 있어 의지에 따라 작동되는 수의근voluntary muscle인 골격근skeletal muscle이 있으며, 심장을 형성하여 자동으로 박동을 계속하는 심근cardiac muscle인 불수의근involuntary muscle이 있다. 평활근은 내장근 등이다.

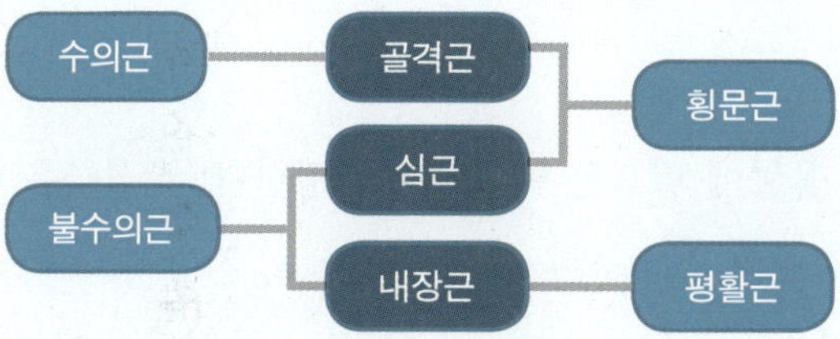

그림 8-1 | 근육의 종류

1) 골격근의 구조

골격근은 수의근으로서 수축contraction과 이완release에 의해 동물이 운동을 하

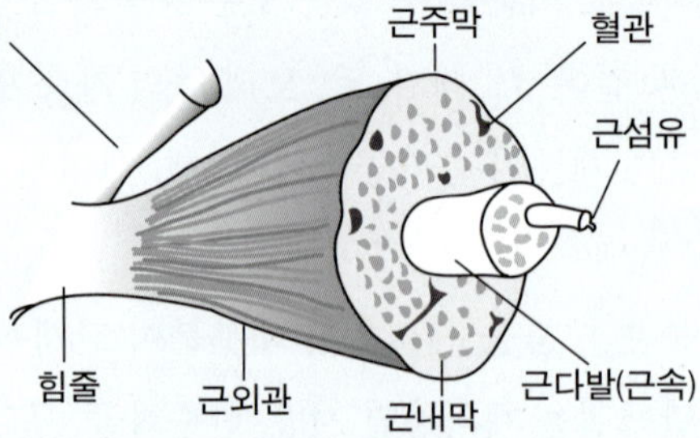

그림 8-2 | 근육의 구조

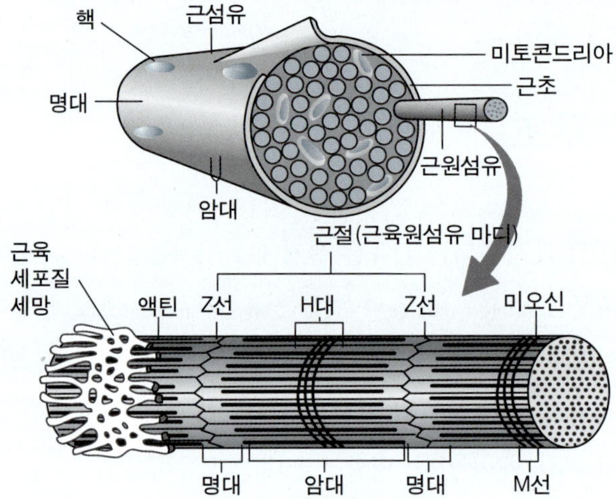

그림 8-3 | 근육의 세부구조

게하는 기관이며 또한 운동에 필요한 에너지도 저장한다. 골격근은 다수의 근섬유muscle fiber와 비교적 소량의 결합조직connective tissue, 지방세포fat cell, 힘줄tendon, 혈관blood vessel, 신경섬유nerve fiber, 임파lymph 등으로 구성되어 있다.

2) 근섬유의 구조

근섬유muscle fiber는 한 개의 근세포muscle cell로 근육조직의 대부분을 차지한다. 직경 10~100μm, 길이는 수 cm부터 10cm 이상까지도 되는 긴 원통상의 거대세포이며 다핵세포이다. 근섬유는 근초sarcolemma라고 하는 얇은 세포막에 싸여 있고, 그 내부에는 다수의 근원섬유와 소수의 핵, 그리고 근장이 있다.

약 50~150개의 근섬유가 얇은 막에 모여서 제1차 근속primary muscle bundle을 만들며, 제1차 근속은 10개씩 두꺼운 막에 싸여서 제2차 근속secondary muscle bundle을 형성한다.

(1) 근장

근장sarcoplasma은 근원섬유들의 사이를 메우고 있는 교질용액colloidal solution으로, 여기에는 근원섬유의 수축운동에 필요한 ATP아데노신-3-인산 등의 에너지 인산화합물, 글리코겐glycogen 과립, 여러 가지 대사효소 등이 있어 에너지 공급 및 대사작용을 한다.

(2) 근원섬유

근원섬유myofibril는 직경 0.5~2.0μ의 섬유로 주기적인 횡문구조를 가지고 있으며 근육의 수축에 주동적인 역할을 한다. 근원섬유는 직경 100~200Å1Å= 1/10,000μ의 초원섬유myofilament라 부르는 미세섬유로 구성되며, 특징적인 명암의 횡문橫紋을 나타내어 횡문근striated muscle이라 한다.

- 명대明帶, light band : 광학현미경으로 밝게 보이는 조직으로 액틴만 있어 밝게 보이는 명대I-band : Isotropic band
- 암대暗帶, dark band : 액틴과 미오신이 겹쳐 있어 어둡게 보이는 암대 A-band : Aniso tropic band
- 근절sarcomere : 명대와 암대가 반복적으로 길게 연결되어 있으며, 명대의 중앙부에는 밀도가 높은 Z선Z-line이 있다. 두 개의 Z선 사이를 근절sarcomere이라 하며 근육구조의 최소단위이다. 근절은 최소 수축운동의 기본단위이며, 다수의 근원섬유는 Z선에서 연결되어 길게 근원섬유를 형성한다.

(3) 결합조직

골격근은 근섬유와 간질間質, interstitial tissue로서 구성되어 있는데, 간질의 대부분은 근세포 외부에 형성된 결합조직結合組織, connective tissue이다. 골격근에 존재하는 결합조직은 근초, 근내막, 내근주막, 외근주막 및 근막 그리고 혈관벽, 지방세포간 등에 분포되어 근육조직의 일정한 형상을 유지시키고, 수축작용을 골격에게 전달하는 작용을 한다. 근초의 근내막에는 모세혈관이 분포되고 내외의 근주막에는 보다 큰 혈관과 신경조직이 존재하며 지방세포가 모여서 지방조직을 형성한다. 지방조직이 근주막에 균등하게 분포될 경우는 상강지방霜降脂肪, marbled fat인 근내지방筋內脂肪, intermuscular fat을 형성한다. 쇠고기의 사태보다 등심이 연하고 노령동물의 고기보다 젊은 동물의 고기가 연한 것은 주로 결합조직의 양적 차이에 의한 것이며, 결합조직은 식육의 질김과 직접적으로 관계한다.

❷ 식육의 가공

고기의 가공은 도살에서 시작한다. 도살은 전기쇼크 등으로 실신시키거나 탄산가스로 마취시킨 후에 대정맥을 절단하여 충분히 방혈防血한 후 이루어지며 가죽을 제거한다.

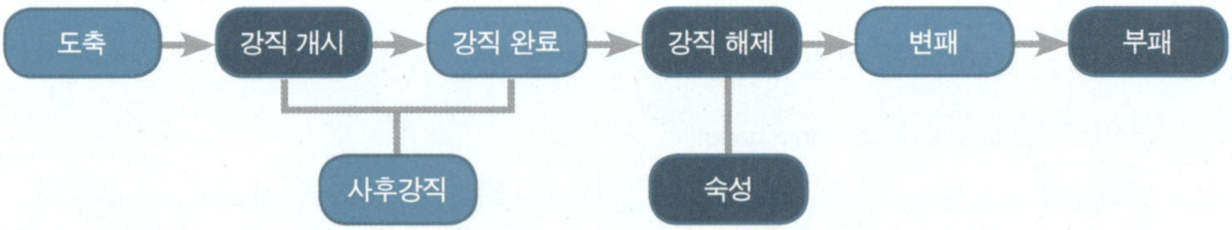

그림 8-4 | 도축 후 식육의 변화과정

- 도체율지육율, dressing percent : 가축을 도살한 후 방혈시켜 내장을 절단하여 빼고 나머지 고기와 뼈 등을 포함한 생체무게를 기준한 비율(%)을 말한다.

$$\text{도체율(\%)} = \frac{\text{도체무게(또는 지육중량)}}{\text{생체무게}} \times 100$$

• 정육률fresh meat percent : 도체에서 뼈를 뺀 나머지 가식부의 고기를 정육이라 말한다. 일반적으로 도체무게를 기준으로 하나 생체무게를 기준으로 하는 경우도 있다.

$$정육율(\%) = \frac{정육무게}{도체무게(또는\ 생체무게)} \times 100$$

$$정육무게 = 도체무게 - 뼈무게$$

1) 사후강직

도축 후 식육 내에서 일어나는 가장 두드러진 변화로 근육이 굳어지고 신전성이 없어지는 현상이다. 사후강직이 발생하면 근육 속의 글리코겐이 젖산으로 변하여 pH가 낮아짐으로써 근육단백질의 흡수성이 증가하고, 근섬유가 팽화하여 근육의 경직현상이 발생한다. 또한 강직열이 발생하여 고기의 온도가 상승하면서 질겨져 맛이 없어지는 현상이 일어난다. 사후강직에 미치는 영향인자로서는 도살방법, 외부온도, 동물의 나이와 영양, 도살 전 생리 상태, 근육 내 글리코겐 잔존량 등이 있으며, 나이가 어린 개체일수록 빠르게 일어나고 온도가 낮을수록 많은 시간을 필요로 한다. 쇠고기, 양고기는 사후 2~8시간 후, 돼지고지는 30분~2시간 후, 닭고기는 수분~1시간 후 사후강직이 발생한다.

사후강직과정은 강직 전기pre-rigor phase, 강직기rigor phase 및 강직 후기post-rigor phase의 세 가지 단계로 나눌 수 있다.

강직 전기는 지체기delay phase라고도 하며 근육의 신전성에 아무 변화가 없는 단계이다. 강직기는 근육의 신전성이 감소하기 시작하여 완료되는 단계로 강직 개시rigor onset와 완료rigor completion가 나타난다. 강직 후기는 강직이 완료된 이후의 단계를 의미하며, 일정 기간의 강직 후기를 거쳐 근육은 강직 해제resolution of rigor, 즉 숙성이 시작된다.

도살 후 근육에 산소공급이 중단되면 육 자체가 가지고 있는 다당류인 글리코겐이 혐기 상태에서 해당작용에 의해 에너지대사의 최종산물인 젖산으로 분해되어 축적된다. 글리코겐의 함량은 근육 중량의 약 0.7~1.0%이며, 돼지의 경우 사후 10분

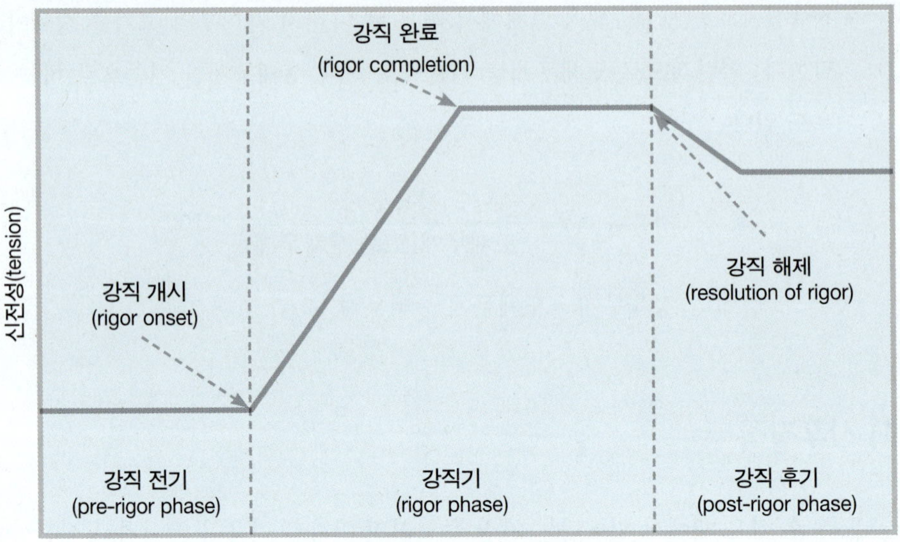

그림 8-5 | 사후강직과정

경과 시에는 30~50%까지 감소하며 3~5시간에 최저 농도에 달하게 된다. 젖산의 생성으로 pH는 저하되는데, 글리코겐이 소실되어 젖산이 더 이상 생성되지 않게 되면 pH는 저하하지 않아 근육은 일정한 pH극한 pH를 나타내게 된다. 정상적인 경우 초기 7.0에서 극한 pH 5.3~5.8로 저하된다. pH 6.4~6.5에서 강직이 발생하고 pH 5.4에서 최고 강직에 도달하게 되는데, pH가 6.5 이하의 산성이 되면 ATP가 포스파테이스phosphatase에 의해 분해되고 무기인산이 생성된다.

$$ATP + H_2O \longrightarrow ADP + P_i + 7.3kcal/mol$$

2) 강직 개시

도살 직후 신전성이 풍부하던 근육은 혐기 상태에서의 해당작용에 의해 에너지원이 고갈되어 액토미오신actomyosin의 형성으로 수축된다. ATP가 없어지면 근육의 조직상단백질인 액틴actin과 미오신myosin이 결합하여 액토미오신이라고 하는 복합단백질이 생성된다.

액토미오신의 생성에 의해 단단해지는 사후경직을 일으키게 되는데, 사후경직이 시작되는 시기와 최대 경직시기는 온도, 가축의 종류 등 여러 가지 조건에 따라 다르다. 주위 온도가 높으면 사후경직이 빠르게 일어나고 낮으면 늦어진다.

$$\text{액틴 + 미오신} \underset{\text{이완}}{\overset{\text{수축}}{\rightleftharpoons}} \text{액토미오신}$$

3) 강직 완료

일반적으로 생선은 사후 1~4시간, 조류는 6~12시간, 소는 12~24시간, 돼지는 3일 후에 최대 경직이 된다. 이는 젖산의 최대 생성시기인 pH 최저시기와 거의 일치한다. 경직 중의 고기는 가열조리해도 단단하고 가공하는 경우에도 단백질의 결착성이 좋지 않아 수분의 분리가 크기 때문에 가공용으로는 적합하지 않다.

4) 숙성

숙성ageing은 강직해제과정으로 강직기를 지난 고기가 다시 부드러워지고 아미노태 질소, 핵산 관련 물질, 육단백질의 염용해성이 증가하여 맛과 향이 향상되는 숙성과정을 거치게 된다. 고기의 숙성은 자가소화현상이며 단백질 분해효소의 작용으로 이루어진다. 고기는 각종 영양소가 풍부하기 때문에 경직이 완료되는 시기부터 미생물에 의한 변패가 일어나기 쉽다. 따라서 고기의 숙성은 냉장에서 저온으로 서서히 하는 것이 안전하다. 숙성의 최적기간은 숙성이 80%가 이루어지는 시점으로서 소고기의 경우 0℃에서 10일, 돼지고기는 4.2일, 닭고기는 0.5일이다. 숙성온도가 높아질수록 숙성 기간은 짧아지는데, 쇠고기의 경우 0℃에서 10일, 10℃에는 4일, 17℃에서 3일, 20℃에서는 2일이지만 고온 숙성의 경우에 저장 기간이 단축되는 단점이 있다.

도살 전후의 여러 요인에 의해 이상육이 발생하는 경우도 있다. 쇠고기의 이상육은 DFDDark, Firm, Dry육으로서 암적색이며 단단하고 표면이 건조해진다. 흥분 또는 긴장에 의해 도축 전 가축의 근육에 글리코겐이 소모되어 도축 후 근육 내의 젖산 생성이 미흡하게 됨으로써 pH가 떨어지지 않는 경우에 발생한다. 높은 pH를 지닌 식육이 낮은 산소의 섭취기능을 지니게 되며 미오글로빈의 적자색이 우세해져 육색이 검은 상태로 남는 것으로 상품가치를 저하시킨다.

돼지고기는 PSEPale, Soft, Exudative육으로 너무 빨리 산성화가 진행되어 pH의 급속한 저하를 초래하는 경우에 발생하게 되는데, 전체 돼지고기의 약 5.5%이고 하위 등급일수록 발생률이 증가한다. 육색이 창백하고 조직이 흐물흐물하며 물기가 많은 현상이 발생하는데, 단백질이 변질되어 보수력이 떨어짐으로써 육즙이 많이 소실되어 식육의 풍미가 나빠지게 되고 생육 또는 가공육으로 적합하지 못하게 되는 현상이다. 염지나 숙성을 할 경우 많은 중량 손실이 있으며 정상육에 비하여 가공품의 품질이 열등하다. 햄 통조림 품질의 경우에 정상육으로 처리한 것보다 3~5% 이상의 많은 젤리가 생성되며 경도, 응집성, 탄력성, 저작성 등의 품질지표가 열등하게 나타난다. 〈식품공전〉상의 원료육의 규격은 표 8-1과 같다.

표 8-1 | 원료육의 식품 규격

항목	규격
성상	고유의 색택을 가지고 이미 이취가 없어야 함
아질산이온(g/kg)	0.07 이하(단, 포장육 제외)
타르색소	불검출(단, 소시지류 제외)
대장균군	음성(단, 비가열식육가공품은 제외)
휘발성염기질소(mg%)	20 이하(원료육 및 포장육에 한함)
보존료(g/kg ; 소르빈산, 소르빈산칼륨, 소르빈산칼슘)	소르빈산 기준으로 2.0 이하(포장육, 양념육류, 분쇄 가공 육제품, 갈비 가공품에서 검출되어서는 안 됨)이고, 이 이외의 보존료는 검출되어서는 안 됨
세균 수	음성(단, 멸균식육가공품에 한함)
대장균 0157: H7	음성(원료용 분쇄육, 분쇄가공육제품 또는 분쇄포장육에 한함)

3 육제품 가공원리와 첨가물

육제품의 원료는 기본적으로 돈육이며, 특히 햄, 베이컨은 돼지 부분육에서 정형한 1개의 고기 덩어리를 가공한 것으로 원료육의 기능적 특성은 다음과 같다.

- 보수성water-holding capacity : 육제품의 생산수율, 조직, 기호성에 영향을 미친다.
- 유화성emulsification property : 단백질과 지방이 수분과 친화되어 있는 특성으로 유화형 소시지의 품질에 결정적 영향을 미친다.
- 결착성binding ability : 원료육과 유화물을 결착시켜 응집성 있는 제품을 형성시켜 주는 능력을 이용한 것이다.

육제품에 사용되는 각종 부재료와 식품 첨가물은 표 8-2와 같다.

표 8-2 | 육제품에 사용되는 각종 부재료와 식품첨가물

재료	특징 및 작용
소금 (1.3~1.7%)	향미증진, 저장성 증진, 보수력 증진, 염용성단백질 추출
인산염 (0.2~0.3%)	보수력 증진, 결착력 증가, 저장성 증진, 떫은 맛 증가
질산염 아질산염	발색효과, 향미증진, 항산화효과, 미생물 및 식중독균 억제, 저장성 증진
아스코르빈산염	염지촉진제, 항산화, 니트로소아민 형성 억제, 클로스트리디움 보툴리늄 *Clostridium botulinum*의 독소생산 억제
천연색소	코치닐색소, 락색소, 홍국적색소
조미료	소금, 복합조미료, 감미료, 향신료
결착제	전분, 난백, 대두단백, 혈장단백, 유단백, 검류 등

1) 소금

염지에 사용되는 소금은 저장성 증진과 함께 식육 가공의 기능적 특성을 향상시키는 효과 이외에도 추가적인 품질개선제로서의 기능을 가지고 있다. 소금의 역할은 보수력 증진, 염용성 단백질 추출, 저장성 증진의 효과이다.

2) 인산염

인산염phosphate은 일반적으로 보수력 및 결착력 증진, 항산화효과, 조리수율 향상을 위하여 공정 초기에 물과 함께 첨가한다. 유화 형성에 있어서 근단백질의 액토미오신actomyosin을 해리하고 염에 의해서 세포 외로 추출을 용이하게 하도록 한다. 인삼염의 기능은 보수력 증가와 흡수력 촉진, 유화안전성, 단백질과 전분의 상호반응 촉진, 금속이온과의 착염 형성, pH 안정을 위한 완충작용, 응고방지제 역할을 한다.

3) 질산염

질산염은 발색제 또는 색소고정제로 사용되는데, 질산염 자체는 무색이지만 식육에 존재하는 육색소헤모글로빈, 미오글로빈와 상호작용하여 색을 발현하고 고정, 안정, 선명하게 하여 발색을 촉진시키는 기능을 가진 식육가공 첨가물이다. 육류에서 발색제로서는 아질산칼륨potassium nitrite, KNO_2과 아질산나트륨sodium nitrite, $NaNO_2$이 있다. 그 기능은 육색소를 고정시켜 신선한 고기 육색을 그대로 유지하는 것이 주목적이었으나, 염지된 식육의 풍미를 좋게 하고, 식중독을 일으키는 미생물의 성장을 억제하는 역할을 하지만 그 사용량은 엄격히 규제되고 있다.

4) 보존제

보존제는 식육가공품의 변질, 부패 및 화학적 변화를 방지하여 식육가공품의 영양가와 신선도를 유지시키기 위해 사용되는 첨가물로서, 주로 사용되고 있는 첨가물로는 소르빈산sorbic acid과 소르빈산칼륨potassium sorbate이 있다. 소르빈산염은 원래 효모와 곰팡이 성장을 억제하기 위한 용도로 사용되고 있으며, 허용 규정치는 0.2%200ppm이다.

5) 산화방지제

에리소르빈산erythorbic acid은 백색~황색 결정 또는 결정성 분말로 무취이며 산미를 가지고 있는 발색 보조제로 주로 사용되는 산화방지제이다. 비타민 C로 통용되는 아스코르빈산ascorbic acid은 pH를 저하시켜 유화 안정성에 문제가 있으므로 아스코르브산나트륨sodium ascorbate이나 이성화체인 에리소르빈산나트륨sodium erythorbate을 많이 쓰고 있다. 식육 가공품에서의 기능은 항산화효과, 육색 발현의 촉진 및 유지, 나트로사민nitrosamines 형성 억제, *Clostridium botulinum*의 독소생산 억제 등이다.

4 육제품의 분류

육제품은 햄, 베이컨, 소시지 등으로 대표되는데, 그 종류는 1,000종 이상이 되며 일반적으로 제조되는 제품의 수는 100종 이상이다.

가열 상태에 따라 육제품을 분류하면 미가열, 비가열, 가열식품으로 분류된다.

미가열 육제품에는 프레시 소시지, 콘비프 등이 있으며 반드시 가열하지 않으면 먹을 수 없는 것으로 신선육과 동일하게 취급되며 냉장 쇼케이스 등에 넣어 판매된다.

반건조제품 중 고기 덩어리 제품으로 뼈가 부착된 햄, 생햄, 베이컨 등이 있고 세분 육제품으로는 세미드라이 소시지, 미트페이스트 등이 있다. 고기 덩어리 제품의 경우 살균과정이 없는 제품이기 때문에 pH 6.0 이하로 도살 24시간 이내에 4℃까지 냉각한 것으로 1g당 5만 이하의 위생적인 원료육과 부원료, 향신료 등을 선별하여 제조공정 중에 미생물이 증식하지 못하는 조건을 부여하고 미생물 오염을 방지할 수 있는 방법을 철저히 해야 한다. 즉, 가공 중 고기의 온도는 정형, 염 침지 시 각각 10℃, 5℃ 이하, 염 침지 종료 시 고기의 수분활성 0.96 이하, 사용하는 물은 5℃ 이하의 음용수를 사용하고, 건조는 20℃ 이하로 할 것 등이며 제품의 기준은 수분활성 0.94 이하, 대장균군은 음성이어야 하며, 유통과 보존은 10℃ 이하이다.

건조제품으로는 이탈리아 코파coppa 등의 드라이햄이 있고 「식품위생법」상으로는 제품의 수분활성 0.86 이하, 대장균군 음성으로 되어 있다.

가열 육제품에는 가열 햄, 가열 베이컨, 가열 소시지, 미트로프 등이 있다. 일반적으로 수증기 또는 끓는 물로 가열하는데, 이밖에 볶거나 가압하여 100℃ 이상의 수증기와 끓는 물로 가열레토르트 살균하는 것이 있다. 가열조건은 「식품위생법」에 의해 가열과 볶는 것은 중심부의 온도가 63℃, 30분 또는 이와 동일하거나 그 이상의 효과를 발휘하는 방법으로 살균해야 한다고 규정되어 있다.

1) 햄

햄류는 식육을 부위에 따라 분류하여 정형 염지한 후 숙성 건조, 훈연 또는 가열 처리하거나 식육의 육괴에 다른 식품 또는 식품첨가물을 첨가한 후 숙성 건조하거나 훈연 또는 가열처리하여 가공한 것으로 정의한다. 하지만 원래 햄이라는 말은 돼지의 둔부육엉덩이살, 볼기살을 말하는 것인데, 현재는 염침지하여 훈제한 고기를 일반적으로 지칭한다.

햄은 돈육을 설탕, 식염, 질산염용액에 침지하여 제조한다. 아질산염을 첨가하는 경우도 있는데, 이것은 미생물의 번식을 막고 고기의 적색은 유지하는 역할을 한다. 아질산염을 첨가하지 않는 경우는 질산염을 첨가하면 이것이 고기 중의 세균에 의해 환원되어 아질산염을 생성시키고 다시 산화질소가 되어 이것이 혈색소인 헤모글로빈, 육색소인 미오글로빈과 결합하여 선홍색을 띠게 된다. 초산염과 아질산염을 첨가하지 않으면 고기는 가열에 의해 갈색이 된다. 염지육색은 육색소myoglobin 함량 및 원료육의 pH, 아질산염의 균일한 분포와 함량, 식육의 상태 및 육제품의 포장 재질에 따른 공기O_2 노출 정도에 따라 변화한다. 염지 시 미오글로빈의 화학적 변화에 의한 발색에 관한 기작은 그림 8-6과 같다.

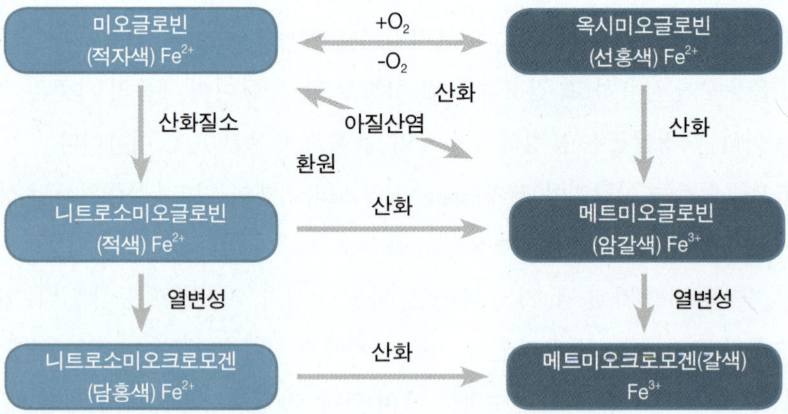

그림 8-6 | 미오글로빈의 화학적인 변화와 육색

일반햄regular ham은 본인햄bone in ham이라고도 하는데, 넓적다리 부위의 뼈가 있는 채로 정형 염지하고 훈연한 햄이다. 원료육에서 일차적으로 핏물을 제거하는 작업으로 가장 오염되기 쉬운 고기 표면에서의 세균 번식을 억제하고 탈수작용에 의해 부패하기 쉬운 상태로 남아 있는 혈액 등을 제거하며 고기에 염미를 부여하고 발색을 촉진시키는 혈교작업피 빼기을 실시하게 된다. 혈교작업은 고기 중량의 2~3%의 식염, 0.2% 이내의 질산염, 0.02% 이내의 아질산염의 혼합염을 고기 표면에 혼합하고 3℃ 정도에서 1~2일간 방치하는데, 생략도 가능하다.

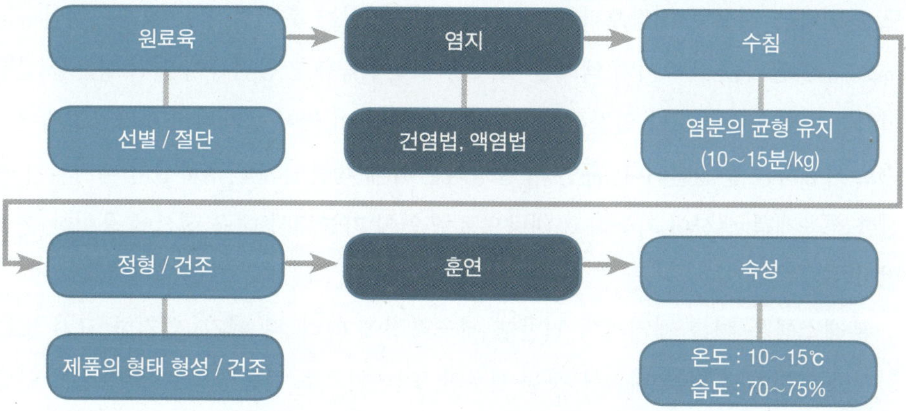

그림 8-7 | 햄의 일반적 제조공정

다음으로 염미 부여, 산화 방지, 저장성 및 보수성 개선, 발색 개선을 위하여 염지작업을 하는데, 염지제를 분말상태로 원료육 표면에 살포하여 문지르는 건염법과 염지제를 물에 녹여 끓인 다음 여과 냉각하여 염지제를 조제하고, 원료육을 잠기게 처리하는 액염법이 있다. 액염법은 육중량의 약 50%에 해당하는 염지액에 침지하는데, 염지액은 0.15% 질산염, 1.5% 설탕, 0.3~1% 향신료 등을 15~20%의 식염수에 녹여 끓인 후 다시 냉각하고 다시 0.05%의 아질산염을 첨가하고 냉각하여 제조한다. 염지액을 3℃로 냉각한 후 고기 덩어리를 침지하는데, 고기의 크기에 따라 다르지만 kg당 5일 정도 담가둔다. 최근에는 이 기간을 줄이기 위해 염지촉진법을 사용하는데, 염지액 주사법pump pickling, 동맥주사법artery cure, 마사지massaging, 텀블링tumbling법 등이 이용된다.

염지가 끝난 후 육제품에 특유의 향을 발향시키며, 지방산화를 억제하여 저장성을 향상시키고, 다갈색의 생성으로 외관을 개선하며 고기의 연화를 부여하기 위해 떡갈나무, 벚나무, 졸참나무, 상수리나무, 밤나무 등으로 훈연한다. 훈연법으로는 냉훈법cold smoking이 있는데, 15~30℃에서 1~3주간 실시하며 발효소시지 등 고급 육제품의 제조에 사용하지만 시간과 노동력이 많이 소요되고 감량 발생이 많으며 발색불량의 단점이 있다. 온훈법hot smoking은 30~50℃에서 3~8시간 실시하는데, 본리스햄, 로인햄 등에 활용한다. 열훈법high temperature smoking은 50~80℃일반적으로 60~65℃에서 3~8시간 실시하는데, 육단백질의 응고와 표면경화로 탄력성 있는 제품이 많이 생산된다. 배훈법roasting smoking은 120~140℃에서 2~4시간 정도 훈연하는 것으로 저장보다는 바로 식용할 수 있는 훈연법이다. 액체훈연법liquid smoking은 연기를 응축시켜 액화한 것으로 액체에 육류를 침지하여 연기 성분을 침투시키는 방법으로 농도가 일정하게 훈연되고 재현성이 높아 경제적이며 가공업체에서 주로 사용하는 훈연법이다. 훈연 시 발생되는 유해 성분인 발암성물질이 제거되어 안전한 식육제품 생산이 가능하고 대량으로 훈연이 가능해서 대량 생산에 용이한 훈연법이다.

본레스햄은 뼈를 제거하여 일반햄 제조과정에 따라 피 빼기, 염지한 고기 또는 염지한 고기에서 뼈를 제거한 것을 셀로판 또는 천으로 원통형으로 말아 실로 단단히 돌려 묶어서 액즙이 고일 우려가 있는 공동을 없애는 정형과정을 거친다. 일반햄에 비해 저장성이 떨어지므로 40~50℃에서 5~6시간 건조한 후, 50~60℃에서 2~3시간 훈연하거나 50~60℃에서 5~10시간 정도 훈연한 다음 70~75℃의 물속에서 4~5시간 동안 가열한 후 냉각한다. 가열온도가 75℃ 이상인 경우 육중의 지방

염지의 목적

- 발색 및 착색
- 염용성 단백질의 용해성 증가에 의한 보수성과 결착성 향상
- 염미와 저장성 증진
- 숙성 촉진에 의한 풍미 향상
- 지질 산패의 지연
- 식중독균 성장 억제

및 젤라틴 등의 용출이 많아져서 품질이 저하되기도 한다.

로스트햄은 돼지의 로스육을 본레스햄과 마찬가지로 가공한 것으로 형태는 본레스보다 가늘다.

프레스햄은 고기를 주먹 크기로 크게 잘라 염지한 뒤 케이싱하여 훈연한 뒤 익힌 것으로 절단면의 육입자가 보이는 햄이다. 서양에서는 소시지의 일종으로 분류하기도 한다.

표 8-3 | **햄의 종류와 특징**

종류	특징
레귤러햄 (regular ham)	돼지 볼기살을 뼈가 있는 채로 제조
본레스햄 (boneless ham)	레귤러햄에서 뼈를 제거하고 둥글게 정형시켜 제조
프레스햄 (press ham)	한국과 일본에서 주로 생산하는 햄으로 작은 고기 덩어리를 서로 밀착시켜 햄과 같이 1개의 육덩어리로 제조
기타	등심햄, 로인햄(등심 부위), 숄더햄(앞다리살), 벨리 햄 등

2) 베이컨

베이컨은 고기의 복부육삼겹살 또는 특정부위육등심육, 어깨부위육을 원료로 하여 햄과 같이 피 빼기, 염지건염법, 습염법, 주사법, 물침지 등을 한 뒤 성형 또는 정형하여 표면이 건조해질 정도로 자연건조하거나 훈연기 안에서 1차 훈연50~60℃에서 30~60분 및 2차 훈연60~70℃에서 50분~2시간한 후 2~3mm 두께로 절단하여 포장한 것이다.

표 8-4 | **베이컨의 종류와 특징**

종류	특징
일반 베이컨	베이컨 부위를 염지 및 훈건하여 제조
롤드 베이컨 (rolled bacon)	원료육의 두께가 너무 얇아서 일반 베이컨 제조에 부적당한 얇은 원료를 인족에 말아서 롤링하여 제조한 것
보일드 베이컨 (boiled bacon)	얇은 베이컨육을 늑골을 붙인 채로 원료육으로 이용하여 제조하나, 훈연처리를 하지 않는 것

종류	특징
캐나다식 베이컨 (Canadian bacon)	지방육이 많고 적색육이 적은 등심 부위를 원료로 하여 일반 베이컨의 제조법과 동일하게 만든 것
등심 베이컨 (loin bacon)	일반 베이컨과 달리 지방층이 5mm 이하이고, 등심 부위에 삼겹 부위가 등심 쪽으로 1/3 정도 부착된 상태에서 절단된 원료육을 사용한다. 캐나다식 베이컨, 덴마크식 베이컨
비프 베이컨 (beef bacon)	쇠고기의 베이컨 부위로 일반 베이컨의 제조방법으로 제조한 것

3) 소시지

소시지sausage는 부어스트wurst라고도 하며 라틴어로 '소금에 절이다'에서 유래하였다. 햄이나 베이컨 생산을 위한 원료육 정형 시 발생되는 잔육이나 이용가치가 낮은 부위육 등을 원료로 하여 분쇄한 후 조미료와 향신료 등을 첨가 및 혼합하여 세절, 유화시켜 천연 또는 인조 케이싱에 충전한 후 훈연하거나 열처리한 육제품이다.

소시지의 종류는 열처리 정도에 따라서 가열 소시지와 비가열 소시지로 나누며, 가열 소시지는 입자형 및 유화형으로 구분하고 비가열 소시지는 신선 소시지와 건조 소시지로 구분한다.

- 생 소시지fresh sausage : 원료고기를 갈아서 양념 등을 넣어 유화시키거나 조분쇄한 제품으로 가열처리하지 않고 냉장 또는 냉동상태에서 저장유통한다.
- 가열 소시지cooked sausage : 상하기 쉬운 혈액, 간 등과 같은 내장육을 미리 가열처리한 다음 제조한 제품이다.
- 건조 소시지dry sausage : 조분쇄한 육에 향신료와 젖산균을 접종하여 약하게 발효시킨 다음 가열처리를 하지 않고 장시간 동안 숙성과 건조를 실시하여 제조하는 것으로 최종 수분함량이 35% 이하이며, pH 5.0~5.5이다.
- 훈연 소시지smoked sausage : 세절된 원료육에 향신료을 섞어 훈연과 가열처리를 하는 대표적인 유화형 소시지로서 우리나라에서 가장 많이 소비되는 프랑크푸르터frankfurter 소시지가 대표적인 소시지이다.
- 반건조 소시지semidry sausage : 건조 소시지와 제조원리는 같으나 많은 젖산을

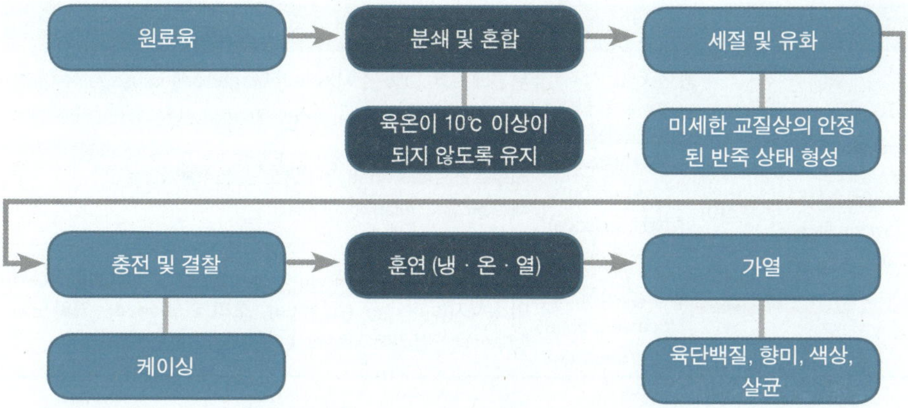

그림 8-8 | **소시지 제조의 일반적인 공정**

생성시켜 pH는 4.7~5.2로 낮으며, 단시간 내에 숙성과 건조를 시키기 때문에 최종 수분함량이 35% 이상으로 수분이 많은 것이 특징이다.

소시지의 일반적인 제조공정은 그림 8-8과 같다.

돼지고기, 쇠고기 또는 말, 양 등의 고기에 질산칼륨, 아질산나트륨 등을 배합한 식염을 뿌려 고기를 겹쳐 쌓은 뒤 가볍게 압력을 가하면 원료육 중의 수분이 빠져나온다. 이 고기를 육절기로 잘게 자르고 조미료, 설탕 등과 향신료 또 결착성을 강화시키는 각종 인산염 등을 첨가하여 잘 섞은 후 케이싱하여 여러 시간 동안 훈연한다. 훈연된 소시지의 중심온도가 약 65℃에서 30분간 유지되도록 70~75℃에서 1~2시간 정도 익힌 후 냉각하여 제품화한다. 케이싱으로는 돼지와 양의 창자로 만든 것 또는 셀로판, 라이판, 염화비닐리덴과 염화비닐 등이 있다.

표 8-5 | **소시지의 분류와 명칭**

분류		명칭
가열소시지 (cooked sausage)	유화형 소시지 (emulsion type sausage)	비엔나, 프랑크푸르터, 핫도그, 스트라스부르거(strassbourger), 뮌헤너(muchener) 화이트 소시지, 복부르스트(bockwurst), 리오너(lyoner), 볼로냐(bologna), 겔브부르스트(gelbwurst), 미트로프(meat loaf)
	조분쇄형 소시지 (coarse ground type sausage)	폴리시소시지(polish sausage), 레겐스부르거(regensburger), 비어소시지(beer sausage), 약드부르스트(jagdwurst), 티롤러 소시지(tiroler sausage), 크라카우어(krakauer), 미트로프

분류			명칭
비가열소시지 (raw sausage)	생 소시지 (fresh sausage)		뉘른베르거 그릴 소시지(nurnberger grill sausage), 티롤러(tiroler), 그릴소시지, 튀링거(turinger)소시지
비가열소시지 (raw sausage)	드라이 소시지 (dry sausage)	유화형 소시지 (emulsion type sausage)	테부르스트(teewurst), 메트부르스트(mettwurst) 세르블라(cervelat)
비가열소시지 (raw sausage)	드라이 소시지 (dry sausage)	조분쇄형 소시지 (coarse ground type sausage)	살라미(salami), 페퍼로니(pepperoni), 란쟈거(landjager), 서머소시지(summer sausage), 초리조(chorizo), 카바노치(cbanossi), 살라메티(salametti)

더메스틱 소시지 제조

1. 제조 이론

소시지는 식육 및 그 식용 부산물을 주원료로 하여 세절, 유화하고, 조미료, 향신료와 혼합하여 케이싱에 넣은 후 가열처리하여 제조한 식품이다.

2. 재료 및 기기

① 재료 : 돼지고기, 지방, 소금, 분리대두단백질, 전분, 향신료, 설탕, 얼음, 아질산나트륨($NaNO_2$, 아초산소다) 또는 질산나트륨($NaNO_3$), 트리폴리인산나트륨($Na_5P_3O_{10}$, sodium tripolyphosphate, 삼인산나트륨, 트리폴리인산소다, STP)

② 기구 : 고기 초퍼(meat chopper), 사일런트 커터(silent cutter), 온도계, 케이싱, 염지실, 반죽기 그릇, 충진기(sausage stuffer)

재료		사용량(원료육 중량에 대한 %)
원료육		100
지방		15~35
물(ice)		15~30
소금		2~2.5
설탕		1~1.5
아질산나트륨(또는 질산나트륨)		0.01
인산염		0.1~0.2
후추		0.2~0.3
마늘 분말		0.2~0.3
그 외	전분	10
	분리대두단백	3~5
	양파 분말	0.1~0.2
	생강 분말	0.1~0.2

3. 제조공정

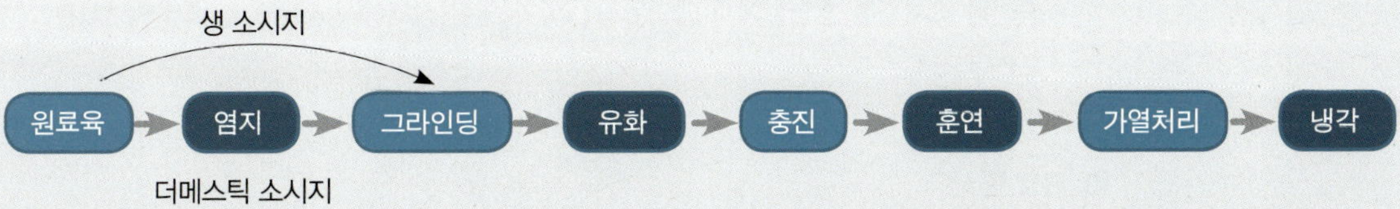

4. 원료육과 기구 준비

① 초퍼(5mm 구멍), 반죽기 그릇, 충진기를 −2℃에서 제조 전날에 냉각 보관한다.

② 원료육은 일정 크기(2×2×2cm)로 절단하고 지방은 따로 준비한다.

5. 염지

절단 육에 염지제(소금, 질산염, 설탕, 인산염, 얼음 일부)를 가하여 산소 접촉을 피하도록 비닐 포장한 후 냉장온도(4℃ 이하)에서 3~4일간 저장한다.

6. 세절

① 염지육과 지방을 초퍼를 이용하여 각각 갈아놓는다.

② 초퍼의 칼날이 무디거나 무리하게 원료육을 밀어 넣는 경우 온도가 상승하여 결착력을 감소시킨다.

③ 세절 시 고기의 품온은 9℃ 이하를 유지해야 한다.

7. 혼합 및 유화

① 미리 얼음으로 차게 만들었던 반죽기에 고기와 염지용 재료를 넣고 섞는다.

② 소시지 제조공정 중에 가장 중요한 공정으로 사일런트 커터를 사용하여 세절된 원료육에 염지용으로 사용하고 남은 얼음을 소량씩 첨가하여 갈아낸다.

③ 염지에 의해 용해된 소금에 의해 염용성단백질이 추출되어 결착성이 큰 페이스트(paste)가 형성된다.

④ 점성이 큰 페이스트에 적당량의 조미료, 향신료 및 중량제(분리대두단백, 전분 등)를 넣고 혼합한다. 충분히 혼합되면 지방을 넣고 잠시 갈아서 반죽이 유화상태가 되도록 한다(고기의 온도가 올라가면 얼음물을 조금씩 넣어준다).

⑤ 사일런트 커터 작업시간은 8~10분 이내에서 품온이 9℃ 이하를 유지하면서 작업한다.

⑥ 혼합이 끝난 고기는 −2~−3℃에 보관한다.

8. 충전

① 냉각시킨 충진기에 공기가 차지 않도록 고기를 넣는다.

② 충전기의 노즐에 천연 또는 합성 케이싱(casing)을 끼운 후 유화시킨 고기를 충전하고 양쪽을 클리퍼(clipper)로 묶어준다.

③ 충진된 고기는 일정부분 꼬아서 비엔나 모양을 만들어 주고 바늘로 구멍을 뚫어 주어 익힐 때 터지지 않도록 한다.

9. 건조 및 훈연

① 충전된 소시지를 훈연실에서 댐퍼(damper)가 열린 상태에서 45~50℃에서 약 1시간 표면 건조를 한다.

② 댐퍼를 닫고 50~55℃에서 약 2~3시간 훈연한다(온훈법).

10. 가열 및 냉각

70~75℃의 수욕조에서 중심온도가 72℃에 도달하도록 약 1시간 정도 가열한 후 냉수(6% 소금물)로 품온이 25~30℃가 되도록 냉각한 후 표면을 건조시킨다.

Chapter 9

수산품

1. 형태와 특징
2. 어류의 영양
3. 어류의 근육
4. 가용성물질
5. 건조품
6. 냉장 · 냉동품
7. 연제품
8. 젓갈

Chapter 9

수산식품은 생산되는 지역이 한정되어 있으며, 지역에 따라 종류 및 어획량의 편차가 심하고 생산되는 시기에 따라 어종 및 크기 등이 다르다. 이와 같은 시간적 · 공간적 제약에 의해 계획적인 공장 생산이 어렵고, 수산물의 사후품질변화가 빨라서 품질 저하, 부패가 일어나기 쉬우며 어종 혹은 연령에 따라 크기, 체성분이 다양한 단점이 있기에 가공이 절대적으로 필요한 식품이다.

❶ 형태와 특징

어류는 머리, 몸통 및 꼬리의 세 부분으로 구성되고 일반적으로 방추형이나 가자미, 장어와 같이 어종에 따라 독특한 형태를 보인다. 어패류의 생체 전 중량에 대한 가식부의 비율은 가공에 있어서 제품의 수율을 결정하는 중요 인자이지만 어종과 선도에 따라 차이가 크며, 같은 어종이라도 계절, 성별, 연령, 어장, 영양 상태 등에 의해 편차가 크다. 가식부는 일반적으로 어류에서는 50~60%, 패류에서는 20~40%, 연체동물 중 오징어의 경우는 70% 정도에 이른다.

수산물은 저장성이 낮다. 그 이유로 수산물의 수분함량이 많고 아가미, 표피 등에 장내세균의 부착 기회가 많아서 변패가 용이하며 단백질 분해효소에 의한 자가분해가 쉽게 일어나고 근육섬유조직이 많고 결체조직이 적기 때문에 효소 또는 미생물의 분해작용을 받기 쉽다.

❷ 어류의 영양

어패육의 일반 성분조성은 일반적으로 수분 70~85%, 단백질 15~25%, 지질 1~10%, 탄수화물 0.5~1.5%, 회분 1~2% 정도이다.

어패류는 단백질과 지질이 풍부하고 무기질과 비타민류의 좋은 공급원이 되고 있다. 단백질은 비교적 변동이 적으며, 근육의 주성분으로서 20% 정도이다. 탄수화물은 주로 글리코겐glycogen으로 어육에서는 거의 1% 이하의 함량이다.

어류의 지질은 1~6% 범위로 요오드값이 120~180으로 높은 것이 특징이며 대부분 불포화지방산으로 구성되어 있다. 지질함량은 계절적인 변동이 큰데, 계절에 따라 청어는 2~22%, 정어리는 2~12%, 연어는 0.4~14%라는 범위를 나타내고 있다. 등푸른생선에는 $\omega-3$ 계열의 불포화지방산DHA : Docosahexaenoic Acid, EPA : Eicosapanthaenoic Acid이 풍부하여 동맥경화, 심근경색, 뇌혈전 등의 순환기계 성인병을 예방하는 데 효과가 있다.

DHADocosahexaenoic Acid, 도코사헥사엔산는 참치, 꽁치, 고등어, 정어리 등의 등푸른 생선에 많으며 기억 · 학습능력 향상, 혈중 콜레스테롤 저하, 혈당 강하, 암세포 증식 억제, 시력보호 유지 등에 효과적이다. 해조류에는 각종 무기질이 풍부할 뿐 아니라, 특히 요오드의 함량이 많아서 요오드 결핍으로 인한 갑상선 호르몬 분비의 이상질환의 예방에 효과적이다.

3 어류의 근육

어류의 근육은 다른 동물과 마찬가지로 근섬유의 집합체이다. 어육의 근섬유는 다른 동물의 근육과 비슷하지만 동물근육보다 약간 굵다. 참대구, 참도미 등의 백색어의 근육은 대부분이 백색의 보통육ordinaty meat, white meat으로 수축은 빠르지만 피로하기 쉽다. 고등어, 가다랑어, 정어리, 꽁치 등은 적갈색의 혈합육dark meat, red meat이 표층부뿐만 아니라 내부에도 분포되어 있는데, 수축이 느린 대신 잘 피로하지 않는다. 혈합육과 보통육을 비교하면, 일반적으로 혈합육에 지질이 많고 수분과 단백질은 적다.

아미노산 조성은 어패류의 종류에 따라 다르지만 대부분의 필수아미노산을 함유하고 있으며, 비단백태 질소로서 크레아틴creatine, 퓨린purine, 콜린choline, 염기, 이노신산inosinic acid 등이 함유되어 있다.

어류의 지방질은 그 축적되는 형태에 따라 피하지방조직이나 복부조직에 포함된 저장지방과 세포 내에 들어 있는 조직지방으로 구분하는데, 어류의 지방질은 저장

지방이 중요한 지방으로 트리글리세라이드로 구성되어 있으며, 조직지방은 인지방질이다. 어류의 지방산 조성은 포화지방산 20%, 불포화지방산 80%이며, 포화지방산은 팔미트산palmitic acid, 불포화지방산은 올레산oleic acid이 주성분이다.

④ 가용성물질

어육 중에는 근육세포의 대사에 관여하는 성분으로 맛이나 변질에 관여되는 가용성 성분인 유리아미노산, 유기산, 저분자 질소화합물, 저분자 탄수화물 등이 있다. 이러한 가용성물질은 어류에는 1~5%, 연체류에는 4~8%, 갑각류는 6~10%가 존재한다. 유리아미노산은 글라이신, 알라닌, 글루탐산, 발린, 히스티딘, 타우린 등이 있다. 타우린은 단백질 구성에 관여하지 않는 함황아미노산으로 대구, 오징어 등에 약 150mg, 낙지, 한치 등은 약 800mg이 함유되어 있으며 조개나 소라 등에는 함량이 더 높다. 트리메틸아민옥사이드TMAO : Trimethylamine Oxide는 상어 및 가오리와 같은 연골어류에 많이 존재하는데, 단맛이 있고 완충능이 있으며, 쉽게 환원되어 트리메틸아민TMA : Trimethylamine으로 변화되어 비린내를 낸다. 생체 내 대사에 의해 만들어지는 암모니아는 독성이 강하므로 배설되거나 요소로 전환되어 삼투압 조절제로서 이용되는데, 연골어류는 어획 후 선도가 떨어지기 시작하면 심한 암모니아취를 발생시킨다. 그 원인으로 육중에 다량으로 함유되는 요소와 TMAO가 세균의 유레이스urease에 의하여 분해되어 각각 암모니아의 TMA를 생성하기 때문이다.

⑤ 건조품

수산건제품이라 함은 어류, 패류 및 해조류에 함유되어 있는 수분을 한도 이하로 건조시켜서 세균의 발육과 번식을 정지시키며 오랫동안 부패를 막을 수 있도록 처리한 것을 말한다. 과거에는 천일건조법이 이용되어 왔으나 최근에는 인공 열에 의한 기계건조법, 건조제를 이용하는 약품건조법, 진공동결건조법 등이 사용되고 있다. 건제품은 가장 오래되고 원시적인 가공방법이지만 처리방법이 가장 간편하고 대량처리가 용이하며 경비의 소요가 적을 뿐 아니라 큰 시설이 필요 없고 포장이 용이해서 현재에도 널리 사용되는 방법이다.

어패류의 건조에 잘 이용되는 방법에는 다음의 것이 있다.

- 천일건조법 : 태양열과 바람에 의한 방법
- 동건법 : 동결과 융해를 반복하여 건조
- 열풍 혹은 냉풍건조법 : 고온 혹은 저온의 건조공기를 보내어 건조
- 배건법 : 가다랑어를 건조한 포가츠오부시의 제조에 이용되는 방법으로 시루를 나란히 놓고 배건로 위에서 장작을 열원으로 하여 훈연 건조한다.

건조방법에 의해 제조된 가공품은 소건품, 자건품, 염건품, 훈건품, 동건품, 배건품 등으로 분류할 수 있다. 제조방법에 따라 분류하면 표 9-1과 같다.

표 9-1 | 제조방법에 따른 분류

건제품	건조방법	종류
소건품	원료를 그대로 또는 간단히 전처리하여 말린 것	마른 오징어, 마른 대구, 상어 지느러미, 김, 미역, 다시마
자건품	원료를 삶은 후에 말린 것	멸치, 해삼, 패주, 전복, 새우
염건품	소금에 절인 후에 말린 것	굴비(원료 : 조기), 가자미, 민어, 고등어
동건품	얼렸다 녹였다를 반복해서 말린 것	황태(북어), 한천, 과메기(원료 : 꽁치, 청어)
자배건품	원료를 삶은 후 곰팡이를 붙여 배건 및 일건 후 딱딱하게 말린 것	가츠오부시(원료 : 가다랑어)
훈건품	목재를 불완전 연소시켜 그 연기로 말린 것	훈제 연어, 청어, 조미 오징어

1) 제조원리

건조는 수산물의 수분을 최소한도로 제거함으로써 미생물의 발육을 정지시켜 장기간 부패를 막고 보장할 수 있게 하는 것이다. 건조 원료로서는 두께가 얇은 것이나 혹은 어체가 비교적 작은 것을 사용하며 어체가 큰 것은 절단하여 어포로 만들어

말려서 건조한다.

자건품 또는 소건품은 가열에 의해서 수산물 내에 존재하는 자가소화효소를 파괴하여 자가소화에 의한 분해작용을 방지하며 수산물의 수분을 증발시켜서 세균의 발육을 방지하는 것이다.

염건품은 식염을 뿌리거나 식염수에 담가 염분에 의한 삼투현상에 의해 체내의 수분이 외부로 배출되도록 한 후에 건조시킨 것이다.

2) 마른오징어

오징어를 건조한 것으로 중요한 수산 건조제품 중 하나이다. 마른오징어의 제조하는 공정은 할복배 따기, 세척씻기, 건조, 정형모양 바루기 등의 네 가지 공정으로 나누어진다. 마른오징어를 만들기 위해서는 머리부분과 배의 중앙을 갈라 내장, 안구를 제거하고 바닷물로 세척한다. 뼈와 주둥이는 남겨두고 지느러미 외피를 제거한 후 물로 씻어 2~3일 정도 천일건조한다. 건조할 때에는 몸통의 안 부분이 바깥으로 오게 하고 표면 등쪽이 걸개에 닿도록 거는데, 걸개줄에서 떨어지지 않도록 죽침을 꿉아서 고정시킨다. 다리부분에는 눈알을 뽑아낸 구멍으로 죽침을 옆으로 끼어 오므라들지 않도록 반듯하게 펴고 양쪽 다리를 부채살처럼 잘 펴서 건조가 용이하도록 한다.

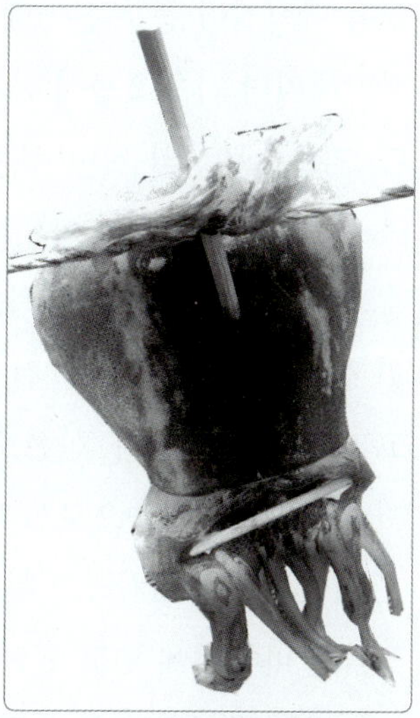

그림 9-1
마른오징어의 죽침에 의한 정형 및 걸이법

80% 정도 건조되었을 때 압력을 가해 잔존 수분을 균일하게 분산시키고 다음날 꺼내어 모양을 가지런히 하여 천일 건조한다. 가압과 건조를 번갈아가며 건조가 완료될 때까지는 2~3일 정도가 소요되며 대부분의 수분이 없어졌을 때 다리부분과 귀가 붙은 부분을 보통 2, 3회 정도 손질한다. 대략 2일 정도 건조시켰을 때 정형하게 되며 정형이 끝난 것은 수분을 균일하게 확산시키고 제품 표면에 백분이 피도록 하룻밤 동안 퇴적하여 두었다가 다음날 오전 중에

가볍게 다시 말린 다음 20마리씩 축을 만든다. 완성된 제품은 표면에 흰가루가 생기는데, 주성분은 타우린taurine, 베타인betaine, 글루탐산glutamic acid 등의 아미노산 혼합물인데, 타우린이 많다. 타우린은 피로회복의 효과가 탁월해 드링크류의 제조에 이용되고 있는 것으로 오징어 100g당 327~854mg이 함유되어 있어서 일반 어류에 비해서 2~3배가 많고 육류에 비해서는 25~66배나 많다.

3) 가다랑어포(가츠오부시류)

적색육 어류는 백색육 어류에 비하여 근육 단백질이 풍부하기 때문에 가열하면 딱딱해지며 가츠오부시류 제조에 적합하다. 가츠오부시의 지미 성분은 IMPInosine MonophosPhate와 기타 아미노산이다.

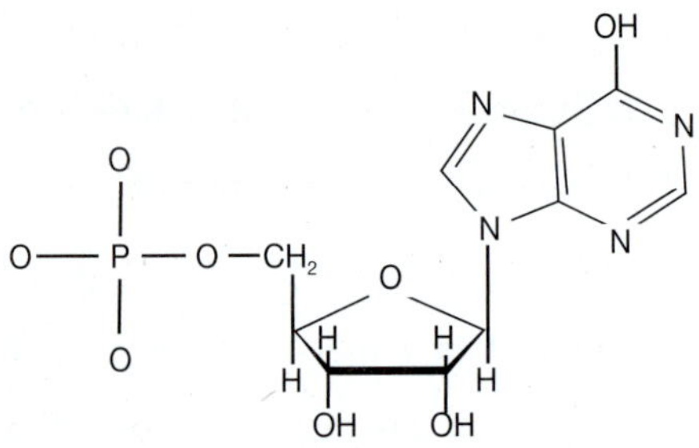

그림 9-2 | IMP(Inosine Monophosphate)

가다랑어, 다랑어, 참치, 고등어, 정어리 등의 등푸른생선을 건조한 가공품은 고기의 지방함량과 신선도가 중요하다. 지방함량은 신선육으로서 1% 내외의 것이 가장 좋고 4% 이상의 것은 부적당하다.

머리부분을 제거하고 복부와 내장도 제거한 것을 세 장으로 자른다. 잘라서 나눈 조각을 바구니에 넣고 원료가 신선한 경우에는 75~80℃, 그렇지 않은 원료일 경우 80~85℃의 뜨거운 물에 담그고 천천히 온도를 올린다. 냉수를 조금씩 부어가며 끓지 않도록 하며 50~90분 작업한다. 지방이 많은 경우에는 지방 제거의 목적으로 작업시간을 연장한다. 이 과정이 끝나면 바구니를 들어올려서 방냉하고 물에 담가 껍질을 벗긴 후 지방을 씻어 없애고 큰 뼈를 제거하여 건조시킨다.

건조는 몇 회에 나누어 한다. 가열한 원료어를 담은 바구니를 6~7개 겹쳐서 놓고 아래에서 졸참나무, 상수리나무, 떡갈나무 등을 이용하여 훈연건조시킨다. 건조는 85℃ 이하에서 2~4시간 동안 건조시키고 방냉건조하여 다음날 다시 훈연과정을 되풀이한다. 이러한 건조과정을 모두 7~10회 되풀이하면 약 20여 일 정도가 소요된다.

훈연 횟수가 많을수록 지미가 증가하고 저장성도 좋아진다. 훈연건조과정이 끝나면 단단한 흑갈색의 훈연품인 아라부시가 만들어지며, 이것을 다시 1~2일간 천일 건조한다. 그 다음 작은 칼로 표면의 더러운 층을 깎아내어 다듬는다.

이것을 곰팡이 상자에 넣어 밀봉하고 실내에 쌓아 약 2주간 방치하면 청녹색의 곰팡이Penicillium속가 생긴다. 이것을 꺼내어 하루 동안 천일건조한 후 다시 상자에 넣어 2주간 두면 다시 회녹색의 곰팡이Aspergillus속가 생긴다. 이와 같은 과정을 약 3개월 동안 보통 4회 정도 반복하여 만드는데, 이것을 혼부시本枯節라고 부른다. 수율은 대체로 원료어 중량에 대해 16~19% 정도이다. 가츠오부시 제조과정에서 중요한 것은 훈연건조와 곰팡이 발생이며 곰팡이에 따라 수분과 지방이 감소하고 특유의 향기가 생성된다.

6 냉장 · 냉동품

우리나라 수산가공품 중 냉동품은 2001년 이후로 급속히 생산량이 증가하였으며 비율은 약 65% 이상을 유지하고 있다. 어류를 냉동하면 수분이 얼어 전체 부피가 증가하고 얼음결정 생성으로 조직이 파괴되며 해동 시에는 드립drip에 의한 성분 유출이 일어난다. 조직 파괴를 감소하기 위해서는 미세한 얼음 결정을 만드는 급속 냉동법에 의해 냉동하는 것이 선호되고 있다. 지질함량이 높은 어류는 지방 산패를 방지하기 위해 공기가 직접 접촉하지 않도록 냉동식품에 찬물을 분무하거나 찬물에 넣어 표면에 얼음막이 생기게 하는 글레이징glazing이나 IQFIndividual Quick Freezing법을 이용하고 있다.

글레이징이란 냉동한 어패류는 표면의 건조와 산화를 방지하는 목적으로 실시하는 후처리방법으로 냉동한 어패류를 냉수 중에 단시간 담그어 표면에 얼음빙의glaze을 입히는 처리이다. 냉동수산물의 표면에 얇은 얼음막을 형성시키는 방법으로 침지법과 분무법이 있다. 분무 또는 침지에 의한 방법은 묻어 있는 물이 어체 자체의 저온에 의해 얼음으로 변화되어 얼음막이 형성되도록 하는 방법으로 글레이즈 양은 원료 중량의 2~5%로 두께 2~3mm가 적당하다. 조작이 간편하고 경제적이며 다양한 식품에 적용이 가능하지만 빙막이 분리되거나 균열이 발생되기 쉽고 냉동저장 중에 승화에 의해 빙막이 소실되어 품질 저하가 발생하는 단점도 있다.

1) 수산물의 냉장

저온저장에는 냉장cooling, 빙온chilled저장 및 냉동frozen저장이 있다. 생선어패류의 단기 저장1~2주에는 얼음을 이용하는 빙장이 일반적이며 −2~−3℃의 빙결점 부근에서 저장하는 슈퍼 칠링super chilling 혹은 부분적으로 냉동하는 파티얼 프리징PF : partial freezing 저장이 수산물의 유통과정에서 이용되고 있다. 이 경우 2주간부터 1개월 정도의 저장이 가능하다.

2) 냉동 저장

장기간수개월~1년간의 수산물 저장에는 −18℃ 이하의 냉동 저장이 이용된다. 수산물을 냉동하면 −1~−2℃에서 근육 중의 자유수가 얼기 시작하고 −5℃에서는 자유수가 대부분 동결하여 빙결정이 성장하기 시작한다. 이 온도대를 최대 빙결정 생성대라고 부른다. 냉동속도가 늦어완만동결 최대 빙결정 생성대를 통과하는 시간이 길면 얼음 결정은 크게 형성되어 조직에 손상을 주어 품질이 저하되기에 급속 냉동하는 것이 선호된다. 냉동방법은 표 9−2와 같다.

표 9−2 | 냉동방법

분류	방법
공기냉동법	−25~−30℃의 정지한 공기 중에서 냉동하는 방법이다. 동결속도가 느리기 때문에 많이 이용되지 않는다.
송풍냉동법(air blast)	−35℃의 냉풍을 보내어 냉동하는 방법으로 제일 많이 이용한다.
접촉냉동법 (contact freezing)	냉매 혹은 냉각한 농후 식염수(brine)가 흐르는 금속판 위에 수산물을 놓아서 냉동하는 방법으로 냉동속도가 빠르다.
침지냉동법	−16℃ 정도의 식염수에 어패류를 침지하여 냉동하는 방법으로 참치, 가다랑어 등의 선상 냉동처리에 이용한다.
액화가스냉동법	액체질소 등을 이용하는 냉동법으로 새우, 가리비 등의 개별 급속냉동식품(IQF) 및 조리냉동식품의 냉동 등에 이용한다.

3) 냉동 저장 중의 품질변화

(1) 중량 감소

냉동 저장 중에 표면의 얼음이 승화하기 때문에 표면부터 건조가 진행되고 효소에 노출되어 지질이 산화되고 갈변이 발생되는 냉동소동결소, freezer burn가 발생하게 되는데, 글레이징glazing 및 진공포장은 이들의 변화를 억제하는 효과가 있다.

(2) 단백질의 변성

근육단백질은 냉동 저장 중에도 서서히 변성냉동변성하기 때문에 불용화 등에 따라 식감에 영향을 끼치게 된다. 특히, 대구, 명태의 근육은 냉동 저장 후 해동하면 스펀지sponge화하기 쉽다.

(3) 지질의 변화

냉동 저장 중에 라이페이스lipase의 작용에 따라 지질로부터 유리지방산이 생성된다. 또 불포화지방산은 자동산화를 받아 불쾌취 및 산패를 일으킨다.

(4) 색소의 변화

참치, 가다랑어의 근육색소인 미오글로빈myoglobin은 냉동 저장 중에 산화되어 갈색의 메트미오글로빈metmyoglobin으로 변화하는데, −35℃ 이하에서는 억제된다. 냉동새우는 아미노산amino acid 중의 하나인 타이로신tyrosine이 폴리페놀옥시데이스polyphenoloxidase의 작용으로 멜라닌melanin으로 전환되어 흑변을 일으킨다.

❼ 연제품

1) 제조원리

백색어육에 소량의 식염을 가하고 고기갈이하여 얻은 연육meat paste을 가열하면 불가역적으로 겔화되는 제품을 연제품이라 한다.

어육을 그대로 또는 단순히 고기갈이하여 가열하면 다량의 드립drip이 발생되고 육이 응고될 뿐 탄력 있는 겔gel로는 되지 않는다.

어육단백질은 어육에 식염을 넣어 갈면 졸 형태의 고기풀이 되는데, 이것은 섬유상의 거대분자로서 풀처럼 극히 높은 점성을 지닌 염용성 단백질인 액토미오신actomyosin이 소금용액에 녹으면서 서로 엉기고 교차결합을 하면서 분산하므로 점성이 높은 망상구조를 형성한다. 그대로 저온 또는 상온에서 일정시간 동안 방치하면 어육단백질의 독특한 성질로서 세팅setting 현상이 발생하는데, 이는 트랜스글루타미네이스transglutaminase에 의한 공유결합의 증가 때문에 일어나며 가열 시에 젤의 탄력을 증가시키는 역할을 한다.

연제품의 겔 형성 기구는 ① 고기갈이에 의한 염용성 근원섬유의 붕괴와 액토미오신의 용출, ② 가열에 의한 액토미오신 분자 간의 가교결합 형성에 의한 망상구조, ③ 망상구조 내의 수분보유로 탄력이 있는 겔 형성 등이다.

2) 원료 특성

원료로서는 겔화했을 때에 탄력과 부드러운 찰기가 있는 어류가 제품화에 적용성이 우수하다. 조기, 녹새치 등은 탄력이 강한 어묵을 만드는 대표적인 어종이고, 반대로 정어리, 고등어, 방어 등은 탄력이 약한 어묵을 만드는 어종이며 기름 함유량이 적은 어류가 제품 가공 특성이 우수하다.

명태는 비교적 어획량이 많은 어종이지만 냉동 저장 시에는 찰기가 약해져서 연제품의 원료로 부적당하다. 이와 같은 단점을 보완하기 위해 명태 어획 후 단시간 내에 세척 후 솔비톨, 자당 등의 당류를 3~5% 첨가하여 갈아서 냉동해 두면 찰기가 유지되

표 9-3 | 수산연제품에 사용되는 주요 원료 어종

구분	방법
널리 사용되는 어종	명태, 보구치, 참조기, 매퉁이
비교적 널리 사용되는 어종	동갈민어, 갯장어, 양태, 달강어, 눈동미리칼치, 쥐치, 가자미, 도미, 대구, 뱅어, 꼬치고기
사용범위가 좁은 어종	날치, 도다리, 넙치, 벤자리, 청새치, 만새기, 고등어, 정어리, 꽁치, 전갱이, 인염수어, 게르치, 노랑촉수, 상어

는데, 이를 고기풀surimi이라고 하며 연제품 원료로서 저장 및 가공에 많이 이용된다.

3) 제조공정

채육 → 수세 및 탈수 → 고기갈이 → 탄력보강 → 성형 → 가열 → 냉각 → 포장의 과정을 거친다.

- 채육 : 어체를 처리하여 채육
- 수세 및 탈수 : 백색육을 쓰는 이유는 적색육보다 근육의 사후변화가 완만하게 진행되고 pH도 천천히 낮아지기 때문이다. 만약 적색육을 쓸 경우에는 pH 조정을 위해 수세할 때 중탄산나트륨을 첨가한 물로 수세하면 탄력 형성에 도움이 된다.
- 식염, 조미료 및 부원료를 가하여 고기갈이 : 2~3%의 소금을 넣고 고기갈이하여 육의 단백질을 용출시키는 단계로 고기갈이를 하는 동안에 공기가 많이 섞여 들어가면 가열공정에서 팽창하여 제품의 조직이나 탄력을 떨어뜨리게 된다. 이것을 방지하기 위해 일반적으로 감압250mmHg 정도하에서 고기갈이를 한다. 또한 고기갈이 중 단백질의 변성 및 연육의 겔화를 방지하기 위해서는 사일런트 커터silent cutter 등을 냉각시키든가 또는 냉각식 고기갈이기를 사용하기도 하며 물 대신에 얼음을 넣어서 연육의 온도상승을 억제한다. 일반적으로 고기갈이한 연육의 온도는 10℃ 이하를 유지하는 것이 탄력이 있는 젤을 형성할 수 있다.

- 탄력보강 : 연육을 성형하여 자연응고setting 후 가열하면 탄력이 강한 제품을 얻을 수 있기에 명태 고기풀의 경우는 30℃에서 2~3시간, 10℃ 이하에서는 하룻밤 정도 방치하면 탄력이 증가한다.
- 성형 : 일정한 모양으로 성형한다.
- 가열하여 겔화 : 가열은 육단백질을 변성 및 응고시켜 탄력 있는 겔을 형성시키기 위함이다. 일반적으로 고기갈이를 마친 연육은 가열온도가 높을수록 탄력이 강한 제품이 되지만 판붙이 어묵은 너무 급속히 가열하면 오히려 육조직이 연화되어 탄력이 떨어지게 된다.
- 냉각 및 포장 : 냉각하여 포장하는 공정이다.

표 9-4 | 연제품의 종류와 가열방법

가열방법	가열온도	제품 종류	내용
찌기(증자법)	80~100℃	판붙이 어묵	수증기로 온도를 유지시킨 찜통에서 가열한다.
삶기(탕자법)	80~95℃	마어묵, 어육소시지	가열한 물에서 삶는 법이다.
굽기(배소법)	100~180℃	부들어묵	숯불, 가스, 전열 등에 의해 화로나 철판에서 가열한다.
튀기기(튀김법)	170~200℃	튀김어묵	식용유에 튀긴다.
전극법			신기술로서 전기를 이용하여 가열한다.

8 젓갈

젓갈이란 어패류의 육, 내장, 생식소 등의 원료를 부패시키지 않고 숙성시킬 수 있는 20% 전후의 식염 농도로 염장하여 자가소화효소 및 미생물의 작용에 의하여 분해 및 숙성시켜 독특한 맛을 내게 한 것이다. 주로 직접 식용으로 이용될 뿐만 아니라, 김치 등의 조미료로 많이 이용되고 있다. 가다랑어, 오징어, 성게, 게, 해삼 등을 이용하며 숙성 시 원료, 온도, pH, 식염 농도에 의해 영향을 받는다.

젓갈은 발효기술과 숙성 기간, 첨가재료에 따라 젓갈류, 식해류 그리고 액젓으로 구분한다.

1) 젓갈류

소금으로 염장하여 발효시킨 것으로, 식염만 첨가하여 발효시키는 새우젓, 조개젓, 갈치속젓, 멸치젓 등이 있으며, 소금으로 발효시킨 후 고춧가루, 마늘, 생강, 깨, 파 등을 첨가하거나 소금과 함께 양념을 첨가해 발효시킨 양념젓갈류에는 명란젓, 창란젓, 오징어젓, 꼴뚜기젓, 아가미젓, 어리굴젓 등이 이에 속한다.

2) 식해류

곡류를 혼합해 발효시키는 것으로 쌀, 엿기름, 조 등의 곡류가 발효재료로 사용되며 여기에 고춧가루, 무채와 같은 부재료를 혼합하여 발효시킨다. 가자미식해, 명태식해 등이 이에 속한다.

3) 액젓류

젓갈류와 제조법은 동일하지만 기존의 젓갈이 2~3개월 숙성·발효시켜서 원료가 완전히 분해되지 않은 상태에서 식용하는 것과는 달리 액젓류는 6~24개월 이상의 장시간 발효숙성 기간에 의해 제조된다.

대표적인 젓갈인 멸치젓은 남해안지방에서 많이 가공하며 가공방법으로는 멸치를 씻어 물기를 제거한 것을 용기에 소금20~25%과 멸치를 번갈아 넣어 절인다. 절인 것을 소금이 고르게 침투하도록 휘저어 준 후 밀봉하여 그늘에서 2~3개월 정도 발효 및 숙성시킨다. 종류로는 춘젓은 봄에 담근 것, 추젓은 가을에 담근 것으로 추젓이 춘젓보다 맛이 좋다. 생젓국은 멸치젓을 오랫동안 발효숙성시켜서 고인 윗물만을 모은 것이다. 멸장은 생젓국을 뜬 나머지에 소금, 물 등을 가하여 달인 후 거른 것이다.

고등어 통조림의 제조

1. 제조 이론

통조림은 탈기 밀봉에 의해서 공기의 유통을 차단하여 미생물의 침입을 방지하고 가열에 의해 용기 내 미생물을 자멸시킴으로써 식품 변패를 막아 장기 저장이 가능하도록 한 것이다.

2. 재료 및 기기

① 재료 : 고등어, 소금

② 기구 : 조리대, 세척기, 어체절단기, 염지탱크, 저울, 탈기함, 밀봉기, 레토르트, 냉각통

3. 원료

신선하고 지방이 풍부한 것을 얼음을 충분히 섞고 냉장실에 저장하면서 사용한다. 사용 전에는 냉수로 해동하고 지나친 해동은 피하는 것이 좋다. 어체의 크기, 선도, 상처의 유무에 따라 선별한다. 선별한 원료의 지느러미 및 머리를 절단 제거하고 어체 중심에서 머리 방향으로 복부를 횡으로 1.5cm 정도의 두께로 벗겨 자른 뒤 내장을 제거한다.

4. 실험방법

① 세척 : 원료처리가 끝난 것은 어체 표면이나 복강 내부에 남아 있는 오물을 완전히 씻어낸다.

② 절단 : 세척이 끝난 어체는 통조림 관의 크기에 맞춰 피시 커터(fish cutter) 등으로 일정하게 절단한다.

③ 소금 절임 : 고등어육에는 수용성 단백질이 많으므로 가열할 때 커드(curd)가 생성되기 쉽다. 커드를 방지하기 위해서는 혈액 제거 작업 시 온도 10℃ 이하, 염도 10~15%의 식염수에 20~30분간 담가 단백질을 용출시킨다. 선도가 떨어질 염려가 있는 경우에는 혈액 제거 작업을 하지 않고 직접 소금 절임을 한다.

④ 공관세척 : 공관세척은 공관 내부의 오물을 제거하고 유착(adhesion)을 방지한다.

⑤ 식염 첨가(살재임)와 평량 : 물을 뺀 어육은 1단으로 살재임하는데, 4호관 기준 살재임량은 440~450g 정도이다.

⑥ 탈기 : 평량이 끝난 것을 가밀봉하고 100℃에서 12~14분간 탈기한다. 고등어 통조림의 진공도는 수평형관이 12.7~17.8cmHg, 수직형관은 25.4cmHg 이상이다.

⑦ 조미액주입 : 3% 식염수와 조미액을 70~80℃로 끓여서 주입한다.

⑧ 밀봉 : 탈기 마친 것을 자동 2중 권체기로 밀봉한다.

⑨ 살균 : 밀봉된 통조림을 살균조작을 20분 내에 고압살균기(retort)에서 115℃ 90분간 가열살균하며, 배기시간 15분의 조건으로 실시한다.

⑩ 냉각 : 살균이 끝난 통조림은 냉각탱크에서 관 중심온도가 38℃ 이하가 되도록 냉각 및 건조시킨 후 상자에 포장한다.

5. 실험 순서

원료 → 살재임 → 세척 → 절단 → 혈액 제거 → 소금 절임 → 공관세척 → 식염 첨가 → 평량 → 털기 → 조미액 주입 → 밀봉 → 살균 → 냉각 및 포장

Chapter

10

과채류

1. 과채류의 특성
2. 과채류의 생리적 특성
3. 과채류의 종류
4. 과채류 가공품

Chapter 10

과채류는 사전적인 의미로는 식용으로 하는 열매를 얻기 위하여 재배하는 채소의 총칭으로 흔히 생리적 특성이 유사한 과일류와 채소류를 통틀어 일컫는 말로 사용되고 있다. 과채류는 다른 농산물에 비해 비교적 수분함량이 높고 단백질과 지질 함량이 적으며 많은 성분이 탄수화물로 구성되어 있다. 따라서 과일이나 채소류는 비타민과 무기질 및 식이섬유소dietary fiber의 좋은 급원이다. 채소는 배추, 양배추, 쑥갓 등 잎을 식용하는 엽채류와 무, 순무, 당근, 우엉 등 주로 뿌리를 식용하는 근채류로 구분한다. 과채류는 열매를 식용하는 것으로 오이, 호박, 가지, 고추, 토마토, 참외가 있으며 경채류는 줄기를 식용하는 것으로 연근, 양파, 셀러리가 대표적이다.

❶ 과채류의 특성

과일과 채소는 유기산과 당분을 적절한 비율로 함유하고 있어 기호식품의 성격을 강하게 지니고 있다. 최근 건강에 대한 관심 증가와 기능성물질 함유로 인하여 부식용 식품에서 주식용 식품으로의 변화 움직임이 있을 정도로 소비가 늘고 있다. 과일이나 채소류는 수확 후에도 호흡, 증산, 생장 등의 생리활성이 지속되므로 각별한 저장 및 관리를 필요로 한다. 또한 기후나 재배환경 등의 영향을 받아 가격 변동이 심하게 발생하는 작물이기도 하다.

❷ 과채류의 생리적 특성

1) 호흡작용

과채류는 수확 후에도 생존을 위해 혐기적 또는 호기적 대사작용이 지속적으로 이루어진다. 이때 저장된 저장탄수화물을 영양분으로 이용하며 호기적인 상태에서는 저장된 포도당을 탄산가스와 물로, 혐기적 상태에서는 에탄올을 생성하게 된다. 이 과정에서 호흡열이 발생하는데, 이는 과채류의 저장이나 수송과정에서 품온상승의 원인이 되기도 한다. 과채류의 호흡은 온도에 가장 민감하며 과채류마다 호흡량이 다르다. 일반적으로 표면적이 크고 중량이 가벼운 것은 호흡량이 크고 온도가 높을수록 호흡량이 증가하는 것으로 알려져 있다. 따라서 냉해를 받기 쉬운 과채류가 아닌 경우에는 냉장 저장하는 것이 일반적이다. 저온장애chilling injury는 습도가 낮은 경우에 발생하기 쉬우며 95% 이상의 습도에서는 잘 발생하지 않는다.

2) 증산작용

증산작용은 저장 중 발생하는 수분손실로 이로 인하여 과채류는 중량감소와 선도 저하가 나타나게 된다. 덜 익은 상태의 미숙 과일의 경우 잘 익은 과일인 적숙 과일에 비해 증산량이 크며 온도가 증가할수록 증산량 또한 증가한다. 증산작용은 온도, 습도, 풍속, 기압, 손상 정도, 포장상태 등에 영향을 받는다. 증산작용에 가장 큰 영향을 미치는 것은 과채류와 주변 환경과의 습도차로 증산작용을 억제하기 위해서는 온도를 낮춰 표면에서의 수증기압을 작게 하고 습도를 높여 저장하는 게 바람직하다.

3) 후숙작용

수확 후 과채류의 조직이 연화되거나 색이 변한다거나 향미가 발생하는 등의 생리적 현상이 발생하는데, 이를 후숙이라고 한다. 이러한 후숙현상의 원인물질은 식물체 내에서 성장 호르몬의 역할을 하는 에틸렌ethylene이다. 이 에틸렌가스의 농도를 적절히 이용하게 되면 과일의 숙성을 조절할 수 있다. 또한 과채류의 후숙작용은 저장고의 온도와 가스 조성에 영향을 받는다. 대개 과채류의 숙성을 촉진하기 위한 에틸렌가스의 농도는 1~100ppm이며 이때 산소의 농도를 증가시키면 후숙은 촉진된다. 바나나는 30℃, 배와 토마토의 경우는 20~25℃에서 후숙이 가장 촉진된다고 한다.

4) 휴면

과채류가 좋지 않은 환경 조건하에 놓여 있을 때 생리작용을 일시적으로 멈춘 상태를 유지하는데, 이를 휴면이라 한다. 휴면에는 자발적 휴면과 강제적 휴면 두 종류가 있는데, 전자의 경우 생활주기 중 일정 기간에 나타나는 것이며 후자의 경우는 환경적으로 영향을 받아 일어나는 휴면으로 설명할 수 있다. 후자의 경우 CAControlled Atmosphere 저장법을 이용하여 과채류의 휴면 상태를 만들기도 한다. 휴면에 대한 메커니즘은 아직까지 확실히 밝혀진 바는 없으나 아브시스산abscisic acid은 휴면을 촉진하고 지베렐린gibberellin은 휴면을 깨는 대표물질로 알려진 바 있다.

3 과채류의 종류

1) 과일의 종류

과일은 주로 과육이 발달된 형태에 따라 분류한다. 과일의 종류는 전 세계적으로 2,800여 종이 존재하는데, 이 중 300여 종이 재배되고 있다. 표 10-1은 과일의 종류 및 특징을 정리한 것이다.

표 10-1 | 과일의 종류 및 특징

분류	특징	종류
핵과류	씨방이 성장 발달하여 과일의 중간에 딱딱한 핵 층이 있음	대추, 매실, 복숭아, 살구, 앵두, 자두 등
장과류	중과피와 내과피로 구성되고 그 속에 즙이 많은 육질로 구성되어 있음	딸기, 망고, 무화과, 바나나, 파인애플, 포도, 키위 등
인과류	꽃받침이 발달하여 성장한 것으로 꼭지와 배꼽이 서로 반대편에 있음	감, 귤, 배, 사과, 오렌지, 자몽 등
열대과일류	열대나 아열대지역에 분포하는 과일로 생산지의 기후 특성에 따라 실온 보관해야 함	바나나, 파인애플, 아보카도, 키위 등
과채류	1년생 채소에 씨방이 발달하여 열매를 맺는 것	토마토, 참외, 수박 등
견과류	과육이 단단한 껍질에 싸여 있음	땅콩, 밤, 아몬드, 잣, 피스타치오, 헤즐넛, 호두 등

2) 채소류의 종류

채소류의 식용 부위는 뿌리, 줄기, 잎, 꽃, 열매 등이며 그 종류에 따라 일부 또는 전체를 사용하기도 한다. 채소류는 식용하는 부위에 따라 잎을 이용하는 엽채류, 뿌리의 싹 또는 잎을 이용하는 경채류, 뿌리를 이용하는 근채류, 알뿌리를 이용하는 구근류, 열매를 이용하는 과채류 및 꽃 부분을 식용으로 하는 화채류 등으로 분류한다.

표 10-2 | 채소류의 종류

분류	종류
엽채류	갓, 근대, 머위, 무청, 미나리, 배추, 상추, 셀러리, 시금치, 쑥갓, 양배추
경채류	두릅, 마늘종, 부추, 셀러리, 아스파라거스, 염교, 죽순, 참나리, 파
근채류	당근, 래디시, 무, 비트, 생강, 순무, 연근, 우엉, 토란
구근류	마늘, 샬롯, 양파
과채류	가지, 고추, 동아, 박, 오이, 월과, 피망, 토마토, 호박
화채류	브로콜리, 아티초크, 양하, 콜리플라워

4 과채류 가공품

1) 박고지

박고지는 박의 열매를 가늘고 길게 잘라 건조한 것이다. 맑은 날 날이 밝기 전에 수확한 박을 두께 약 3cm 정도로 둥글게 자르고 박 내부의 내용물은 제거한다. 이것을 대패와 같은 기구를 이용하여 얇게 자른 다음 2등분 하여 장대에 걸어 하루 동안 햇볕에 말린다. 다시 반나절 동안 말려 충분히 건조한 후 제품화한다. 제품이 습기를 가지고 있으면 곰팡이가 생기고 색이 흑갈색이 되어 품질이 나빠지므로 습기를 방지하는 것이 중요하다.

2) 곤약

곤약은 토란류에 속하는 곤약 줄기덩어리로 주성분은 글루코만난glucomannan이다. 글루코만난은 가수분해하면 글루코스 1에 대해 마노스 2의 배합이 되는 다당류로 물에 담그면 점도가 높아지고 여기에 석회수를 넣어 가열하면 응고되어 반투명의 탄력이 있는 덩어리가 된다. 수확 후 겨울 동안에는 흙속 또는 굴속에 저장해 두고 잘라서 말린다. 건조는 10일 정도 걸리는데, 건조 후 거칠게 분쇄한다. 수율은 약 17~20% 정도이다. 곤약의 작업은 주로 겨울에 하는데, 겨울에 작업을 하는 이유는 곰팡이가 생기기 어렵기 때문이다. 거칠게 분쇄한 것을 절구에 넣고 찧는데, 절구는 매우 깊은 것을 사용한다. 이 과정에서 글루코만난을 많이 함유하는 단단하고 무거운 입자와 전분질을 많이 함유하는 부분으로 구분된다. 후자의 가벼운 입자를 비분이라고 하며, 가벼워서 약한 물리력을 통해서도 공기 중으로 날아갈 수 있으므로 제거한다. 절구 안에 남아 있는 분말은 곤약 정제분말이라고 하며 거칠게 분쇄한 가루를 기준으로 수율이 55~65% 정도가 된다. 곤약 제조 시 원료는 이 정제분말과 석회가 되며 정제분말 2.5kg과 석회 0.2kg으로 곤약 약 120kg을 만들어 낼 수 있다. 즉, 40~45배 중량이 되는 것이다. 만드는 방법은 30℃ 정도의 물 60L를 교반해가면서 곤약정제분말 2.5kg을 넣어 용해시킨다. 1~1.5시간 정도 지나면 점성질이 나와 풀상태가 된다. 그 다음 한 번에 80℃의 물 12L씩을 5회에 걸쳐 넣어가며 교반을 계속한다. 이 과정이 끝났을 때의 온도는 60℃ 정도, 여기에 석회 200g 내외를 4L의 물에 녹인 것을 넣어 혼합해가며 교반을 멈추고 틀에 넣어 한 시간 정도 두면 굳는다. 틀 안에서 충분히 굳어지면 적당한 크기로 잘라 따뜻한 석회수를 넣은 탱크 안에서 10시간 이상 보관하면 탄력 있는 제품이 된다. 첨가하는 석회의 양이 너무 많으면 제품이 탄력이 없고 너무 적으면 딱딱해진다.

지금까지는 정제 곤약분말을 원료로 한 경우를 설명한 것인데, 곤약열매로 직접 만드는 경우도 있다. 이 경우는 우선 열매를 씻어 잎을 제거하고 크기가 큰 것은 적당하게 잘라 찐다. 젓가락을 찔러보아 쑥 들어갈 정도가 되면 페이스트paste 상태로 으깬다. 그 다음은 위에서 설명한 것과 같은 과정이다. 이렇게 만든 곤약의 경우 껍질이 다소 남아 있기 때문에 검은 반점이 있고 전체적인 색도 검기 때문에 흑곤약이라고 한다. 곤약을 실 형태로 만드는 것도 있는데, 이 경우 배수를 20~25배 정도로 하고 냉수를 사용하며 으깨어 풀 상태로 만든 것에 적당량의 석회를 첨가하여 기계를 이용하여 실형태로 뽑아낸다.

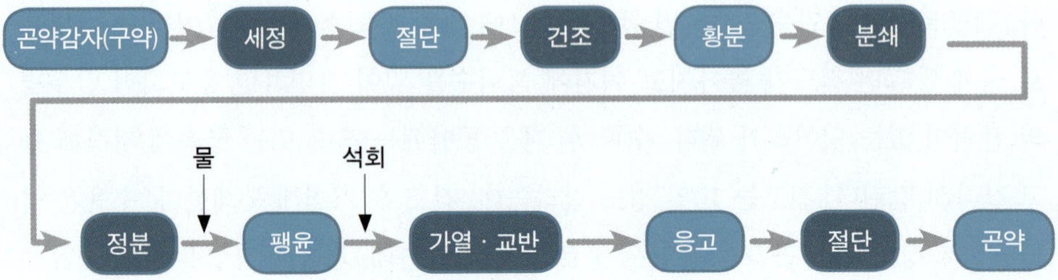

그림 10-1 | **곤약 제조공정도**

3) 토마토 퓨레와 토마토케첩

토마토를 체로 걸러 약 1/2 정도까지 농축한 것을 토마토 퓨레tomato puree라고 하고무염가용성 고형분이 24% 미만의 것을 말하며 24% 이상의 경우 토마토 페이스트라고 한다 토마토 퓨레에 각종 조미료, 향신료를 첨가하여 다시 농축한 것을 토마토 케첩tomato ketchup이라고 한다.

원료로는 빨갛게 완숙된 토마토를 사용한다. 토마토의 빨간색은 주로 라이코펜lycopene이라고 하는 카로티노이드 색소에서 유래한다. 토마토에 청색이클로로필에서 유래 남아 있으면 가열 중에 갈변하므로 보통 그 부분을 제거한다. 원료 토마토를 뜨거운 물에 담그거나 찐 다음 크러셔crusher, 펄퍼pulper라고 하는 기계에 넣어 씨와 껍질을 제거한다. 이렇게 원료를 가온하여 분쇄하는 것은 펙틴과 고무질을 용출시켜 점도를 증가시킴으로써 과즙, 과육의 분리를 막기 위해서이다. 다음으로 이것을 약 반 정도까지 증발, 농축시켜 피니셔finisher에 넣어 체에 거르면 토마토 퓨레가 된다. 농축 정도는 비중으로 판단하는 경우가 많다. 토마토 퓨레의 비중은 1.040 20℃ 이상으로 되어 있다. 지금까지 일본 토마토 퓨레의 색은 외국제품의 것에 비해 연했으나 원료의 품질과 농축 시 진공을 채택하는 등 개선되어가고 있다. 퓨레에 첨가되는 조미료, 향신료의 종류, 수량에 따른 첨가량의 예는 다음과 같다. 퓨레 360L에 조미료로 식초 43.2L, 식염 12.8kg, 설탕 56.2kg, 또 향신료로서 양파 다진 것 11.2kg,

마늘 100g, 고추 88g, 육계 625g, 육두구 88g, 파프리카 900g, 정향 375g, 올스파이스 375g을 첨가하고 다시 농축하여 전고형분을 약 30%로 한다. 인공착색료를 첨가하는 경우도 있다. 제품은 뜨거운 상태에서 병에 담아 포장하고 병에 담은 후 보통 살균은 하지 않는다. 그밖에 토마토 제품으로서 토마토주스, 토마토 페이스트 등이 있다.

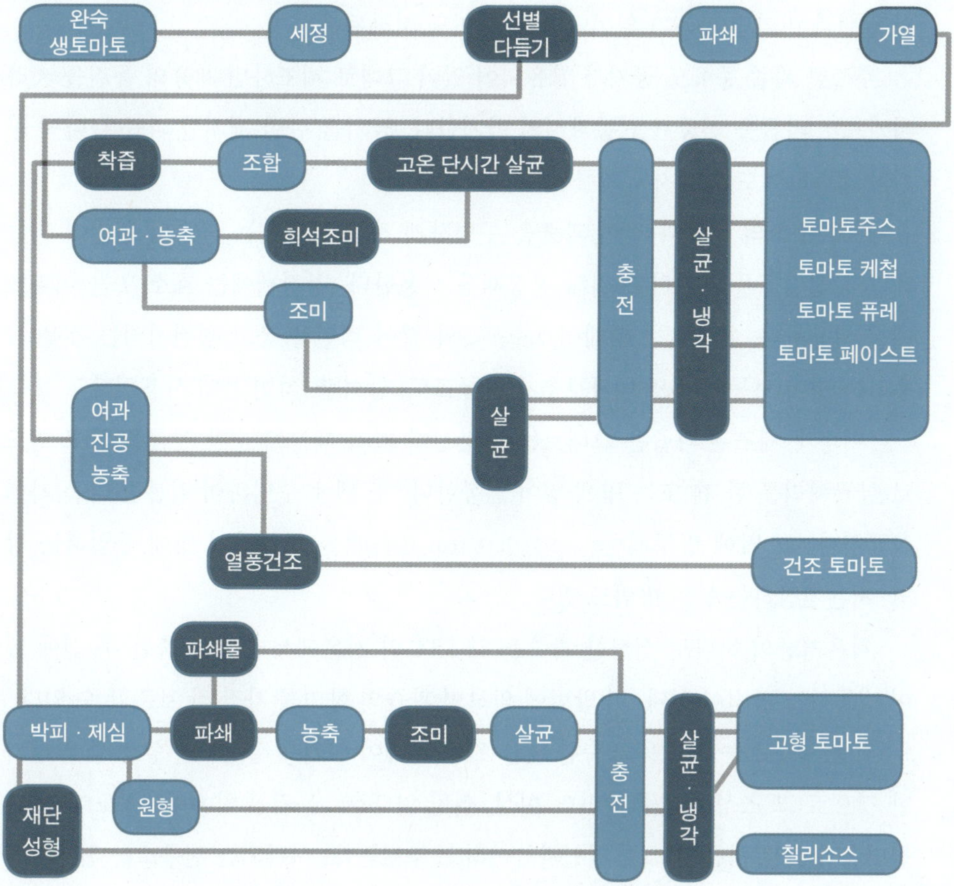

그림 10-2 | **토마토 가공품 제조공정도**

4) 주스

주스juice의 원료로는 색, 향이 좋은 신선한 과실을 이용한다. 과실을 세척 후 파쇄, 압착하여 착즙한다. 과실을 세척하는 것은 이물질과 미생물을 제거하여 제품을 살균하기 쉽게 하고 저장성 및 품질을 좋게 하기 위해서이다. 압착은 신속하게 또 공기와의 접촉을 피할 필요가 있는데, 공기와 접촉하게 되면 산화효소에 의해 과즙의 갈변과 비타민 파괴가 일어나며 또 풍미도 저하된다.

추출한 과즙 중에도 공기가 함유되어 있어 그대로 제조하면 제품의 품질을 저하시키므로 과즙을 진공관을 통과시켜 탈기한다. 공기를 한번 제거한 과즙은 다시 공기와 접촉하여도 그다지 공기를 흡수하지 않는다.

사과 주스의 경우와 같이 과즙을 투명하게 하는 경우에는 혼탁의 원인이 되는 펙틴과 점질물을 제거하기 위해 청징제를 사용한다. 청징제에는 효소 또는 여과조제를 사용한다. 효소로는 펙테이스pectase와 같이 펙틴을 응고 침전시키는 것을 사용하는 것이 보통이며 또 여과보조제는 규조토, 활성탄, 석면 등이 사용된다.

이렇게 제조된 과즙은 그대로는 저장성이 없기 때문에 순간 살균을 하고 별도로 살균처리를 한 캔 또는 병에 넣어 밀봉한다. 또 캔에 주입하여 밀봉한 다음 가열 살균한다. 그 밖에 방부제주로 안식향산나트륨이 사용된다를 첨가하여 병에 주입하는 방법, 저온저장하는 등의 방법도 있다.

저온저장의 하나로 신선한 과즙을 약 13℃의 저온에서 증발 농축한 후 캔에 넣어 냉동하는 방법이 있다. 이 방법에 의하면 과즙의 향미를 가장 잘 보존할 수 있다.

보통 병주스는 과즙을 농축한 것을 원료로 하여 여기에 설탕, 산, 향료 등을 첨가한 것으로 그 조성은 과즙이 10% 이상, 설탕 약 12%, 유기산 약 0.4% 정도이다. 과실만을 원료로 하는 주스를 천연과즙이라고 부르는데, 시판되는 캔주스는 천연과즙에 가깝다.

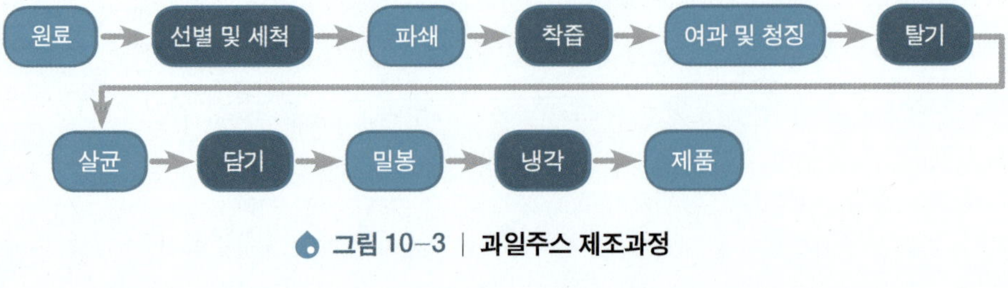

그림 10-3 | 과일주스 제조과정

주스의 원료과실로는 귤, 토마토, 포도, 사과, 파인애플 등이 사용된다. 귤과 토마토주스에는 펄프가 함유되어 이것이 현탁된 상태가 바람직하고 포도주스는 펄프를 함유하지 않지만 청징하지 않은 상태가 보통이다. 사과주스는 청징한 상태로 만들 필요가 있지만 그렇지 않은 경우도 있다. 넥타nectar는 과육음료라고 하는데, 이것은 완숙과실의 가식부분을 분쇄, 걸러낸 퓨레에 물, 당, 산 등을 첨가하여 조미한 것으로 점조성이 있고 불용성 고형분을 20% 함유하고 있다.

5) 잼

과실을 파쇄하여 걸러내고 여기에 설탕을 첨가하여 가열, 농축한 대표적인 삼투압 공정가공품을 잼jam이라고 한다. 잼의 원료로는 사과, 딸기, 살구, 무화과, 포도, 귤이 있다. 잼이 젤리 상태가 되는 것은 펙틴, 산, 설탕의 공동작용에 의한 것이다. 세 가지 중 어느 것이 부족하여도 응고젤리화가 잘 되지 않는다. 보통 잼의 당분은 60~65%, pH는 3.4~3.8 정도이다. 당함량이 적으면 묽어질 뿐 아니라 곰팡이와 효모에 의한 변질이 쉽다. pH가 너무 낮을 경우는 잼으로부터 수분 분리현상이 나타나 잼의 품질 저하의 원인이 되므로 주의하여야 한다. 설탕의 일부분을 대신하여 결정 포도당, 물엿 등이 이용되는 경우가 있다. 결정 포도당은 사용하는 설탕의 20~25% 정도 사용하면 오히려 잼의 품질을 좋게 한다고도 알려져 있다. 일반적인 잼의 표준비율은 펙틴 1.0~1.5%, 산 3.4~3.8, 당은 60~65%일 때 최적이다. 잼의 농축은 젤리화 정도를 판단하여 결정하게 되는데, 젤리화를 결정하는 방법은 227쪽의 Box 내용과 같다.

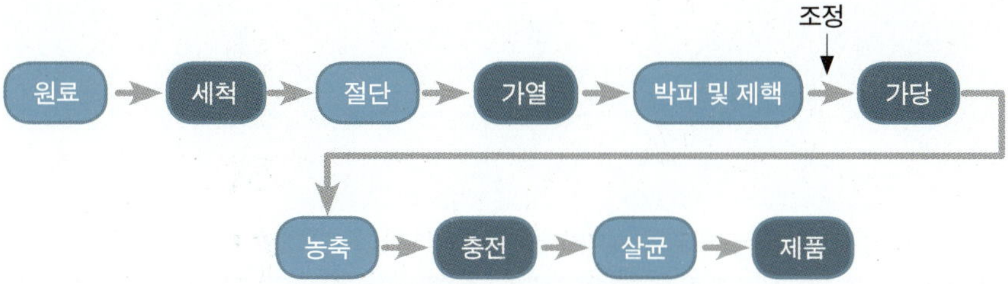

그림 10-4 | 잼의 제조공정도

6) 젤리 · 마멀레이드

과즙에 펙틴, 설탕을 첨가하여 끓인 것이 젤리jelly이다. 젤리는 잼과 달리 과실의 펄프가 함유되어 있지 않으며 마멀레이드marmalade는 과피 조각이 들어 있는 젤리이다. 마멀레이드의 쓴맛은 이러한 과피에 함유되어 있는 나린진naringin 등에 의한 것인데, 쓴맛이 너무 강할 경우 제조하면서 미리 과피를 열수처리하여 쓴맛의 일부를 제거하거나 나린기네이스naringinase라고 하는 나린진을 분해하는 효소가 사용되는 경우도 있다.

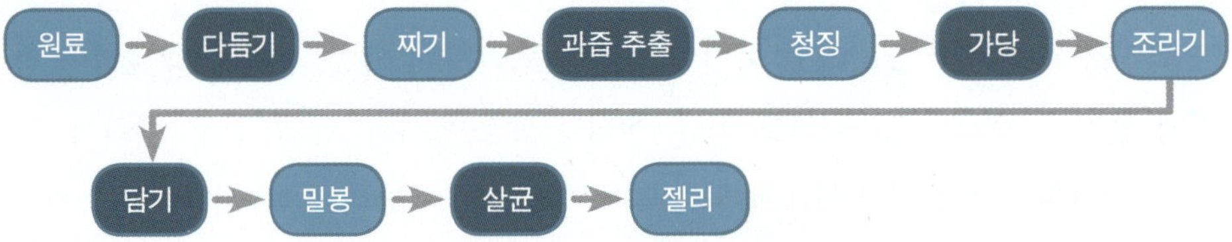

그림 10-5 | **젤리의 제조공정도**

젤리포인트 결정방법

• **컵법(cup test)**

농축된 시료를 꺼내어 냉각시킨 후 찬물을 넣은 컵 속에 떨어뜨렸을 때 농축액이 밑바닥까지 흩어지지 않고 가라앉으면 충분히 조려진 것으로 간주할 수 있으나, 도중에 흩어지면 아직 덜 조려진 것이므로 더 조려야 한다.

• **스푼법(spoon test)**

농축액을 나무주걱으로 떠내어 주걱을 기울이면 흘러내리는데, 이때 충분히 조려진 것은 점도가 높기 때문에 잘 흘러내리지 않지만 불충분한 것은 주루룩 흘러내린다. 따라서 농축액을 주걱으로 떠올렸을 때 잘 흘러내리지 않는 상태를 젤리포인트로 간주한다.

• **온도계법**

비등점(boiling point)은 용액 중의 용질의 농도가 짙을수록 높아지는 특징을 갖는다. 65~70% 설탕액의 비등점에 해당하는 104~105℃에 이르면 젤리화가 끝난 것으로 간주한다.

• **당도계법**

굴절당도계는 대개 과일의 당도를 측정할 때 사용하는 기구이다. 당도계의 수치가 60~65 °Brix가 될 때를 젤리포인트로 판단하는 방법으로 가열 시 측정한 당도는 온도에 따라 차이가 있지만 상온에서보다 약 2°Brix 정도 낮은 값을 형성함을 참고하여야 한다.

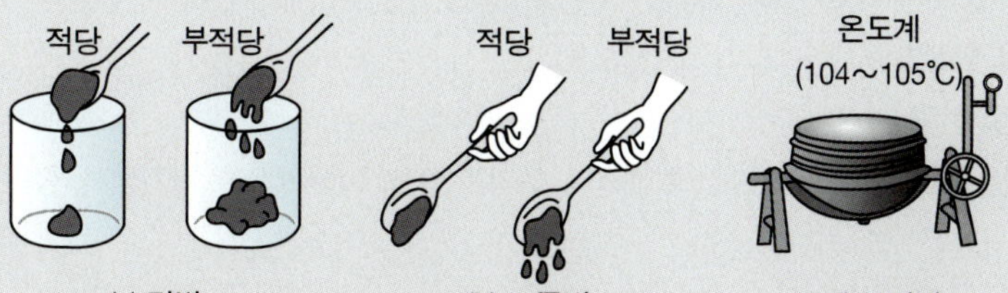

(a) 컵법 (b) 스푼법 (c) 온도계법

젤리포인트 판정방법

CHAPTER 10 과채류

실험 experiment

펙틴 정량법

1. 간이법

(1) 재료 및 기구

과실, 95% 에틸알코올, 거즈, 시험관, 시험관대, 비커, 강판

(2) 실험방법

① 과실을 강판에 간 다음 거즈로 걸러서 맑은 과즙을 만든다.

② 과즙 10mL를 시험관에 넣은 다음 같은 양의 에틸알코올을 넣어서 잘 혼합한다.

③ 과즙 중의 펙틴이 알코올에 의해 침전되는 상태를 관찰한 다음 표와 비교하여 가당량을 결정한다.

펙틴함량의 판정기준과 가당방법

알코올에 의한 침전 상태	판정	가당방법	가당량
과즙의 대부분이 젤리 상태로 응고되거나 큰 덩어리가 된다.	많다.	소량	과즙의 1/2~2/3배
침전물이 시험관 위쪽에 뜨거나 여러 개의 작은 덩어리를 형성한다.	보통	보통	과즙과 동량
침전이 적거나 없다.	적다.	펙틴 첨가	펙틴 첨가

2. 알코올 침전법

(1) 재료 및 기구

과실, 유발, 비커, 시계접시, 메스플라스크, 여과지, 95% 에틸알코올, 사기접시, 항온건조기, 전기로

(2) 실험방법

① 과실을 유발에서 잘 마쇄하여 150g을 1L의 비커에 취한다.

② 물 50mL를 가하여 시계접시로 덮고 1시간 정도 중간 세기의 불로 끓인다.

③ 메스플라스크에 옮기고 물을 가하여 다시 1L로 해서 잘 흔들어 여과한다.

④ 이것을 냉각하고 95% 에틸알코올 200mL를 잘 흔들면서 조용히 가하여 펙틴을 침전시킨다.

⑤ 펙틴은 에틸알코올에 녹지 않고 흰색 솜모양의 침전을 만들게 되므로 이 침전이 생기는 상태를 보아서 판정한다.

⑥ 충분히 침전시킨 후에 미리 건조시켜 무게를 측정해둔 여과지(직경 10cm가량)로 여과한다.

⑦ 그 침전물을 95% 에탄올로 씻은 다음 온수로 다시 침전물을 완전히 씻어서 사기접시에 옮긴다.

⑧ 수욕(water bath)상에서 건조하고 다시 100℃의 항온건조기에서 건조시킨 다음 무게를 재는데, 이것을 조펙틴(crude pectin)이라 한다.

⑨ 이 조펙틴을 전기로에서 태워 회분의 양을 구한 다음 조펙틴량에서 회분량을 빼면 펙틴량이 된다.

Chapter 11

제과류

1. 제과류의 영역
2. 비스킷
3. 스낵
4. 초콜릿
5. 캔디

Chapter 11

❶ 제과류의 영역

현대 식품 가공에서 제과류는 매우 큰 시장을 차지하고 있다. 우리나라에서도 연 매출 1조 원 이상을 달성하는 제과회사가 몇몇 있다는 것은 제과시장의 규모를 가늠케 하는 일이다. 제과류라 하면 흔히 과자류만을 생각하는 경우가 있으나, 대부분의 제과회사는 스낵과 비스킷류뿐만 아니라 초콜릿과 캔디류, 껌류와 빙과류 등을 생산하는 경우가 많다. 그래서 본 장에서는 제과회사가 생산하는 제과류를 비스킷, 스낵, 초콜릿과 캔디로 나누어 각각에 대해 설명하도록 하겠다.

현재 〈식품공전〉의 분류체계에 의한 정의를 보면 과자류는 '곡분 등 식물성 원료를 주원료로 하여 굽기, 팽화, 유탕 등의 공정을 거친 것이거나 이에 식품 또는 식품첨가물을 가한 것으로 비스킷, 웨이퍼, 쿠키, 크래커, 한과류, 스낵과자 등을 말한다'로 정의되어 있다. 초콜릿의 경우는 '코코아 가공품류 또는 초콜릿류라 함은 테오브로마 카카오Theobroma cacao의 열매로부터 얻은 코코아매스, 코코아버터, 코코아분말 등이거나 이에 식품 또는 식품첨가물을 가하여 가공한 초콜릿, 스위트초콜릿, 밀크초콜릿, 패밀리밀크초콜릿, 화이트초콜릿, 준초콜릿, 초콜릿 가공품을 말한다'로 정의하고 있다. 마지막으로 캔디는 '식물성 원료나 당류, 당알코올, 앙금 등을 주원료로 하여 이에 식품 또는 식품첨가물을 가하여 성형 등 가공한 것으로 사탕, 캐러멜, 양갱, 젤리 등을 말한다'로 정의하고 있다. 참고로 제과회사에서 주로 생산하는 껌은 '천연 또는 합성수지 등을 주원료로 한 껌베이스에 다른 식품 또는 식품첨가물을 가하여 가공한 것을 말한다'로 정의되어 있다.

이렇듯 제과류는 우리가 흔히 접하고 있지만 각각의 분류를 꼼꼼히 보면 매우 복잡하고 다양한 제품군을 가지고 있는 것을 확인할 수 있다.

② 비스킷

1) 기원

비스킷은 bis-coctus두번 굽는다에서 유래한 것으로 가장 간단한 형태는 기원전 4000년경 고대 이집트에서 밀가루와 물을 단순히 혼합시킨 것으로 알려져 있다. 이후 불을 피우기 어려운 목조 선박을 항해하던 선원들의 빵을 한 번 더 구워 수분을 거의 없애 저장성을 증가시킨 완전 고체상태의 'sea biscuit'이 제조되었다. 그러나 오늘날에는 제조업자들의 노력과 새로운 기술 및 공정의 개발로 다양한 형태의 고급 비스킷 제품들이 생산되고 있다. 현재 북미, 유럽의 선진국에서는 맛과 향이 풍부하고 조직이 부드러운 비스킷이 대량 생산되고 있으며, 우리나라도 이들 비스킷의 생산과 판매가 증가하였다. 아프리카, 중동과 중국에서도 비스킷 산업은 크게 성장 중이다.

2) 밀가루 반죽의 팽창방법

제과제품을 만들기 위해서 반죽을 할 경우 다양한 방법을 통해 반죽을 팽창시킨다. 만약 팽창을 시키지 않고 빵이나 과자를 만들면 납작한 모양에 질긴 조직감을 갖게 된다. 빵과 과자에 적당한 양의 기체 발생을 통해 반죽을 팽창시켜 적당한 부피와 다공질의 조직을 만들면 색, 조직감, 외관이 더 좋아지게 된다. 이를 위해 다양한 팽창제들이 반죽에 사용된다.

팽창제에는 효모yeast를 이용하는 생리적 또는 생물학적 팽창제biological leavening agent와 베이킹파우더나 식소다를 이용하는 화학적 팽창제chemical leavening agent가 존재한다. 사용하는 팽창제의 종류에 따라 발생하는 팽창기체의 종류 역시 공기, 수증기, 이산화탄소, 에탄올기체와 암모니아기체로 다양하다. 팽창제에 의해 여러 종류의 팽창기체가 만들어져 풍미가 증가하며, 만들어지는 팽창기체의 종류에 따라 다른 느낌의 풍미가 만들어진다.

팽창기체 중 이산화탄소는 가장 흔하게 만들어지는 팽창기체이다. 효모발효와 베이킹파우더인 중탄산염에 의해 발생한다. 암모니아기체는 중탄산암모늄이라 불리는 NH_4HCO_3가 분해하며 이산화탄소와 함께 만들어진다. 그 외에 공기는 휘핑이나 크림 형성creaming과정을 통해 들어가게 되며, 수증기는 반죽 속에 존재하는 수분이 오븐에 굽는 과정 중 수증기가 되어 나가면서 팽창을 돕는다.

그림 11-1은 위에서 설명한 팽창제와 팽창기체의 반응식을 간단히 나타낸 것이다.

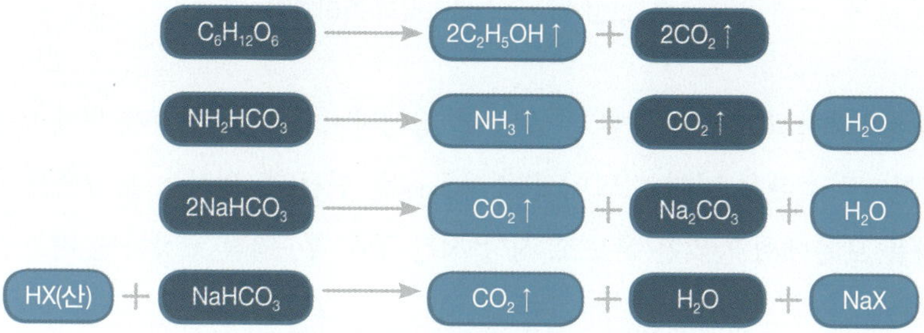

그림 11-1 | 평창제별 팽창 기체 형성과정

3) 비스킷의 조리과정

비스킷은 밀가루, 지방, 설탕 등을 반죽하여 구워낸 제품으로 수분함량이 4% 미만이며 미생물 생육이 어려워 6개월 이상 저장이 가능하다. 반죽 후 성형하는 방식에 따라 모양, 크기 등을 달리하여 다양한 성형이 가능하고, 반죽과정 중에 색과 향을 첨가하여 다양하게 만들 수 있다. 비상식량과 간식으로 사용이 가능하다.

비스킷은 반죽 배합에 따라 하드 반죽hard dough 비스킷과 소프트 반죽soft dough 비스킷, 배터batter 비스킷으로 나눌 수 있다. 하드 반죽 비스킷은 중력분 이상의 밀가루를 사용하며, 설탕과 유지의 함량을 낮게 하고, 반죽 중 충분히 글루텐을 형성하여 바삭하고 단백한 느낌을 주는 비스킷이다. 하드 반죽 비스킷에는 세미 스위트semi sweet 비스킷과 크래커가 있다. 소프트 반죽 비스킷은 글루텐이 적은 박력분을 사용하며, 설탕과 유지의 첨가량이 많아 글루텐이 약하게 형성된다. 시중에 판매되는 쿠키와 파이류가 여기에 속한다. 배터 비스킷은 유지 첨가량이 많아 반죽 자체가 흐를 정도의 물성을 갖는다. 케이크와 웨하스가 여기에 속한다. 일반적으로 반죽이 강도가 높은 것을 컷아웃쿠키cut out cookies : 절단형 쿠키라 하고, 반죽의 강도가 낮은 것을 백아웃쿠키bagged out cookies : 짜는 형태의 쿠키라 한다. 이 분류는 반죽에 따른 성형방법의 차이에 의한 것이다. 성형방법에 따른 다른 분류법은 다시 설명하겠다. 비스킷의 조리과정을 살펴보면 그림 11-2와 같다.

그림 11-2 | 비스킷의 조리과정

원료를 개량하고 배합 반죽한 후, 글루텐 형성과 CO_2 가스 생성을 위해 일정시간 발효를 한다. 그 다음 밀대로 밀어 반죽판sheet을 만들고, 원하는 모양으로 성형을 한다. 다음 오븐에서 알맞은 온도로 적당 시간 구운 후, 냉각 포장하면 비스킷이 만들어진다.

성형과정에서 하드 반죽 비스킷은 틀로 찍어 내는 스탬핑stamping 성형방법을 사용하지만, 소프트 반죽 비스킷은 반죽이 부드러워 틀로 찍어 내지 못하므로 반죽을 떨어뜨려 모양을 만드는 데포지트deposit 방식으로 성형을 한다.

4) 분류

(1) 배합비에 의한 분류

① 하드 반죽 비스킷

제과제품이지만 밀가루를 중력분 이상의 단백질을 함유한 밀가루를 사용하며 설탕, 유지의 함량을 비교적 적게 사용한다. 배합 시 글루텐을 충분히 형성시키기 위해 장시간 반죽하여 조직감이 딱딱하고 맛은 담백하며 표면에 광택과 바늘구멍이 있다.

이를 세미 스위트 비스킷과 크래커류로 분류할 수 있다.

| 세미 스위트 비스킷

이 종류의 비스킷은 설탕과 유지의 함량을 최소로 하고 반죽과정을 충분히 하여 밀가루 속의 글루텐이 잘 생성되도록 한다. 글루텐 생성을 최대한으로 하기 위해 반

죽기 속에서 반죽시간을 충분히 시켜야 하는 것이 이 비스킷의 특징이다. 시중에 유통되는 제품 중 다이제스티브, 산도와 같은 느낌의 비스킷을 생각하면 쉽게 세미 스위트 비스킷의 느낌을 이해할 수 있다.

그림 11-3 | **세미 스위트 비스킷**

| 크래커

지방함량이 10~20% 정도이고 설탕은 거의 쓰지 않으며 반죽수분은 20~30% 정도의 비스킷을 말한다. 반죽기에서 반죽하기 전에 효모에 의한 반죽의 발효를 충분히 해야 맛과 향을 어느 정도 느낄 수 있는 비스킷으로, 제조하는 데 시간이 오래 걸린다. 크래커의 종류로는 크림 크래커cream cracker, 소다 크래커soda cracker, 스낵 크래커snack cracker 등이 있다.

- 크림 크래커 : 아일랜드에서 처음 소개되었으며 상대적으로 짧은 발효시간 4~20시간을 갖는다. 크래커의 래미네이션lamination 과정 중 레이어layer 사이에 유지와 밀가루를 분무하여 따로 소금을 위에 뿌리거나 유지를 뿌리지 않는 플

크림 크래커 　 소다 크래커 　 스낵 크래커

그림 11-4 | **크래커의 종류**

레이키flaky한 조직을 만들 수 있다.

- 소다 크래커 : 미국에서 소개 발전된 것으로 솔틴 크래커saltine cracker라고 한다. 효모에 의한 반죽시간이 길어 24시간 이상 발효를 한다. 소다를 이용하여 반죽의 pH를 알칼리로 유도하여 바삭하고 플레이키한 조직을 갖는다.
- 스낵 크래커 : 화학 크래커Chemical cracker라고도 하며 중탄산나트륨이나 중탄산암모늄 등의 화학적 팽창제를 이용하여 단시간 부풀린 것으로 구운 후 조미 기름을 표면에 처리하고 건조시킨다.

② 소프트 반죽 비스킷

주로 박력분을 사용하고 유지, 설탕의 배합량이 많으며 반죽시간을 최소화하여 글루텐 형성을 억제시켰기 때문에 부드럽다. 단맛이 강하여 스위트 비스킷sweet biscuit이라고도 하며 대표적으로 쿠키와 파이류가 있다.

| 쿠키

쿠키는 반죽 속에 설탕과 유지의 함량이 높아 반죽의 유동성이 높다. 쿠키의 종류는 쿠키를 성형하는 방식의 차이에 따라 로터리rotary, 와이어 컷wire cut, 루트 프레스rout press형으로 나눈다. 로터리형 쿠키의 경우 설탕 20%, 유지 20%, 물 10% 정도의 레시피로 반죽을 하고, 와이어 컷형의 경우는 설탕 50~75%, 유지 50~60%, 달걀 최대 15%까지 반죽에 사용된다. 쿠키의 품질은 쿠키의 외형적 크기와 조직감으로 평가한다. 쿠키의 크기는 쿠키의 폭과 높이로 결정되며 이것은 굽기 공정 중 반죽의 퍼짐성spreadability에 의해 좌우된다. 그러나 로터리형 쿠키는 굽기 공정에서 퍼짐성이 없다.

| 파이

파이는 영국에서 유래된 크러스트 위에 호두, 사과, 감자 등을 얹거나 크러스트 안에 재료를 넣어 먹는 넓적한 형태의 빵을 지칭한다.

③ 배터 비스킷

배터 비스킷batter biscuits은 반죽이 흐를 정도로 기계 반죽기로 혼합mixing 시 물이나 달걀 투입량이 많다. 케이크 및 웨하스류가 여기에 속한다.

| 케이크

쿠키와 마찬가지로 설탕의 배합 비율이 높은 제품이나 수분함량이 높은 점이 쿠키와 다르다. 따라서 굽기 공정에서 케이크는 전분의 호화에 의하여 일정한 형태로 고정되나 쿠키는 전분의 호화가 일어나지 않으므로 구조가 무너지게 된다. 케이크는 그 구조가 가벼운 것이 특징이며, 이러한 성질은 혼합 중 공기의 유입에 기인한다.

| 웨하스

한 쌍의 가열된 금속판 사이에 반죽을 떨어뜨린 후 굽기 공정을 거친 다공정의 넓은 판 형태의 과자이다. 별도로 준비한 크림, 캐러멜, 마시멜로 등을 샌드위치형으로 만드는 것이 가장 일반적이다. 전체적으로 조직은 바삭crispy하다.

(2) 성형방법에 의한 분류

성형방법에 따라 비스킷의 모양 및 조직, 향기가 달라진다. 그렇기 때문에 성형방법은 매우 중요하다.

① 스태핑 커팅

스태핑 커팅stamping cutting은 반죽을 성형공정laminating을 거쳐 면대sheet를 만든 후 성형 틀을 압착하는 방법으로 성형하는 것이다. 주로 하드 도우hard dough 비스킷의 성형에 쓰이나 소프트 도우soft dough의 경우 연결부분, 표면에 무늬, 테두리가 부채꼴 모양이 아닐 때 사용한다. 일반적으로 만두피를 만드는 성형법을 생각하면 된다.

② 회전 성형기

회전 성형기rotary moulding는 일정한 형태와 크기의 각각의 성형틀mould이 부착된 원통형의 성형기가 회전하면서 원하는 형태를 성형하는 방법이다. 이 방법에 사용되는 반죽은 성형기에서 부서짐이 없이 완전한 상태로 추출될 수 있을 만큼 반죽이 강해야 한다.

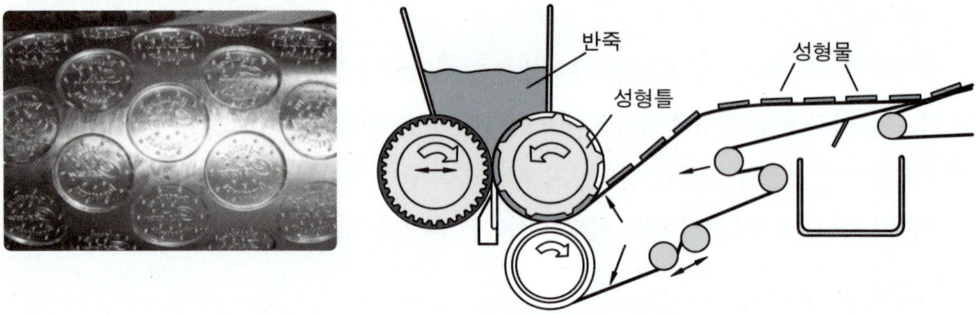

그림 11-5 | 회전 성형기(rotary mould)의 구조

③ 로터리 커팅

로터리 커팅rotary cutting방법은 반죽을 패턴pattern, 타입type, 도커 핀docker pin을 모두 가지고 있는 롤러roller의 아래를 먼저 통과시킨 후 커팅 셸cutting shell을 가지고 있는 두 번째 롤러 아래를 통과시킨다. 커팅 셸을 균일하게 하기 위해서는 도커 핀과 커팅 셸의 위치선정을 정확히 해야 한다.

④ 와이어 커팅

비스킷은 다이스dies나 구멍으로 반죽을 눌러 나오게 하여 성형을 한다. 비스킷의 모양은 압출되는 성형틀에 의해 결정된다. 반죽은 압출된 후 팽팽한 와이어의 왕복운동에 의해 일정한 두께로 절단되고 아래로 떨어진다. 와이어 커팅wire cutting 방법에 의해 성형한 비스킷의 표면은 거칠고 평평하지 않으며 수작업hand made 형태라고 볼 수 있다. 분쇄된 견과류나 굵고 거친 코코넛 등 굵은 원재료를 배합에 혼합하는 것이 가능하다.

⑤ 루트 프레싱

호퍼hopper에 투입된 반죽은 두 쌍의 홈이 있는 롤러를 통해 다이스에 밀어넣어진다. 비스킷의 종단면 모양은 다이스에 의해 결정되며 성형된 반죽은 운반 벨트 아래로 밀려나와 절단 헤드head 아래를 지나면서 필요한 길이로 절단된다. 루트 프레싱route pressing은 와이어 커팅과 유사한 방법이나 다이스 형태가 더 정교하고 작으므로 거친 원재료가 배합에 혼입된 것에는 사용하지 않는다.

⑥ 데포지팅

데포지팅depositing은 데포지터depositer로 배터batter 반죽을 일정량씩 오븐 밴드 oven band 위에 떨어뜨린다. 따라서 비스킷의 두께나 직경을 조절하기가 힘들다.

3 스낵

1) 스낵의 정의 및 특징

스낵이란 간단히 표현한다면 '가벼운 식사' 등을 뜻하는 것으로 하루 세 끼의 주식 이외에 가볍게 먹을 수 있는 식품은 모두 스낵의 범주에 들어갈 수 있다. 일반적으로 쓰이는 스낵의 개념은 위에 부담을 주지 않고, 간편하게 증숙, 건조, 팽화의 공정에 의한 바삭바삭한 조직성을 가지며, 다양한 조미seasoning를 통해 복합적인 맛과 풍미를 가진 것을 말한다.

스낵제품의 특징은 다음과 같다.

- 전분의 호화도가 높기 때문에 소화가 용이하며 위에 부담을 주지 않는다.
- 씹을 때 부드럽고 경쾌하다.
- 감칠맛savory taste을 주므로 많이 먹을 수 있다.
- 맛내기에 정해진 것이 없고 다양한 맛을 주기가 쉽다.
- 광범위한 수요층을 대상으로 간식, 조식, 술안주, 음료와의 병용식 등도 가능하다.
- 패션성이 있는 제품 형상, 포장 형태, 디자인이 있고 어떠한 곳에서도 가벼운 기분으로 먹을 수 있는 제품이다.

배합 → 압연 → 절단 → 숙성 → 튀김 → 조미 → 포장

그림 11-6 | 스낵류의 일반적 제조공정

2) 분류

(1) 사용 원료에 의한 분류

사용 원료에 따라 소맥스낵, 콘스낵, 감자스낵, 미과류, 견과류로 구분할 수 있다.

① 소맥스낵

밀가루소맥분를 주원료로 한 제품으로 우리나라 스낵제품 중 60% 이상을 차지하고 있다. 소맥스낵은 일본에서 처음 개발된 제품으로 쌀과자米菓의 제조공정을 응용하여 만들어졌으며 동양적인 스낵이라고 할 수 있다. 또한 밀가루의 담백한 맛 때문에 다른 원료들과의 맛 조화가 잘 이루어져 다양한 제품을 만들어 낼 수 있다.

② 콘스낵

옥수수가루옥분를 주원료로 한 제품으로 우리나라 스낵제품의 약 20%를 차지하고 있다. 압출성형기extruder에 의해 제조 가공되고 있으며, 최근 트윈 압출성형기twin extruder와 같은 압출성형기의 개발로 앞으로 더 다양한 제품이 나올 것으로 기대된다. 콘스낵은 옥수수 특유의 강한 맛이 있기 때문에 옥수수의 맛과 잘 조화될 수 있는 부원료 및 향미원료를 서로 맞추는 것이 중요하다.

③ 감자스낵

감자를 주원료로 한 스낵제품으로 포테이토칩이 대표적이다. 미국이나 유럽 등에서는 큰 시장을 이루고 있으나 국내 스낵 시장은 5~10% 정도이다. 감자의 경우 계속 국제 가격이 오르고 있고, 국내 시장 여건이 성숙되지 못했지만 앞으로 그 규모가 더욱 커질 것으로 예상된다.

④ 미과류

쌀을 주원료로 한 제품으로 일본에서는 매우 큰 시장을 가지고 있다. 우리나라에서는 주원료인 쌀의 공급가격 문제로 인해 제품개발에 제약이 있었으나, 최근 중국과 동남아시아에서 가공용 쌀의 수입이 이루어지고 있어 성장을 하고 있다. 최근에는 중국에서 주문자생산OEM 방식으로 제조되어 수입되는 제품도 있다.

⑤ 견과류

땅콩, 아몬드, 캐슈넛, 마카다미아너트 등을 주원료로 한 스낵제품으로 시중에서 땅콩 표면에 커피당액을 묻힌 제품 같은 것들이 있다.

(2) 제조공정에 의한 분류

제조공정에 따라 압연 성형 스낵, 압출 성형 스낵, 감자칩, 미과스낵, 콘칩으로 나눌 수 있다.

① 압연 성형 스낵

압연 성형 스낵rolling snack은 소맥분, 옥분, 전분 등을 주원료로 혼합하여 반죽을 만들어 롤러roller에서 면대sheet를 뽑아 원하는 형태로 절단하여 생지를 만든 후 이 생지를 일정한 수분까지 건조시켜 볶거나 기름에 튀겨 팽창시킨 제품이다. 국내 스낵의 제품 중 오래전에 만들어진 스낵제품은 대부분이 이에 속한다. 압연 성형 스낵은 다음의 3가지 타입이 있다.

- 배치 드라잉batch drying type : 믹서에서 원료를 증기로 호화시키고 롤러roller와 절단기forming cutter로 성형한 후 건조기에서 장시간 건조 및 숙성한다. 이후 유탕frying 및 파칭parching에 의한 팽화를 시키는 공정으로 제조한다.
- 컨티뉴어스 드라잉continuous drying : 호화에서 건조까지 연속공정으로 제조한다.
- 더블 롤링double rolling, 입체스낵 : 압연공정의 롤러가 2세트로 구성되어 2종의 면대sheet를 겹쳐 입체 형태의 스낵을 제조할 수 있다.

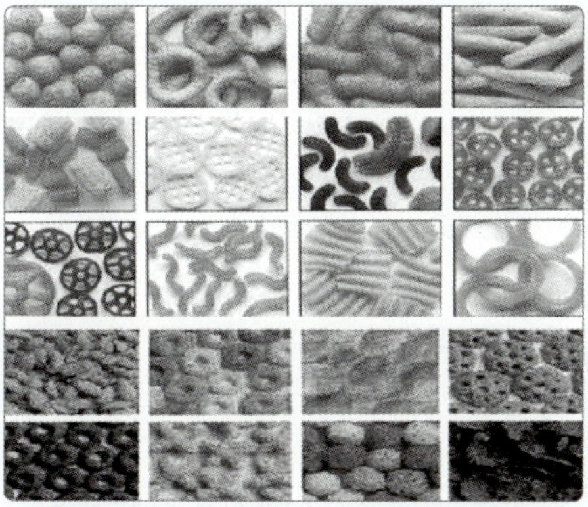

그림 11-7 | 여러 가지 모양의 스낵용 펠릿

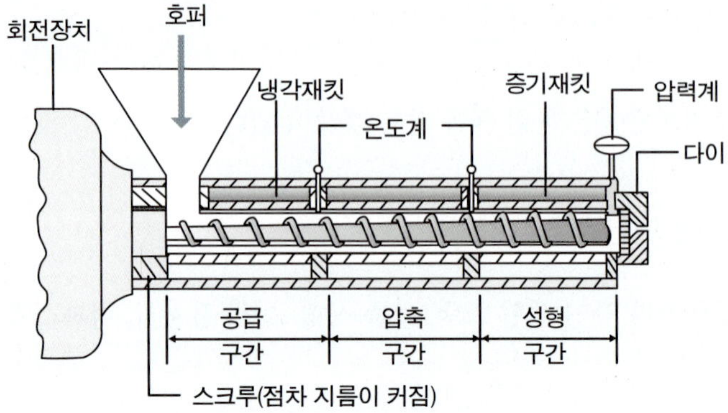

그림 11-8 | 단일 압출기

② 압출 성형 스낵

압출 성형 스낵extruder snack은 압출 성형기를 통해 혼합, 압출, 팽화, 성형시킨 제품으로 압출성형기에서 여러 공정이 순간적으로 이루어진다. 비교적 공정이 간단하고 복잡한 형태로 쉽게 가공할 수 있기 때문에 소비자 욕구의 다양화, 개성화에 따라 계속 발전할 것으로 예상된다.

압출 성형 스낵에는 2가지 타입이 있다.

- 다이렉트 퍼핑direct puffing : 원료를 압출기extruder에 투입하여 바로 호화 및 팽화를 시키는 공정으로 제조하는 스낵
- 쿠킹 & 포밍cooking & forming : 호화와 제품 성형을 압출 성형기에서 동시에 한 후 장시간의 건조 및 숙성공정을 거쳐 펠릿pellet을 만든다. 그 후 유탕에 의해 팽화를 시키는 공정으로 제품을 최종 제조한다.

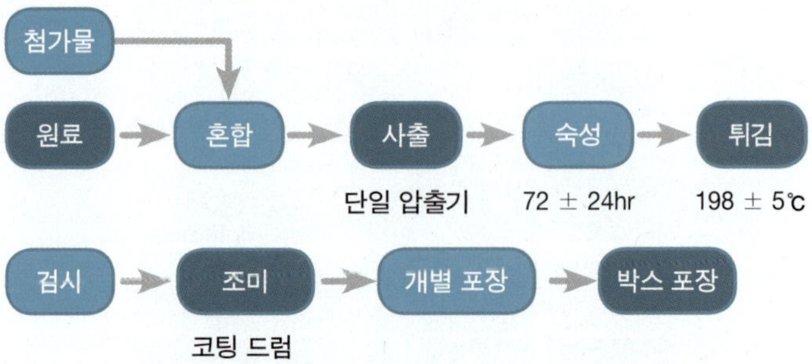

그림 11-9 | 시중 콘칩의 제조공정

③ 감자칩

감자칩potato chip 중 천연감자칩은 생감자를 원료로 탈피, 수세, 절단 후 바로 기름에 튀겨 맛을 부여한 제품이다. 이에 반해 성형 감자칩은 감자가루를 이용하여 반죽, 압연, 튀긴 후 맛을 내는 것이다. 감자칩은 미국의 대표적인 스낵이다.

4 초콜릿

1) 기원과 정의

초콜릿의 주원료인 코코아는 카카오나무 열매Theobroma cacao로부터 얻어진다. 카카오나무는 고온다습한 열대 아마존 밀림지역이 원산지로서 반음지 식물에 속한다. 실제로 야생 카카오나무는 멕시코에서 페루에 이르는 넓은 지역에 분포되어 있다.

고대 마야 문명이나 멕시코의 아즈텍 문명에서는 유럽에 카카오가 소개되기 훨씬 이전부터 카카오나무를 재배하였다. 마야와 아즈텍의 왕실에서는 카카오를 볶은 후 갈아서 옥수수, 물, 향신료를 첨가하여 만든 식품을 규칙적으로 먹었으며, 특히 결혼 예식이나 기타 신성한 예식을 올릴 때에도 음용하였다. 아즈텍 사람들은 코코아가 영양이 많고 최음효과가 있다고 믿었으며, 이는 후에 스웨덴의 식물학자인 린네가 카카오나무의 학명을 테오브로마 카카오로 짓게 하는 원인이 되었다. 테오브로마 카카오는 라틴어로 'food of the gods'라는 말이며 이는 '신을 위한 음식'이라는 의미이다.

그 후 콜럼버스가 아메리카 대륙을 발견하고 카카오 빈을 최초로 유럽에 가져갔으며 그의 동료 돈 코르테스Don Cortes가 초콜릿의 상업적 가치를 인식하고 제조방법 및 카카오 빈을 스페인에 소개하였다. 그 당시의 스페인 사람들은 단 것을 좋아하였기에 단맛을 첨가한 초콜릿 드링크가 생기게 되었다.

초콜릿 드링크는 이탈리아, 네덜란드, 프랑스 및 영국으로 전파되었으며 최초의 초콜릿 공장이 영국에서 프라이J. S. Fry에 의하여 1728년에 설립되었다.

이후 중남미에서만 재배되던 코코아는 네덜란드 사람에 의해 필리핀, 인도네시아 등으로 재배지가 확산되었으며 그 후, 서부 아프리카로 전파되어 생산되게 되었다.

1828년 네덜란드의 반 호텐Van Houten은 카카오를 압착하여 지방을 추출하여 카카오 버터를 만들었고 이 제조기술은 각국으로 전파되었다. 그 후 카카오 버터의 지방 성질을 이용하여 성형판에 초콜릿을 입히는 것이 가능하게 되면서 다크초콜릿이 만들어졌다. 이보다 훨씬 뒤인 1876년 스위스의 다니엘 피터스Daniel peters가 밀크초콜릿을 만들어 냈다.

2) 분류

(1) 성분 배합에 따른 분류

초콜릿류는 코코아 원료의 함량에 따라 다양하게 나누어진다. 〈식품공전〉2015년 현재에 의하면 총 7종류의 초콜릿으로 구분되어 있다.

① 초콜릿

코코아 원료에 식품 또는 식품 첨가물 등을 가하여 가공한 것으로 코코아 고형분 35% 이상코코아 버터 18% 이상, 무지방 코코아 고형분 14% 이상인 것을 말한다. 흔히 우리가 다크 초콜릿이라고 말하는 것이 여기에 포함된다.

② 스위트초콜릿

코코아 원료에 식품 또는 식품첨가물 등을 가하여 가공한 것으로 코코아 고형분 함량 30% 이상코코아 버터 18% 이상, 무지방 코코아 고형분 12% 이상인 것을 말한다.

③ 밀크초콜릿

코코아 원료에 식품 또는 식품첨가물 등을 가하여 가공한 것으로 코코아 고형분을 25% 이상무지방 코코아 고형분 2.5% 이상 함유하고 유고형분이 12% 이상유지방 2.5% 이상인 것을 말한다. 시중에 유통되는 대부분의 초콜릿이 바로 밀크초콜릿에 포함된다.

④ 패밀리밀크초콜릿

코코아 원료에 식품 또는 식품첨가물 등을 가하여 가공한 것으로 코코아 고형분을 20% 이상무지방 코코아 고형분 2.5% 이상 함유하고, 유고형분이 20% 이상유지방 5% 이상인 것을 말한다.

⑤ 화이트초콜릿

코코아 원료에 식품 또는 식품첨가물 등을 가하여 가공한 것으로 코코아 버터를 20% 이상 함유하고, 유고형분이 14% 이상유지방 2.5% 이상인 것을 말한다.

⑥ 준초콜릿

코코아 고형분에 식품 또는 식품첨가물 등을 가하여 가공한 것으로 코코아 고형분 함량이 7% 이상인 것을 말한다.

⑦ 초콜릿가공품

견과류, 캔디류, 비스킷류 등 식용 가능한 식품에 ①~⑥의 초콜릿류를 혼합, 코팅, 충전 등의 방법으로 가공한 것을 말한다.

(2) 성형방법에 따른 분류

① 몰딩 초콜릿

몰딩 초콜릿moulding chocolate, 판초콜릿은 시중에 흔히 접하는 초콜릿이다. 일정한 틀에 부어 굳힌 형태의 초콜릿으로 초콜릿만 굳힌 플레인 초콜릿plain chocolate, 속에 다양한 부재료를 넣은 충전 초콜릿filled chocolate과 달걀 모양 등 다양한 모양으로 가공하는 홀로 피겨hollow figure 등이 있다.

② 언로빙 초콜릿

언로빙 초콜릿enrobing chocolate은 초콜릿을 이용하여 비스킷류의 표면을 둘러싼 형태의 초콜릿을 말한다. 둘러싼 정도에 따라 모두 둘러싼 홀 엔로빙whole enrobing 초콜릿과 바닥만 둘러싼 보터밍bottoming enrobing 초콜릿으로 구분할 수 있다.

그림 11-10 | 엔로빙 초콜릿

③ 코팅 초콜릿

코팅 초콜릿coating chocolate은 엔로빙 초콜릿과 비슷한 개념이나 아이스크림, 견과류, 캔디류, 과일과 채소류 등을 얇게 둘러싼 초콜릿을 말한다.

그림 11-11 | 코팅 초콜릿

④ 데포지트(드롭) 초콜릿

그림 11-12 | 데포지트 초콜릿

데포지트(드롭) 초콜릿deposit(drop) chocolate은 초콜릿 반죽액을 위에서 떨어뜨리는 방법으로 성형하는 초콜릿이다. 일반적으로 시중에 유통되는 '키세스'제품이 여기에 포함된다. 초콜릿 반죽액의 점성이 있기 때문에 물방울 모양으로 성형되는 특징이 있다. 바닥에 떨어질 때 밑부분은 편평하게 가공된다. '키세스'제품의 경우 속에 견과류를 넣는데, 데포지트 가공을 감안하면 상당히 어려운 가공 기술이다.

⑤ 압출 성형 초콜릿

압출 성형 초콜릿extruded chocolate은 압출 성형기를 이용하여 가공한 초콜릿이다. 압출 성형기의 입구 모양에 따라 평면 모양이 결정되며, 절단 주기에 따라 길이가 결정된다.

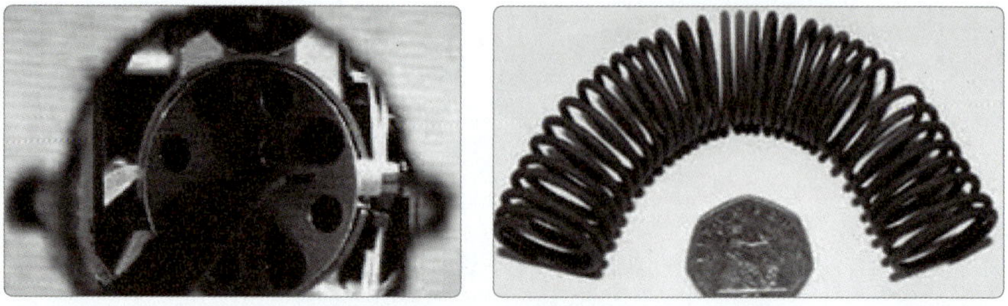

그림 11-13 | 압출 성형 초콜릿

⑥ 태블릿

태블릿tablet(lentils)은 최근 건강식품으로 널리 알려진 인도의 렌틸콩처럼 생긴 초콜릿을 말한다. 일반적으로 틀에 넣고 찍어서 만드는데, 렌즈 모양으로 조그마하게 생긴 초콜릿이다. 시중에서 초콜릿이나 캔디류로 자주 접하는 제품이다.

그림 11-14 | **태블릿 초콜릿**

3) 제조공정도

초콜릿 중 가장 기본이 되는 몰딩 초콜릿판초콜릿의 제조공정은 그림 11-15와 같다. 초콜릿의 각 공정을 거치면서 다양한 변화를 거치게 되는데, 이 중 초콜릿에 들어가는 각 재료들을 아주 작은 사이즈로 부수고, 사이즈를 서로 비슷하게 만들어 섞임성을 좋게 하는 공정과 유지의 동질 이상현상을 이용하여 β형의 안정한 형태로 만들어 주는 것이 가장 핵심적인 제조공정이다.

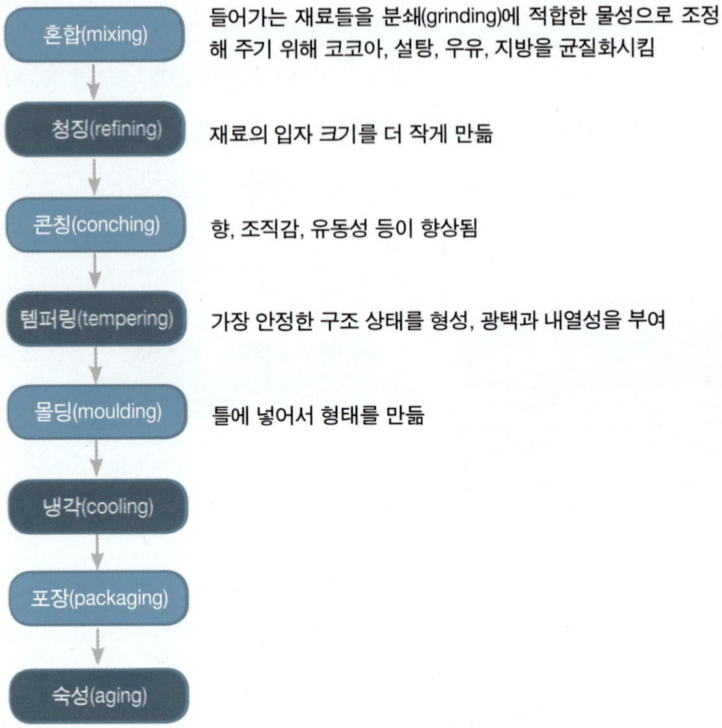

그림 11-15 | 몰딩 초콜릿의 제조공정

5 캔디

1) 정의

캔디candy는 설탕, 물엿, 물을 기본 재료로 농축하여 만드는 식품으로 영양, 시각, 향기, 맛, 식감 등을 고려하여 우유, 향료, 착색제, 펙틴, 젤라틴 등을 첨가하여 만드는 제품이다.

2) 분류

(1) 성질에 따른 분류

① 하드캔디

단단하고 흡습성이 적은 유리와 비슷한 결정상을 가지고 있는 캔디로 제품 수분이 1~2% 내외인 일반 캔디의 총칭이다.

② 추이캔디

입에 넣어 씹는 캔디류로 제품의 수분이 5~15% 사이이며 여기에는 캐러멜, 젤리, 누가 등이 속한다.

③ 기포캔디

제품을 교반시키면서 캔디 내에 기포를 넣어 조직이 부드럽다. 기포캔디에는 퐁당fondant, 마시멜로marsh mallow 등이 있다.

(2) 농축온도에 따른 분류

① 고온캔디

설탕과 물엿, 기타 원료를 넣고 140~150℃ 정도로 끓여 만든 캔디로 드롭스drops, 브리틀brittle 등이 대표적인 제품이다. 주로 하드캔디가 고온캔디에 속한다.

② 저온캔디

고온캔디보다 비교적 낮은 온도인 110~130℃로 농축하여 만든 것으로 캐러멜, 혼단트, 누가, 젤리, 마시멜로 등이 여기에 속한다.

③ 가열하지 않은 캔디

가열하지 않은 캔디는 설탕 및 분당, 물엿 등 기타 원료를 사용하여 만든 것으로 당과정이 있다.

(3) 경도에 따른 분류

① 하드캔디

하드캔디hard candy는 135℃ 이상으로 고온 농축한 캔디로서 드롭스drops, 태피taffy, 브리틀brittle, 코팅캔디가 있다.

② 소프트캔디

120~126℃의 저온 농축 캔디인 소프트캔디soft chady는 젤리, 누가, 양갱, 츄, 캐러멜 등을 말하며, 구성 원료상 당을 주원료로 한 캔디류와 당과 유가공품을 주원료로 한 캐러멜과는 사용 원료의 측면에서 대별된다.

성분배합 기준상 당류를 30% 이상 사용해야 하는 캔디와 유가공품을 3.5% 이상 유고형분 사용해야 하는 캐러멜은 성분 규격상으로 조지방 5%와 조단백 1% 이상을 함유해야 한다. 그러나 허용 외 인공 감미료 및 타르 색소는 사용해서는 안 된다.

캐러멜류는 구성원료, 작업방법, 조직특성상 분류하는 방법이 다르나 일반적으로 조직 특성에 따라서는 다음과 같이 분류된다.

- 소프트캐러멜soft caramel : 아이스 슈거icing sugar, 퐁당fondant 등을 이용하여 당화시켜서 부드러운 조직을 갖는다.
- 추잉 캐러멜chewing caramel : 껌류, 젤라틴류 등을 이용하여 씹힘성chewing이 좋은 조직을 갖는다.

실험 experiment

하드캔디와 초콜릿의 제조

1. 캔디 제조

캔디는 성질에 따라 하드캔디(hard candy)와 소프트캔디(soft candy)로 나눌 수 있다. 설탕과 물엿만을 이용해서 만들어 딱딱한 것을 하드 캔디, 우유나 연유 등의 낙농제품을 첨가하여 조직이 부드러운 것을 소프트캔디라고 한다. 여기에서는 하드캔디 제조를 실습해 보기로 한다. 하드캔디 제조과정은 다음과 같다.

① 설탕과 물엿을 1 : 1 비율로 각각 300g씩 볼(bowl)에 담는다.
② 물엿을 먼저 넣고 설탕을 넣은 후 물 100g도 넣는다.
③ 중간 불로 서서히 가열한다.
④ 설탕이 완전히 녹으면 주걱으로 타지 않게 저어준다.
⑤ 145℃까지 가열한 후 불을 끄고 당액을 식힌다.
⑥ 120℃까지 식힌 후 색소와 향료를 섞어 준다.
⑦ 틀에 부어 넣고 식을 때까지 기다린다.
⑧ 완전히 식은 후 틀에서 꺼낸다.

2. 초콜릿 제조

초콜릿은 재료에 따라 다크(dark), 밀크(milk), 화이트(white)로 나눈다. 초콜릿의 가장 중요한 성분인 카카오 버터(cacao butter)의 함량 차이에서 이들은 구분이 된다. 여기에서는 이들 3가지 시중 제품의 중간 제품을 바탕으로 해서 초콜릿의 제조과정을 익혀 보기로 한다.

① 종이 타월을 펼쳐놓은 도마 위에 초콜릿 중간 제품을 놓고 잘게 다진다.
② 가루는 체에 쳐서 따로 담아 놓는다.
③ 냄비에 물을 붓고 뜨거울 정도(50~60℃)로 데운 다음 다진 초콜릿 중간 제품을 물중탕으로 녹인다.
④ 초콜릿이 녹기 시작하면 주걱으로 저어 완전히 녹인다. 이때 초콜릿의 온도가 50℃ 이상 올라가지 않도록 주의한다.
⑤ 위에서 녹인 초콜릿 액을 20℃ 정도의 물이 담아 있는 볼(bowl)에서 30℃ 정도로 식힌다.
⑥ 여기에 체로 친 초콜릿 가루를 넣어서 완전히 녹인다. 이때 녹인 초콜릿의 온도가 30℃이하로 내려가지 않도록 주의한다.
⑦ 여러 가지 모양의 틀에 녹인 초콜릿을 붓는다.
⑧ 틀을 탁탁 쳐서 위를 편평하게 만든 다음 찬 곳에 두고 한 시간 이상 굳힌다.
⑨ 틀을 두드려 초콜릿을 꺼낸다.

Chapter 12

커피

1. 커피의 개요
2. 커피의 기원
3. 커피의 전파
4. 커피의 분류
5. 고급 원두커피의 주요 산지
6. 커피의 명명과 등급
7. 인스턴트 커피

Chapter 12

① 커피의 개요

현대 사회가 되면서 다양한 가공음료가 매일 새로 출품되고 있다. 무설탕, 무가당제품을 비롯하여 저열량음료, 스포츠음료와 같이 다양한 제품군이 편의점에서 가장 넓은 공간을 차지하고 있다. 〈식품공전〉에 음료류라 함은 '과일 · 채소류음료, 탄산음료류, 두유류, 발효음료류, 인삼 · 홍삼음료, 기타 음료 등 음용을 목적으로 하는 식품이며, 다만 주류, 다류, 무지유고형 성분이 4% 이상인 음료는 제외한다'로 정의하고 있다.

음료류를 구성하고 있는 각 음료에서 과즙음료의 과일 · 채소류음료라 함은 과일 또는 채소를 주원료로 하여 가공한 것으로서 직접 또는 희석하여 음용하는 것으로 농축과 · 채즙, 과 · 채주스, 과 · 채음료를 말한다. 흔하게 접하는 탄산음료류라 함은 탄산가스를 함유한 탄산음료, 탄산수를 말한다. 유제품류와 혼돈하기 쉬운 발효음료류라 함은 유가공품 또는 식물성원료를 유산균, 효모 등 미생물로 발효시켜 가공한 것을 말하며, 다만 축산물의 가공기준 및 성분규격에 해당되지 않는 것을 말한다.

이런 다양한 음료류와 더불어 커피가공품 역시 매우 다양하게 출시되고 있다. 제품의 판매량을 감안하면 국민 1인당 하루에 한 잔씩은 커피를 마시는 것으로 볼 수 있을 정도로 그 소비량은 매우 높다. 〈식품공전〉상 커피라 함은 '커피 원두를 가공한 것이거나 또는 이에 식품 또는 식품첨가물을 가한 것으로서 볶은 커피커피 원두를 볶은 것 또는 이를 분쇄한 것, 인스턴트커피볶은 커피의 가용성추출액을 건조한 것, 조제커피, 액상커피를 말한다'로 정의하고 있다. 최근에는 인스턴트 커피, 캔커피 제품의 범위를 벗어나 원두커피 등으로 소비가 고급화되고 있다.

② 커피의 기원

커피coffee 또는 커피차coffee beverage는 커피나무의 커피열매 속의 씨bean를 볶은 후 가루로 낸 것을 따뜻한 물이나 증기로 우려내어 마시는 음료이다. 우리나라의 경우 1년 동안 일인당 500잔 정도의 커피를 소비하는 것으로 알려져 있으며, 세계적으로는 석유 다음으로 교역량이 많다.

커피는 어원상으로 힘을 뜻한다. 또한 에티오피아의 커피나무가 야생하는 지명의 이름이기도 한 카파caffa가 어원이라는 의견도 있다. 카파가 아라비아에서 카와qahwa : 와인의 뜻, 터키에서 카베kahve, 유럽에 건너가서 카페cafe, 영국에서 커피coffee라 불리게 되었다는 것이다.

커피의 기원에 대한 설은 크게 에티오피아 고원 발견설과 오마의 발견설이 있으나 일반적으로 에티오피아 발견설이 더 널리 알려져 있다.

1) 에티오피아 고원 발견설

에티오피아 고원 아비시니아에 전해지는 이야기로, 양치기 칼디가 양떼들이 목장 근처의 나무에서 빨간 열매를 따먹고 흥분하여 뛰어 노는 것을 보게 되었다. 그 후 이 사실을 수도원 원장에게 알려 열매를 따서 끓여 먹어보니 사람도 전신에 기운이 솟는 것을 느꼈다. 이후 다른 수도승들도 이 열매를 먹고 같은 경험을 하게 되었다. 그 후 이 소문이 사방으로 퍼져 많은 나라에 전파되어 현재에 이르렀다는 설이다.

2) 오마의 발견설

아라비아지역에서 전해지는 이야기로, 오마는 아라비아 모카지역의 수호성주 세크칼디의 제자였다. 중병에 시달리는 성주의 딸을 치료한 후 그 공주를 사랑하게 되는데, 그러나 그것이 발각되어 오마는 오자브지방으로 유배당하게 되고 그곳에서 우연히 커피를 발견한다. 그 후 오마는 이를 의약제로 사용하여 큰 효과를 얻었고, 이 공을 인정받아 면죄를 받고 고향에 돌아간 후 커피를 널리 전파하였다는 설이다.

③ 커피의 전파

커피는 초기에 이슬람 수도승들에게 잠을 쫓고, 원기를 돋워주는 신비롭고 성스러운 것으로 취급되었다. 약 11세기경 원산지인 에티오피아에서 홍해를 건너 예멘 지방으로 이식되고 거기서 경작이 시도되었다. 이 당시 커피는 이슬람 사원의 독점물로 일반인은 접할 수 없었다. 사라센제국의 쇠락으로 13세기경 재정적 어려움에 처한 이슬람 사원은 독점하던 커피를 일반인에게 판매하기 시작하였다. 이후로 커피는 일반인들에게 큰 인기를 얻으며 점차 판매 영역을 홍해를 중심으로 여러 국가에 전파하게 되었다.

16세기 전후, 현 터키의 이스탄불에서 카프베라는 커피를 마시는 장소가 등장하였고, 커피는 대중의 생필품이 되었다. 이 시기에 커피가 중동의 오트만제국에서 유럽의 이탈리아로 비밀리에 유입되어 예술 · 문학인들을 중심으로 유행하였다. 당시 로마의 교회 지도자들은 커피를 사탄의 음료라고 배척했고, 교황에게 커피 음용 금지를 청원하기도 하였다. 그러나 17세기 초 교황은 오히려 커피에 세례를 주었고, 그 후 일반인에게까지 사랑받는 음료로 정착되었다. 커피는 아프리카의 에티오피아에서 유럽의 이탈리아로 정착되기까지 몇백 년의 시간이 걸렸다.

커피가 세계적으로 전파되었던 시기는 17세기로 당시 제국주의시대에 유럽 각국은 세계 곳곳으로 식민지를 개척하였고, 현지에 커피를 심어 경작 여부를 확인하였으며, 경작이 가능한 지역이 발견되었다. 영국, 네덜란드, 포르투갈, 프랑스 등의 유럽국가들이 앞다투어 개척한 식민지에 커피 묘목을 이식하여 현재의 커피 벨트로 불리는 커피 생산지역이 형성되었다.

④ 커피의 분류

1) 생물학적 관점에 따른 분류

커피 원두라 하면 보통 볶아서 갈색으로 변한 커피 원두coffee bean를 떠올린다.

그림 12-1 | 커피 열매

하지만 커피는 커피나무의 열매종자로 원래 '엷은 초록색'을 띠고 있으며, 이를 그린빈green bean이라 한다. 보통 커피 원두는 2개의 종자가 마주 보고 있으나, 생물학적 이유로 1개로 되어 있는 것은 일명 '피베리pea berry'라 부른다. 커피나무의 식물학상 분류는 꼭두서니과로 수십 종이 있지만 오늘날 음용을 목적으로 재배되는 커피의 품종은 총 16개로, 1733년 스웨덴 박물학자인 린네에 의해 분류된 것이다. 이 중에서 세계적으로 상업적 생산을 위해 재배되고 있는 것은 아라비카arabica종과 로부스타robusta종이 있다. 아라비카와 로부스타에 대한 비교는 표 12-1과 같다.

표 12-1 | 아라비카와 로부스타의 비교

아라비카	품종	로부스타
에티오피아	원산지	콩고
해발 1,000~2,000m 정도	성장고도	평지와 해발 0~700m 사이
병충해에 약하다.	병충해 내성	병충해에 강하다.
느리다.	성장속도	빠르다.
향미가 풍부하다.	향미	자극적이고 거친 향미를 가진다.
15~24℃	적정 성장온도	24~30℃
함량이 적다(0.8~1.4%).	카페인 함량	함량이 많다(1.7~4.0%).
약 75%를 점유	생산량	약 25%를 점유
약 500g	나무당 생산량	약 1,000~1,500g
길쭉하다.	모양	둥글다.
고급은 원두커피로 사용 저급은 인스턴트커피나 배합용	사용영역	인스턴트 커피 및 배합용 원두커피로는 사용 안 함

2) 상업적인 관점에 따른 분류

커피는 상업적 관점에서 분류하면 '인스턴트 커피나 배합용 커피'와 직접 추출하는 '원두커피'가 있다. 전자는 저급, 후자는 고급 커피로 인식되어 있다.

표 12-2 | 원두커피와 인스턴트커피의 비교

구분	원두커피용	인스턴트 커피 또는 배합용
사용 품종	• 로부스타종 일부 • 아라비카종 고급제품	• 로부스타종 대부분 • 아라비카종 저급제품
추출방식	핸드드립, 에스프레소	대량 공장 생산
제품 유형		

인스턴트 커피는 설탕, 프림 등을 섞어놓아 뜨거운 물에 타서 쉽게 먹기 때문에 커피 자체의 맛과 향이 부족하다. 그렇기 때문에 생산 단가가 낮은 로부스타나 아라비카종 저급제품이 사용된다. 거기에 비해 원두커피용은 뜨거운 물이나 스팀만으로 추출하여 먹기 때문에 원두 자체의 맛과 향이 풍부한 아라비카종과 일부 로부스타종이 사용된다. 우리가 사용하는 원두커피라는 용어 대신에 팬시 커피fancy coffee, 고메 커피gourmet coffee 또는 스페셜티 커피specialty coffee라는 용어가 사용되기도 한다. 최근에는 고급커피문화가 점차 퍼지면서 인스턴트커피도 아라비카종 원두로만 만드는 아라비카 믹스제품도 시판되고 있다.

3) 제품 형태에 따른 분류

원두커피는 인스턴트와 달리 여러 형태로 제품화하여 음용하고 있다. 원두커피 제품은 혼합커피blend, 향커피flavored, 카페인 제거 커피decaffenated 및 스트레이트 커피striaght 또는 origin 등으로 구분할 수 있다.

(1) 혼합커피

혼합blend이란 서로 다른 2종 이상의 원두를 섞어서 혼합하는 것을 말한다. 혼합

커피blend coffee는 혼합을 하면서 다양한 가공적 이익을 얻는 몇몇 혼합방식이 있다. 우선 첫째, 값싼 저급 원두에 약간의 고급 원두를 혼합하여 저급 커피 맛을 우아한 맛으로 바꾸는 혼합방식, 둘째, 여러 종류의 저가 원두를 혼합하여 고가 원두 맛의 특성을 모방하는 혼합방식, 셋째, 고급 원두와 동일한 지역에서 생산되었으나 등급이나 품질 면에서는 떨어지는 원두를 다른 원두에 혼합하여, 해당 고급원두화를 꾀하는 혼합방식과, 마지막으로 여러 종류의 원두를 혼합하여 전혀 새로운 맛과 향의 커피를 창출하는 혼합방식이 있다.

(2) 향커피

향커피flavored coffee는 커피에 천연향이나 인공향을 원두에 부착시켜 커피에는 없는 향을 첨가한 커피이다. 천연향의 경우 계피, 오렌지와 같은 향이 강한 재료나 향시럽을 첨가하는 방법으로 가정에서 손쉽게 할 수 있다. 인공향을 첨가하는 방법은 가공적으로 대규모로 이루어지는 경우가 많다. 가공적으로 커피 추출과정에서 휘발되지 않고 견딜 수 있도록 프로필렌 글리콜propylene glycol과 같은 향매체에 인공향을 첨가한 향물질을 커피 볶는 과정에 첨가하는 방법이다. 향커피 중 가장 흔하게 접하는 것이 바로 헤이즐넛 커피이다. 이와 더불어 아이리시크림, 초콜릿, 캐러멜, 바닐라향을 첨가한 향커피도 시중에서 시판된다. 향커피에 부가된 인공향의 경우 커피 본연의 향에 악영향을 미치기 때문에 일반적으로 향커피용 커피는 저급의 커피가 사용되는 것이 보통이다.

(3) 카페인 제거 커피

커피에 함유된 카페인에 예민하게 반응하는 사람들을 위해서 오래전부터 카페인 제거 커피decaffeinated coffee가 개발되었다. 현재는 커피에 있는 카페인 중 95% 이상 제거가 된다고 한다. 그러나 카페인 제거과정에서 커피 본연의 맛과 향에 약간의 변화가 오는 것으로 알려져 있다.

(4) 스트레이트 커피

스트레이트 커피straight, origin coffee는 한 가지 종류의 원두만을 이용하여 추출한

그림 12-2 | 혼합커피

그림 12-3 | 향커피

그림 12-4 | 카페인 제거 커피

커피를 의미하며 혼합커피나 향커피에 대비되는 개념으로 알려져 있다. 원두의 생산지역, 품종, 가공방법 등에 따라 추출한 원두커피의 맛과 특성이 달라진다.

⑤ 고급 원두커피의 주요 산지

커피는 주로 적도지역의 열대와 아열대지역에서 생산되고 있으며, 이 커피가 생산되는 지역을 커피벨트라고 부른다. 흔히 커피하면 콜롬비아 커피, 자메이카의 블루마운틴, 탄자니아의 킬리만자로, 에티오피아의 예가체프 등이 유명하여 커피의 주요 생산국 역시 같을 것이라 생각한다.

하지만 표 12-3을 보면 세계 최고의 커피 생산국은 브라질이며, 그 뒤를 베트남, 인도네시아가 따르고 있다. 하지만 커피 소비국을 보면 미국, 독일, 이탈리아로 나타나고 있다. 결국 커피의 주요 생산국과 소비국은 전혀 겹치지 않기 때문에 커피가 석유 다음으로 많은 유동량을 가지고 있는 제품으로 자리매김하고 있는 것이다. 우리나라에서 생산되는 대부분의 인스턴트커피 역시 주로 브라질 등의 나라에서 원두를 수입하여 사용하고 있다.

표 12-3 | 세계 유명 커피 생산국과 소비국(2013년) (단위 : 톤)

순위	수출국	수출량	수입국	수입량
1위	브라질	3,154만	미국	2,683만
2위	베트남	1,770만	독일	2,122만
3위	인도네시아	1,061만	이탈리아	877만
4위	콜롬비아	989만	일본	837만
5위	인도	549만	프랑스	654만
6위	온두라스	405만	벨기에	550만
7위	우간다	372만	스페인	521만
8위	과테말라	355만	영국	425만
9위	멕시코	311만	네덜란드	330만
10위	에티오피아	278만	폴란드	323만

커피 생산국을 지역별로 나누어 보면 아메리카, 아프리카, 아시아지역으로 나눌 수 있다. 각 지역에서 나오는 생산국별 커피의 특성을 설명하는 것은 매우 어렵다. 하지만 대략적으로 특징을 설명하면 그림 12-5와 같다.

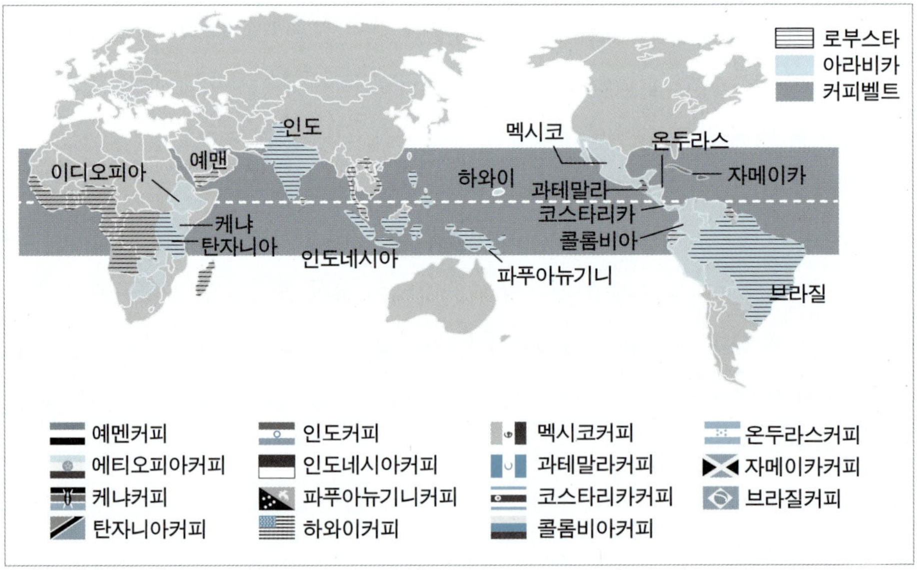

그림 12-5 | 주요 커피 생산국가와 품종

다음은 지역별 대표 원두커피에 대한 간단한 설명이다.

1) 중남미

(1) 브라질

브라질Brazil은 전 세계 커피의 약 30%에 해당하는 양을 생산하는 최대 생산국이다. 브라질 커피는 고급 커피 생산에 필요한 고산지대 혹은 화산 토양이 아닌 곳에서 대부분 재배되고, 제품 취급도 매우 열악한 편이라 저급 커피의 대명사로 통할 만큼 품질이 떨어진다. 따라서 상당량의 브라질 커피는 인스턴트 커피나 캔커피용으로 사용된다. 하지만 브라질산 커피 중에서 산투스Santos, 세라도Cerrado, 미나스Minas 등의 지명이 붙은 커피들은 고급커피로 알려져 원두커피로 사랑받고 있다. 이 중 산투스는 브라질 고급커피로 널리 알려져 있지만, 커피 수출항구 이름으로 산투스항으로 수출될 경우 어떠한 커피도 산투스라는 이름을 붙일 수 있기 때문에 품질을 믿을 수 없다는 의견도 있다.

(2) 콜롬비아

콜롬비아Colombia는 세계 4위, 아메리카 대륙에서는 브라질 다음으로 많은 커피를 생산한다. 콜롬비아 커피는 커피 최대 수입국인 미국에서 좋은 커피로 인정받고, 지역적으로 미국과 가까워 미국에서 가장 쉽게 구할 수 있는 커피이다. 콜롬비아 커피의 경우 고급 커피로 불리기에는 맛과 향이 부족하다는 평가를 받기도 하지만 최근 맛과 향이 계속 좋아지고 있다는 의견도 있다. 콜롬비아는 커피의 등급을 나눌 때 수프레모supremo, 엑셀소excelso 등급으로 나눈다.

(3) 코스타리카

코스타리카Costarica는 중남미에 위치한 작은 섬나라로 커피농장이 고산지대에 위치하고, 지역이 화산지역이라 고급커피를 생산하는 데 매우 좋은 조건을 가지고 있다. 코스타리카 커피는 맛과 향은 강하지 않으나 다양성이 풍부하며 고급커피로 통한다. 코스타리카 커피 중에서도 타라주Tarrazu, 트레스 로이스Tres Rois, 벨라 비스타Bela Vista나 라 미니타La Minita의 지명이나 단지명이 붙은 커피가 더 고급으로 알려져 있는데, 특히 SHBStrictly Hard Bean 등급을 받는 원두는 해발 1,500m 이상에서 재배된 원두로 맛과 향이 뛰어나 명성이 높다.

(4) 자메이카

자메이카Jamaica 커피는 예로부터 맛이 우아하고 환상적이어서 최고급으로 인식되어 왔다. 이러한 명성에 힘입어 자메이카는 커피 생산량 증대에만 집중하였고, 이와 더불어 커피의 품질과 명성은 계속 떨어지게 되어 결국 자메이카 커피 사업은 불황이 지속되었고, 이를 스스로 극복할 능력이 없었다. 1969년부터 일본의 자금 지원과 엄격한 품질관리가 도입되면서 자메이카 커피의 품질과 명성은 다시 회복되었다. 일반인들은 자메이카 커피보다 블루마운틴Blue Mountain을 더 잘 알고 있다. 자메이카의 블루마운틴지역의 해발 2,000m 이상에서 생산되는 커피를 '블루마운틴Blue Mountain'이라고 하며 그중에서도 일등급에 No. 1 등급을 준다. 블루마운틴 등급보다 좀 더 낮은 지역에서 생산되는 '하이마운틴High Mountain'과 중 · 저지대에서 생산되는 '프라임 워시드Prime Washed'도 모두 자메이카의 커피이다. 블루마운틴은 생산량의 대부분이 일본으로 수출되고 나머지가 다른 나라의 몫이어서 희소성이 높아 다른 고급커피에 비해 높은 가격이 형성된다.

시중에서 시판되는 가공커피 중에 블루마운틴이란 이름이 붙어 있는 제품들이 있는데, 이는 블루마운틴의 느낌이 나도록 혼합을 한 블루마운틴 스타일이나 약간의 저급 블루마운틴 원두가 혼합된 블루마운티 블렌드를 의미하는 것인다.

(5) 과테말라

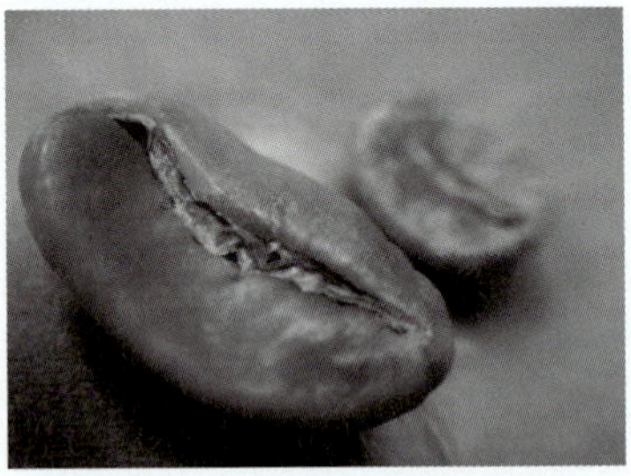
그림 12-6 | 과테말라 마라고지페

과테말라Guatemala는 고지대에 위치한데다 화산지역이 매우 많아 커피 생산지로서 이상적인 조건을 갖추고 있다. 고급원두커피로서는 안티과Antigua, 코반Coban이나 우에우에테낭고Huehuetenango 지명이 붙은 커피가 있다. 과테말라 커피의 특색은 다른 커피보다도 스모키smoky한 맛이 강하다는 것이다. 그리고 코끼리 원두라 불리는 정상 원두보다 2~3배 큰 마라고지페maragogype를 생산하는 국가이다.

(6) 멕시코

멕시코Mexico는 2013년도 세계 9위의 커피 수출국이다. 지역적으로 대부분 해발 1,000m 이상에 위치해 있어 커피 생산에 적합한 지역이 많으나, 주로 저품질의 커피를 저가에 공급하여 왔다. 하지만 최근에는 꾸준한 품질 개선의 결과 품질이 많이 좋아졌다.

2) 아프리카

(1) 에티오피아

에티오피아Ethiopia는 아라비카종 원두의 원산지로 알려져 있고, 아직도 현지에는 야생 커피나무가 자라고 있다. 에티오피아 동부지방은 1,500~2,000m 고산지로 롱 베리 하라르long berry Harar와 쇼트 베리 하라르short berry Harar라 불리는 고급 커피가 전통적인 방법으로 재배되고 있다. 하라르 커피는 에티오피안 모카Ethiopean Moka 또는 모카 하라르Moka Harar로 불리기도 한다. 서부의 시다모Sidamo 지방에서는 이르가체페Yirgacheffe가 자라고 있는데, 둘다 고급원두커피로 많은 커피 애호가들의 사랑을 받고 있다.

(2) 예멘

예멘Yemen은 역사적으로 커피가 처음으로 전파되고 경작된 나라이다. 과거 예멘에서 생산된 커피가 모카Mocha항을 거쳐 수출되었던 연유로 예멘 커피를 예멘 모카Yemen Mocha라고 부른다. 커피의 귀부인 칭호를 받고 있는 예멘 모카는 자메이카 블루마운틴Jamaica Blue Mountain, 하와이안 코나Hawaiian Kona 등과 더불어 명품 커피로 인정받았다. 예멘의 대표 고급커피는 마타리Mattari, 사나니Sanani, 이스마일리Ismaili, 리미Rimy 등의 지방에서 생산되며, 이들 지명이 커피명에 첨가되어 통용되고 있다Yemen Mocha Sanani.

그러나 예멘 모카는 원두의 모양과 크기가 불균일하여, 배전roasting을 할 경우 볶음이 불균일하게 이루어진다. 그러나 배전 후 모카 커피의 향이 다른 커피와 달리 독특하고 매우 훌륭하다. 또한 모카 커피를 분쇄할 때 발생하는 커피향은 모든 다른 커피들의 향을 압도할 만큼 풍부하고 향기롭다. 예멘 모카의 유명세와 더불어 시중에는 다양한 모카라는 이름을 단 커피 가공제품들이 유통되고 있으나 대부분은 모카라는 명칭만 빌려 쓰는 경우가 많다.

(3) 케냐

케냐Kenya는 커피의 수급을 정부에서 통제하고 있으며 개인 농장명이나 생산 단지명을 커피 백에 표기하는 것을 금하고 있다. 정부 통제에 의해 케냐의 커피 생산 시스템은 상대적으로 잘 갖추어져 있고, 커피는 등급에 따라 경매를 통해 거래가 이루어진다. 케냐 커피의 등급은 AA와 AB로 나누어진다.

(4) 탄자니아

우리나라에서 유명한 가수 조용필의 '킬로만자로의 표범'의 킬로만자로가 있는 나라가 탄자니아Tanjania이며 킬로만자로 산비탈에 위치한 모시Moshi나 아루샤Arusha지역에서 재배된 원두들이 고급원두로 알려져 있다. 등급은 AA(상등)와 A(차등)가 있다. 피베리peaberry가 많이 생산되어 선별 상품화되고 있으며 이것은 상등급 커피로 분류된다.

3) 아시아 · 하와이

(1) 수마트라

인도네시아는 여러 섬들이 모여 만들어진 국가이다. 이 중 수마트라Smatra는 두 번째 큰 섬이다. 이 섬에서는 만델링Mandheling, 가요마운틴Gayo mountain 등의 유명한 고급원두커피가 생산된다. 커피 명칭은 생산국–생산지역명으로 구성되는 것이 보통인데, 만델링은 생산지역명이 아니라 수마트라섬의 커피 산업을 주로하는 인종 명칭인 것이 특징적이다. 그 유래는 일본군이 이곳에서 커피를 먹어보고 커피 이름을 물어보았는데, 커피 업자는 어떤 부족인가를 묻는 것으로 착각하여 만델링이라 대답하여 이름이 만델링이 된 것에서 연유되었다고 한다.

(2) 자바

자바Java커피는 우리나라에서 흔히 접하는 상표 중의 하나이다. 실제로 자바는 인도네시아 섬 이름의 하나로 대부분 로부스타종을 생산한다. 몇몇 아라비카종도 생산되고 있는데, 블라완Blawan, 잠피트Jampit 지명이 붙은 커피가 바로 그것이다.

(3) 슬라웨시

슬라웨시Sulawesi는 인도네시아 섬의 하나로서 과거에는 셀레베스라고 불렀다. 이 섬에서는 슬라웨시 토라자Sulawesi Toraja, 셀레베스 카로시 ; Celebes kalossi라는 다른 이름으로도 불리기도한다라는 수마트라 커피와 동등한 명성을 가지는 고급원두커피가 생산된다.

(4) 인도

인도India는 세계 5위의 커피 생산국이다. 인도지역 중 마이소르Mysore, 마드라스Madras, 말라바르Malabar지역에서 생산되는 커피들이 고급커피로 알려져 있다. 인도커피는 다른 나라의 커피와는 다른 몬순Monsooned커피가 있다. 이는 홍차와 비슷한 탄생 비화를 가지고 있다. 과거 인도 커피가 유럽으로 배를 통하여 수출되는 과정에 오랜 시간 동안 몬순 기후를 지나게 되면서 자연적으로 발효가 되어 유럽에 도착할 때는 처음과는 다른, 맛과 향이 독특한 커피가 되어 있었다. 그러나 운송 수단이 빨라지고 냉장선이 발달된 현재는 이런 자연적인 발효 변화는 일어나지 않는다. 그래서 인도 남서부지방에서 인위적으로 몬순 기후하에 약 한 달 반 동안 발효를 시켜 이 맛을 재현하고 있는데, 이러한 처리를 몬수닝monsooning이라 한다.

(5) 파푸아뉴기니아

파푸아뉴기니Papua New Guinea 역시 커피를 생산하는 지역이다. 아로나Arona, 시그리Sigri 지명이 붙은 고급원두커피가 생산되고 있다.

(6) 하와이

미국은 세계에서 가장 많은 커피를 소비하는 국가이다. 하와이Hawaii는 이런 미국에서 유일하게 커피를 생산하는 주이다. 하와이의 빅아일랜드 섬의 코나Kona 지방은 커피 재배의 이상적인 기후, 해발 고도, 화산 토양, 일조 조건을 구비하고 있으며, 이곳에서 생산되는 '코나 커피'는 고급커피원두로 알려져 있다.

코나 커피의 등급은 엑스트라 팬시extra fancy, 팬시fancy, #1, 프라임prime 순으로 주로 원두의 크기를 기준으로 정해진다. 코나 커피의 피베리만을 선별하여 제품화하는 경우는 최상급인 엑스트라 팬시급보다도 가격이 더 높게 형성된다.

하와이에서는 코나 외에도 마우이Maui, 카우아이Kauai, 몰로카이Molokai 섬에서 커피가 생산되는데, 품질은 코나보다 못하다.

6 커피의 명명과 등급

세계 곳곳에서 생산되는 커피의 명명법은 매우 다양하다. 하지만 커피의 명명은 주로 국가와 지역명을 기본으로 정해진다. 명명되는 지역명이 좁아질수록 상대적으로 더 고급 원두를 의미한다. 그 예를 표 12-4에 나타내었다.

표 12-4 | 커피의 명명법

커피명 구성	예
커피생산국명	Maxican, Costarican
커피생산국명+항구명	Brazil Santos, Yemen Mocha
커피생산국명+등급	Kenya AA, Colombian Supremo
커피생산국명+커피 형태	Kona Peaberry, Tanjanian Peaberry, Guatemalan Maragogype
커피생산국명+커피생산지명	Mexican oaxaca, Jamaica Blue Mountain
농장명이나 생산단지명 등이 구체적으로 표시	Jamaica Blue Mountain Wallenford, Kona Purple mountain extra fancy

커피의 등급은 커피 거래 기초의 하나로서 사용된다. 커피의 등급은 주로 크기와 모양을 기준으로 하는 경우가 대부분이며 생산지의 해발고도, 종자의 종류 등이 기준이 되는 경우도 있다. 커피의 등급은 생산국마다 별도의 등급체계로 운용된다.

크기와 외관을 기준으로 등급을 부여할 경우 등급이 같다고 하여 커피의 맛도 같다고는 할 수 없다. 크기와 외관을 기준으로 한 등급이 높다는 것은 커피의 관리가 잘되어 있어서 원두의 관리 상태가 균일하여 커피의 맛이 일정하다는 것을 의미하기도 한다. 재배되는 고도에 따라 등급을 부여할 경우는 높은 등급의 커피가 어느 정도 맛의 척도가 된다고 생각할 수 있다. 고산지대에서 재배될수록 커피 열매는 천천히 성숙되어 조직이 단단하고 맛이 풍부해지기 때문이다.

커피의 맛은 주로 커피나무의 종과 재배환경토양, 산지의 해발고도, 일조 조건 등에 의해 대부분 결정된다. 결국은 커피가 생산된 국가와 지역이 곧 커피맛을 나타내는 것이라 볼 수 있다. 커피를 구입할 때 생산국명과 생산지명을 일컬어 산지origin라고 하며, 이 산지가 커피의 등급을 표시하는 보조적인 수단으로 사용되기도 한다.

표 12-5 | 주요 커피산국의 등급체계

등급체계	주요 기준	적용 국가
SUPREMO - EXELSO	원두의 크기와 외관	콜롬비아
AA - A - B - C	원두의 크기와 외관	케냐, 짐바브웨, 잠비아, 탄자니아, 우간다, 인도, 파퓨아뉴기니, 푸에르토리코
1 - 2 - 3	종합적 품질을 기준으로 하며 1등급은 특별한 것으로 궁중에서만 구입하고 일반적으로 수출 판매되지 않음. 2등급은 수출, 3등급은 내수용	에디오피아
1 - 2 - 3	주로 커피원두의 크기와 외관	수마트라, 자바, 슬라웨시, 자메이카
SHB(stricktly hard bean) - HB	커피의 단단함	코스타리카, 과테말라, 엘살바도르, 파나마
SHG(stricktly high grown) - HG-LG	커피가 생산된 해발고도	멕시코, 니카라구아, 페루

❼ 인스턴트 커피

흔히 시중에서 만나는 커피가 바로 인스턴트 커피이다. 인스턴트 커피는 제조과정 없이 뜨거운 물만 부워서 마실 수 있는 커피를 의미한다. 커피는 원두를 분쇄하여 뜨거운 물로 추출한 후 추출되어 나오는 성분을 마시는 음료이다. 결국 커피 속의 가용성 성분을 열수 추출한 것으로 생각할 수 있다. 이렇게 추출되어 나온 가용성 추출물에서 수분을 제거하고 남은 물질을 상품화한 것이 바로 인스턴트 커피이다. 그렇기 때문에 뜨거운 물만 넣어도 원래의 커피 상태로 돌아가 어떤 부유물도 없이 모두 녹게 되는 것이다.

인스턴트 커피를 만드는 과정 중 가장 중요한 것은 향을 잘 유지하고 건조를 잘 하는 것이다. 그림 12-7 인스턴트 커피의 제조과정을 보면 원두를 입고하고 볶은 후 분쇄하여 추출하는 것은 일반 커피와 같은 과정이라 볼 수 있다. 추출되어 나온 커피의 향을 다시 응집하여 커피향 농축 상태를 만들고, 커피 추출액은 1차 농축과정을 거쳐서 수분의 양을 줄인다.

건조과정은 크게 분무건조와 동결건조과정으로 나누어 이루어진다. 분무건조는 농축된 커피액을 뜨거운 열풍 속에 작은 입자로 분무하여 건조한 후 고운 가루로 만드는 공정으로 분유 제조에 많이 사용되는 건조법이다. 하지만 짧은 시간이라도 더

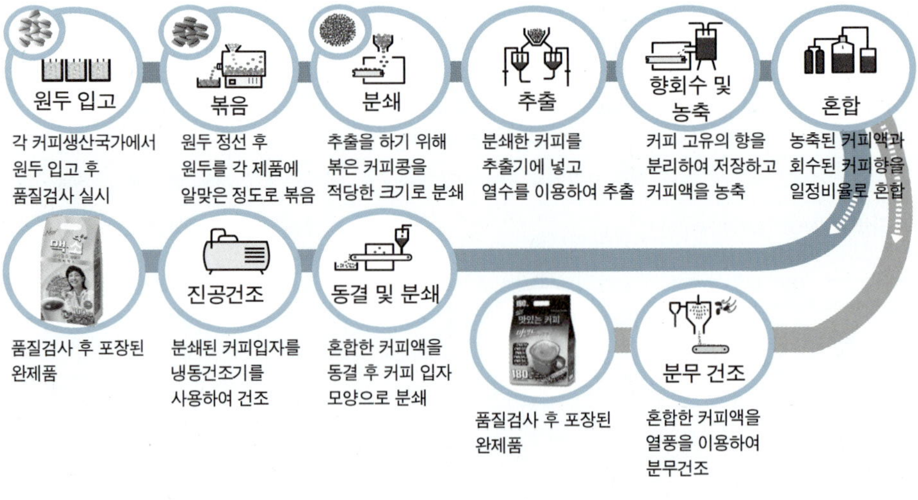

그림 12-7 | 인스턴트 커피의 제조과정

운 열풍에 노출되기 때문에 향 손실과 커피 추출물의 변화가 일어난다. 동결건조는 원래 성질을 가장 변하지 않고 건조할 수 있는 방법이다. 이 방법은 농축액을 동결한 후 동결된 얼음 상태의 농축액을 커피 입자 사이즈로 분쇄하여 작은 사이즈의 얼음으로 만든 후 동결건조기에 넣어 동결상태로 감압하여 얼음 속의 수분을 승화시켜 제거하는 방법이다. 열을 받지 않아 향의 손실과 커피 추출액의 상태가 최대한 변하지 않는 방법이다.

인스턴트 커피는 우리나라에서 최초로 만든 것은 아니나 인스턴트 커피에 설탕과 프림을 넣은 커피 믹스는 우리나라에서 만들어 한국식 커피korean style coffee로 세계에 알려져 있다.

커피의 추출

1. 핸드 드립 추출법의 실습

원두커피를 가장 편하게 그리고 근본적인 맛을 느끼면서 마실 수 있게 추출해 주는 핸드드립 추출법에 대해 실습을 해보자. 실습을 시작하기 전에 드립방식을 간단히 요약하면 "① 분쇄된 커피를 필터에 넣고 더운물을 붓는다. ② 더운물은 중력에 의해 커피 입자들 사이를 통과한다. ③ 더운물이 커피 입자 사이를 통과하는 과정에 커피의 성분이 추출된다. ④ 추출된 커피액을 함유한 물이 필터를 통과하여 용기에 담긴다."라는 일련의 과정을 거치게 된다.

핸드드립과정을 제어하는 원칙은 ① 커피 본래의 성분 중 우수한 부분(약 20% 정도)만을, ② 왜곡되지 않게, ③ 손실 없이 추출한다는 것이다. 이는 볶은 원두커피의 많은 성분 중 약 20% 정도의 우수한 성분만이 추출되었을 때가 일반적으로 가장 맛있는 상태의 마시는 커피가 되기 때문이다. 그 이상의 성분까지 추출할 경우는 맛이 써지거나 시어지거나 하는 등 맛의 변화가 나타날 수 있다.

(1) 재료 및 도구

원두커피, 가열장치, 맑은 물, 드립 필터, 드리퍼(dripper), 분쇄기, 서버(server), 드립 포트(pot)

분쇄기

드립 포트

드립 필터

드리퍼

서버

설치 모습

(2) 추출방법

① 원두를 적당량(약 10g/잔) 분쇄한다.

분쇄 시 주의점

일반적으로 커피는 잘게 분쇄할수록 물과 접촉 면적이 많아지고 추출시간이 연장되어, 맛은 진하나 쓴맛, 떫은맛이 증가하고 텁텁해진다. '커피는 굵게 분쇄할수록 맛있다'라는 말이 있는 것처럼 가능하다면 굵게 분쇄하는 편이 좋다. 커피는 분쇄하면 맛과 향의 손실 속도가 기하급수적으로 빨라지기 때문에 추출 직전에 필요한 만큼만 분쇄하여 사용하는 것이 좋다.

② 드립 필터의 테두리를 잘 접는다.

③ 필터 속에 분쇄한 커피를 옮겨 넣는다.

④ 필터를 드리퍼 속에 넣고 서버 위에 얹는다(위의 설치모습 참고).

⑤ 온도는 94~96℃의 물로 드립한다.

⑥ 드립은 가운데에서부터 시작하여 시계 방향으로 돌아 나갔다가 다시 들어오도록 한다.

⑦ 드립이 끝나면 나무 재질의 수저로 드립된 커피를 저은 후 따뜻한 잔으로 옮긴다.

⑧ 커피의 맛은 그냥 '스트레이트 상태', '설탕 첨가 상태'와 '프림 첨가 상태' 순서대로 맛을 평가한다.

드립 장면

2. 실험실 단위의 대량 추출법의 실습

핸드 드립 추출법은 10인 이하의 사람들에게 원두커피를 제공할 때는 적합하지만 그 이상의 사람들에게 대량으로 공급할 때는 적용하기 어려운 방법이다. 그리고 최근에는 핸드 드립을 진하게 하여 보관하며 물에 희석해서 먹는 사람과 한꺼번에 많은 양을 추출하여 병에 담아두고 먹는 사람들이 늘고 있다. 하지만 이런 사람들의 경우 대부분 이전 방법에서 사용 커피를 많이 사용하거나 여러 번 추출하는 방법을 사용하고 있다. 여기에서는 실험실에서 사용되는 몇몇 장비를 이용하여 10~20L의 원두커피를 대량으로 짧은 시간에 추출하는 실습을 할 것이다.

(1) 재료 및 도구

원두커피, 분쇄기, 뷰너 깔때기, 종이 필터, 여과병, 감압펌프, 대용량 비커, 교반기, 가열장치

주요 사용 도구

(2) 실습방법

① 100~200g의 원두를 분쇄기로 간다.

② 분쇄한 원두를 커다란 비커로 옮기고 뜨거운 물을 넣어 추출한다.

③ 뜨거운 물에 커피가 잘 추출되어 나오도록 교반기로 일정 시간 교반한다.

④ 뷰너 깔때기, 여과병과 감압펌프로 구성된 추출 장치를 조립한다.

⑤ 종이필터를 물로 적신 후 뷰너 깔때기에 밀착시킨다.

⑥ 감압 펌프를 작동시킨다.

⑦ 뷰너 깔때기에 커다란 비커 속의 추출 커피를 넣어서 찌거기를 거른다.

⑧ 여과병 속의 추출 커피를 저장병에 옮겨 놓는다.

⑨ 냉장 보관하면서 필요 할 때마다 마신다.

⑩ 대량생산한 커피와 소량 핸드 드립한 커피의 느낌과 차이를 비교해 본다.

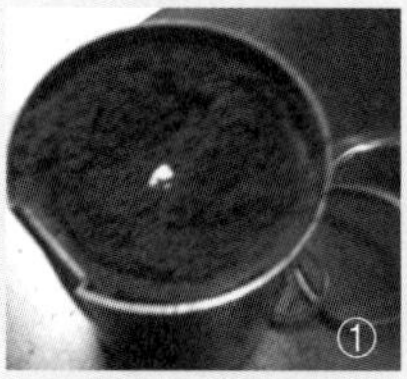
①

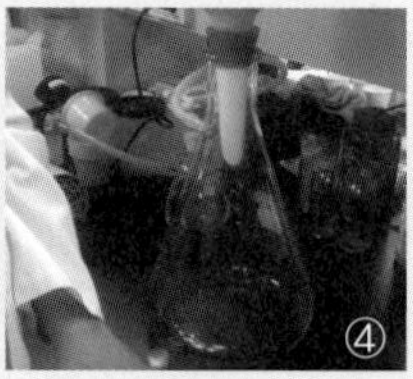
④

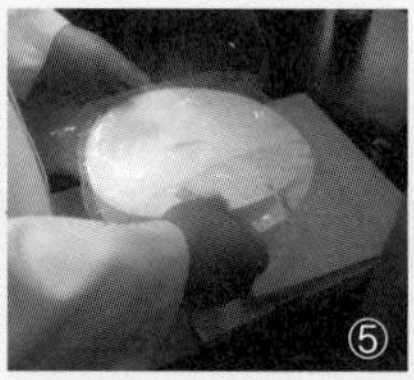
⑤

⑦

Chapter 13

전통발효식품

Chapter 13

❶ 김치

「식품위생법」에서 김치는 배추, 무, 오이, 열무, 파와 같은 채소류를 소금에 절인 후 이에 젓갈류 등의 다른 식품 또는 조미료를 첨가하여 가공한 제품으로 정의하고 있으며 한국 고유의 침채류이다. 김치는 소금에 절인 채소에 여러 가지 첨가물을 넣어 젖산 발효시킨 산발효 채소식품으로 국내에서는 지역별로 다양한 형태의 김치가 존재한다. 채소 또는 과일류에 소금, 식초 또는 향신료 등을 넣어 절인 피클과는 구분된다. 표 13-1 및 13-2는 김치 발효와 관련한 효소의 특성과 김치의 종류를 나타낸 것이다.

표 13-1 | 김치 발효 관련 효소와 특성

효소명	역할	특성
아밀레이스(amylase) 프로테이스(protease)	젖산균 생육 촉진	고분자 물질을 분해하여 미생물 생육의 영양원으로 이용
폴리갈락투로네이스 (polygalacturonase) β-갈락토시데이스 (β-galactosidase)	미생물 생육 및 조직 특성	펙틴 물질의 분해, 조직 연화

표 13-2 | 김치의 종류

분류	종류
김치	김장김치, 오이김치, 보쌈김치, 갓김치, 열무김치, 섞박지김치, 장김치, 나박김치, 봄김치, 미나리김치, 돌나물김치, 백김치, 양배추김치, 고들빼기김치, 총각김치, 가지김치, 파김치, 호박김치, 초김치, 시금치김치, 비늘김치, 물김치, 부추김치, 전복김치, 막김치, 채찬김치, 쌀겨김치, 고구마줄기김치, 고추김치, 씀바귀김치, 기타
장아찌	무장아찌, 고추장아찌, 오이장아찌, 마늘장아찌, 배추장아찌, 더덕장아찌, 기타
절임	오이지, 젓국지, 기타
깍두기	무깍두기, 굴깍두기, 기타
동치미	무동치미, 기타
식혜	닭식혜, 가자미식혜, 꿩식혜, 안동식혜, 동태식혜, 기타
짠지	무짠지, 기타

출처 : 한국식생활 문화학회지(1991).

국제식품규격위원회CODEX에 의하면 김치의 맛은 김치의 종류에 따라 다르지만 배추김치의 경우 pH가 3.8~4.2, 총 산도는 0.6~0.8%일 때 기호도가 가장 좋으며 식염의 농도는 2%일 때 김치가 지닌 맛의 조화가 가장 우수하다고 한다. 김치의 맛은 발효과정 중에 젖산균의 성장에 따라 생성된 대사산물에 영향을 받으며 김치 발효와 관련한 미생물은 표 13-3과 같다. 김치 발효 초기의 미생물은 *Leuconostoc mesenteriodes*가 영향을 미치며 중 · 후기에는 주로 *Lactobacillus plantarum*이 영향을 미친다. 김치의 발효 중 표면에 얇은 막이 형성되면서 김치의 맛이 좋지 않게 되는데, 이는 *Pichia membranaefaciens*라는 산막효모가 원인이며 식염의 농도가 낮은 경우 잘 발생한다. 김치의 산막 억제는 소금의 종류에 영향을 받는데, 이 효모의 성장은 죽염 > 재제염 > 천일염 > 저염 순으로 저해효과가 있다.

표 13-3 | 김치 발효 관련 미생물

그람양성균	그람음성균	기타
Leuconostoc mesenteroides	*Pseudomonas* sp.	Yeast
Lactobacillus plantarum	*Achromobacter* sp.	
Lactobacillus brevis	*Flavobacterium* sp.	
Streptococcus faecalis		
Pediococcus cerevisiae		
Bacillus sp.		
Micrococcus sp.		

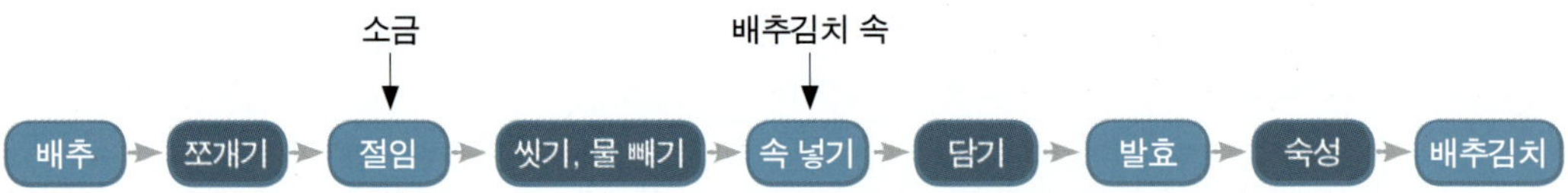

그림 13-1 | 배추김치의 제조공정도

1) 절임

김치는 이물질을 제거한 다음 두 쪽으로 쪼개어 소금물에 담가 절인 후 세척하여 물기를 뺀 다음 제조하게 된다. 절임을 할 때 사용되는 소금물의 농도는 10% 전후를 사용하며 절이는 시간은 보통 16~20시간 정도이다. 절임 후의 배추의 염도는 지역마다, 가정마다 차이가 있지만 3% 농도가 적당하다. 절임을 하는 동안 사용되는 소금의 종류로는 마그네슘과 칼슘이 다량 함유된 천일염이 좋다. 그 이유는 천일염에 함유된 마그네슘과 칼슘이 김치에 함유된 펙틴을 보다 단단하게 하여 김치의 식감을 좋게 하기 때문이다. 절임 시 배추의 염도가 낮으면 쉽게 시어지고 너무 높으면 빛깔과 맛이 좋지 못하다. 배추를 절이는 목적은 간을 잘 배게하고 숨을 죽여 배추의 질감을 부드럽게 하여 부재료와 혼합을 용이하게 하기 위함이다. 절임과정에서 소금에 의한 삼투작용에 의하여 세포의 기능이 정지되어 미생물의 생육을 억제할 수 있다. 절임방법으로는 배추의 폭을 하나하나 젖히면서 소금을 뿌리는 건염법과 소금물을 제조한 다음 배추를 담그는 염수법이 있다. 건염법의 경우 소금의 사용량은 배추의 10~15%가 적당하며 염수법의 경우 20%에서는 3시간, 15%의 염수에서는 6시간 정도 소요된다고 한다.

2) 숙성

김치의 숙성방법은 지역, 재료, 계절에 따라 그 방법이 매우 다양하며 김치의 맛 또한 그러하다. 김치의 숙성에는 소금 농도, 숙성온도, 부재료로 사용되는 재료들에 의하여 크게 영향을 받는다. 숙성하는 동안 염 농도가 너무 낮은 경우는 고초균이나 대장균 등의 생육에 의하여 악취나 부패 및 김치가 물러지는 연부현상이 나타날 수 있다. 김치의 숙성과정 중 유산균의 성장은 다른 잡균의 성장을 불가능하게 한다. 김치의 숙성과정에서 식염의 농도가 10%면 부패균과 병원균의 성장이 불가능하고, 20% 이상의 식염 농도에서는 대부분의 미생물 성장이 불가능한 것으로 알려져 있다.

온도의 관계에서는 온도가 높으면 숙성시간은 단축되나 맛이 좋지 않게 되고 온도가 낮으면 발효속도가 느린 반면 김치의 맛은 좋아진다. 따라서 김치의 숙성은 고온에서는 단시간, 저온에서는 장시간 하는 것이 바람직하다. 대량생산 김치의 숙성은 20~30℃에서 2일, 보통 가정에서는 5~10℃에서 장시간 하는 것이 좋다. 부재료를 절임배추와 혼합하기 전 젓산발효한 다음 첨가하는 것도 발효시간을 단축시킬 수 있는 좋은 예라 하겠다. 숙성과정 중 미생물은 저온에서는 *Leuconostoc* 균의 생육이 좋은 반면 고온에서는 *Pediococcus* 균의 생육이 활발한 것으로 알려져 있다.

② 장류

장류는 우리의 전통식품으로서 예부터 조미료로 사용되어 왔다. 특히, 단백질 공급원으로서 큰 역할을 했으며, 그 종류로서는 메주, 청국장, 간장, 고추장 등이 있다.

1) 간장

간장은 콩을 주원료로 하여 밀, 쌀 등의 곡분과 소금을 혼합하여 미생물에 의한 발효 및 숙성을 거쳐 얻는 액체 조미료이다. 아미노산에 의한 구수한 맛, 당분에 의한 단맛, 소금에 의한 짠맛, 그리고 여러 유기 성분에 의한 향미와 색감이 간장의 풍미를 더한다. 전통적으로는 콩으로 만든 메주에 짚과 자연에서 유래한 *Bacillus subtilis* 및 곰팡이 균류를 띄우고, 이것을 염수에 담가 항아리에서 오랜 시간 숙성하는 재래식 간장한식 간장을 만들어 왔으나, 식품가공기술이 발달하면서 개량식 간장양조 간장, 산분해간장아미노산 간장, 혼합간장 등 다양한 가공간장이 제조되고 있다.

(1) 재래식 양조간장(한식 간장)

대두를 물에 불려 쪄낸 후에 삶은 콩이 식기 전에 으깨어 구형 또는 입방형의 메주를 만들고 2~3일간 건조하여 균열이 생기게 한다. 깨끗한 짚 위에 메주를 올려두고 27~30℃에서 2주가량 띄우면 내면에는 *Bacillus subtilis* 등의 세균이 번식하며 외부에는 *Aspergillus*, *Mucor* 속의 곰팡이가 번식하게 된다. 장을 담글 때에는 표면의 곰팡이는 물로 씻어 제거한 후에 메주를 항아리에 담고 소금물과 숯, 말린 고추 등을 넣어 숙성시킨다. 1~2개월 후 메주 덩어리는 건져내어 된장을 제조하고, 여액은 장달이기를 한다.

생간장은 약간 혼탁하고 미생물도 남아 있기 때문에 청징과 살균 등의 목적으로

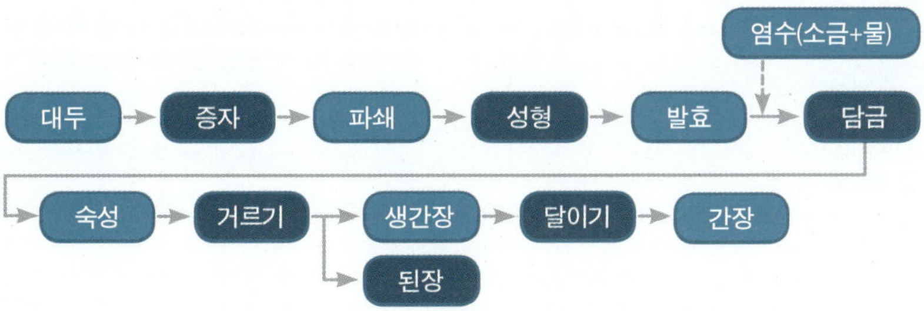

그림 13-2 | **재래식 양조간장의 제조법**

장 달이기를 하게 된다. 가열온도는 65~80℃로서 가열에 의해 발효과정 중 불완전하게 분해된 단백질과 그 밖의 물질이 침전되고 향미와 색도 개선된다.

(2) 개량식 양조간장

개량식 양조간장이 재래식 양조간장과 크게 다른 점은 대두 또는 탈지대두와 밀이나 쌀 등의 곡분에 종균을 접종하여 코지koji를 만들어 사용한다는 것이다. 제국이 끝나면 염수에 담가 숙성시키고 압착 및 여과하여 박meal, cake과 분리된 여액에 당, 캐러멜 색소, 식염 등 조미를 가한 후 가열 살균하여 제품으로 완성시킨다.

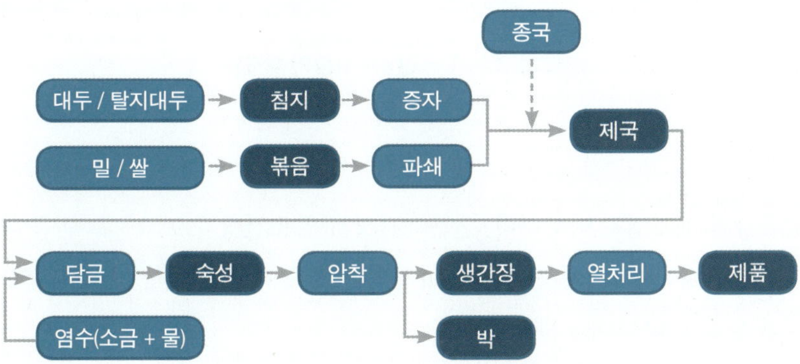

그림 13-3 | **개량식 양조간장의 제조법**

(3) 산분해간장(아미노산 간장)

대두를 염산HCl으로 가수분해시킨 후, 중조NaOH 또는 탄산나트륨Na_2CO_3으로 중화하여 얻은 액을 탈색, 탈취 후 소금과 기타 색소 및 향미 성분을 첨가하여 제조한다. 중화온도가 너무 높으면 쓴맛이 나므로 60℃ 이하로 중화한다. 중화는 pH 4.5 정도가 적당하다.

2~3일이면 제조할 수 있고 질소 이용률이 90% 이상에 이르며 아미노산 함량이 높아 감칠맛은 있으나 향미가 부족하다. 그래서 보통은 양조간장과 섞어 혼합간장으로 제품화한다.

산분해법으로 제조한 간장의 문제점은 1,3-DCP1,3-dichloropropanol, 3-MCPD3-monochloropropanediol 등의 유해물질을 생성하는 것이다. MCPD는 탈지대두를 염산으로 가수분해하는 과정에서 지방의 가수분해물인 글리세린이 염산과 반응하여 생성되는 염소 화합물로서 동물실험에서 발암 및 암컷은 불임, 수컷은 정자 생산량 감소 등 생식능력 장애를 일으키는 것으로 알려져 있다. 따라서 최근에는 저농도 염산의 사용과 저온에서의 분해를 통해 MCPD, DCP 생성을 줄이거나, pH 8~9 정도로 알칼리 처리한 후 pH 4.5~5.5가 되도록 염산으로 재중화하여 분해함으로써 MCPD를 제거하는 등의 방법으로 제조하고 있다.

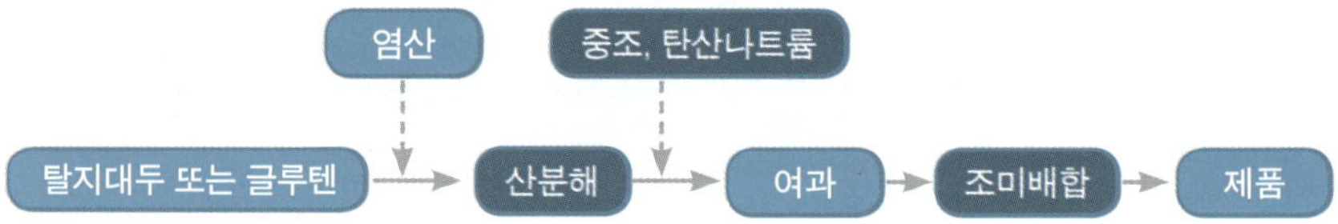

그림 13-4 | 산분해간장의 제조법

(4) 혼합간장

혼합간장의 제조법은 다양하다. 산분해간장과 양조간장을 9 : 1~1 : 9 등 다양한 비율로 혼합한 후 숙성시켜 맛을 안정화하거나, 산분해간장에 생간장을 넣고 숙성하여 여과 및 살균하여 제조하기도 한다.

2) 된장

된장은 우리나라에서 옛날부터 만들어 온 보편적인 조미식품이다. 재래식 간장의 원료로 쓰인 메주를 건져내어 소금을 넣고 으깨면 재래식 된장을 얻을 수 있다.

간장과 마찬가지로 재래식 된장 제조법을 변형하여 산업화에 적합하도록 바꾼 개량식 된장이 산업적으로 생산되고 있다. 된장의 종류는 재래식 된장한식 된장, 개량식 된장된장, 조미된장으로 구분한다.

(1) 재래식 된장(한식 된장)

재래식 간장에서 장물을 뜨고 남은 건더기에 식염을 가해 뒤섞은 후 다시 몇 개월 숙성한 것이 재래식 된장이다. 우리나라의 전통적인 된장 담그기에서는 대두와 염수 외에 전분질 원료는 원칙적으로 첨가하지 않는다. 한식 된장은 첨가물과 지역적 특성 및 제조법에 따라 청국장, 막장, 집장, 담북장, 비지장, 거름장 등 다양한 종류가 있다. 〈식품공전〉에서 한식 된장은, 한식 메주에 식염을 가하고 발효한 후 여액을 분리하거나 그대로 가공한 것이라고 정의한다.

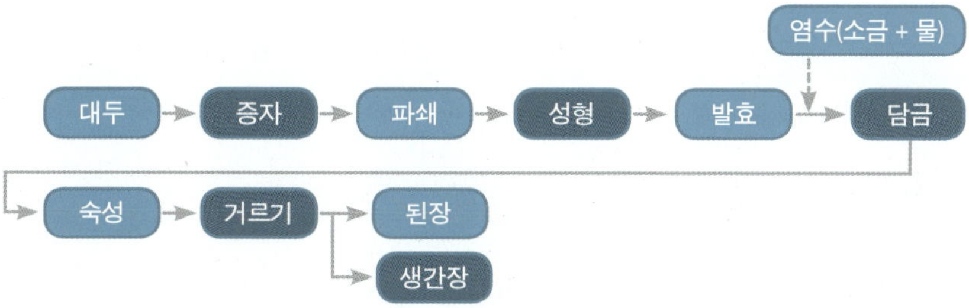

그림 13–5 | **재래식 된장의 제조법**

(2) 개량식 된장

재래식 된장의 오랜 숙성 기간을 단축하고 제품 간에 맛의 표준화를 위해 개발된 균주로 대량 생산되는 것이 개량식 된장이다. 우리가 흔히 된장 또는 조미된장으로 부르는 개량식 된장은 콩 외에도 쌀 또는 보리를 주원료로 사용한다.

- 된장 : 대두, 쌀, 보리, 밀 또는 탈지대두 등을 주원료로 하여 누룩균을 배양한 후 소금을 혼합하여 발효 숙성시킨 것 또는 콩을 증자하여 메주를 만들고 식염수에 담가 발효 후 간장을 뺀 나머지를 분리하여 가공한 것이다.
- 조미된장 : 된장 90% 이상을 주원료로 하여 식품 또는 식품첨가물을 가한 것이다.

된장은 사용하는 원료의 종류에 따라 쌀된장, 보리된장과 콩된장으로 분류할 수 있다. 쌀된장과 보리된장은 각각 쌀과 보리를 쪄낸 후 쌀 코지 또는 보리 코지를 만들어 증자한 콩과 염수를 섞어 숙성한다. 반면, 콩된장은 원료인 콩을 전부 증자하여 코지로 만들고 여기에 염수를 가해 숙성한다. 이들은 다 같이 일정한 기간 발효 숙성을 통해 제품화된다.

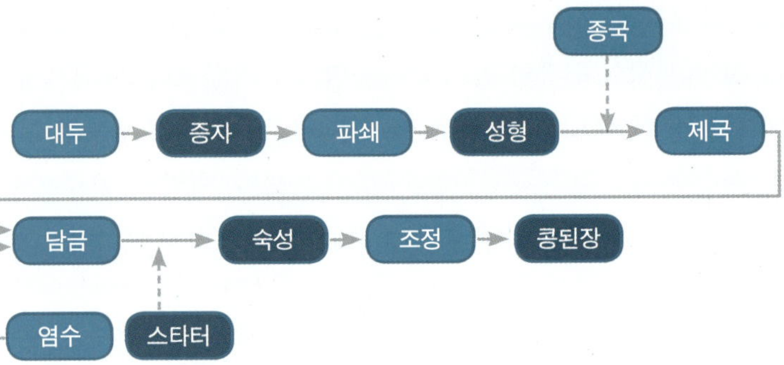

그림 13–6 | 개량식 콩된장의 제조법

3) 고추장

고추장은 찹쌀, 쌀, 밀 등 전분질의 당화로 생성된 단맛과 대두의 분해물인 아미노산의 감칠맛, 고춧가루의 매운맛capsicin, 소금의 짠맛 등이 혼합되어 특유의 맛을 내는 조미료이다.

(1) 재래식 고추장

재래식 고추장을 제조하는 방법은 원료의 종류, 배합비율, 제조방법 등이 지역이나 각 가정마다 다양하다. 일반적으로 고추장은 찹쌀 등의 전분질을 엿기름으로 분해한 후, 메줏가루, 고춧가루, 소금 등을 넣어 발효 숙성시킨다그림 13–7의 (a). 또는 전분질을 침지, 증자 후 엿기름의 분해과정 없이 메줏가루를 혼합하여 전분질을 당화시킨 후 고춧가루와 혼합하여 숙성하는 과정그림 13–7의 (b)으로 제조한다.

고추장 제조용 메줏가루는 대두와 쌀을 분쇄 및 증자한 후 혼합하여 성형한 다음 숙성을 통해 유익균을 생성시킨 뒤 분쇄하여 가루로 사용한다.

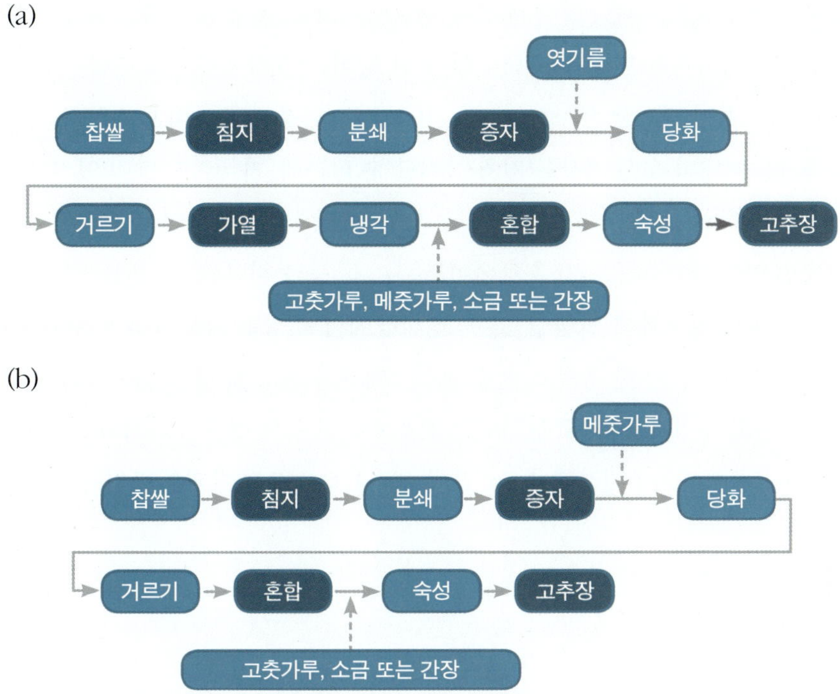

그림 13-7 | 재래식 고추장의 제조법

(2) 개량식 고추장

재래식 고추장은 장을 숙성시키는 효소원으로 엿기름가루나 고추장용 메줏가루를 사용하지만, 개량식 고추장은 *Aspergillus oryzae* 등의 전분 및 단백질 분해력이 좋은 곰팡이를 이용한다. 원료의 배합비나 제조공정은 대량생산을 위한 방법으로 표준화되어 있기 때문에 각 제조사별로 고추장의 맛이 일정한 것이 특징이다.

4) 청국장

청국장은 전통 장류 중 가장 짧은 발효 기간을 거쳐 생산할 수 있다. 그러나 저장성이 좋지 않아 가정에서는 주로 가을에서 겨울 사이에 소량씩 만들어 사용한다.

재래식 청국장은 볏짚에 존재하는 야생 균주를 발효균으로 이용하는 반면, 개량식 청국장은 발효 균주를 순수 배양하여 접종하는 방식으로 제조한다.

청국장의 주재료는 대두를 침지하여 팽화시키고 이를 솥에서 충분히 증자한 후 40~42℃로 식혀지면 볏짚을 군데군데 끼워 넣어 발효실에서 발효한다. 현대식으로는 *Bacillus* 속의 발효균 *B. sultilis*고초균, *B. natto*납두균를 접종하여 발효한다. 청국장은 보통 3일 이내의 숙성 기간을 거쳐 섭취할 수 있는데, 자극적인 향이 있기는 하지만 콩의 유익한 성분을 그대로 섭취할 수 있는 고단백 식재료이며 발효균에서 생성된 효소인 아밀레이스amylase, 프로테이스protease 등과 비타민 B_2 및 B_{12} 등이 많이 함유되어 세포 활성화에 도움을 준다. 청국장에서 생성된 나토키네이스nattokinase는 단백질 분해효소의 한 종류로 혈중 콜레스테롤의 감소 및 혈전 분해능력 등의 작용을 가진다고 알려져 있다. 오래 가열할 경우 이러한 유익 성분이 파괴되므로 생으로 섭취하거나 최소의 가열시간에서 조리해야 생리활성 성분의 파괴를 줄일 수 있다.

③ 주류

술은 인류의 역사 속에서 끊임없이 전해 내려온 문화유산으로 세계 각 지역의 각기 다른 생활환경과 기후풍토 조건에 따라 다양하게 발전하여 하나의 문화로서 형성·발전되어 왔다. 술의 양조방법은 오랜 세월 동안 각기 다른 환경에서 많은 시행착오를 거치면서 고도의 기술이 융화, 접목되어 독특한 제품으로 만들어졌고, 그 제조법이나 생산지역에 따라 다양하게 구분된다. 술은 통상적인 분류에 의하여 양조주, 증류주, 혼성주 세 가지로 구분되며, 술을 빚는 원료에 따라 당질 원료와 전분질 원료가 사용되는데, 원료의 차이에 의해서 발효방법이 달라진다.

1) 술의 분류

주조 원료를 분류하면 크게 과실과 같은 당질 원료와 곡류와 서류인 전분질 원료로 분류할 수 있다. 식용으로 이용하는 곡류쌀, 보리 등, 서류고구마, 감자, 타피오카 등, 과실포도, 사과 등 등이 양조에 이용되는 대표적인 원료이다.

당질 원료는 포도, 사과, 배, 머루, 복분자 등의 과실류와 사탕수수, 당밀 등과 같

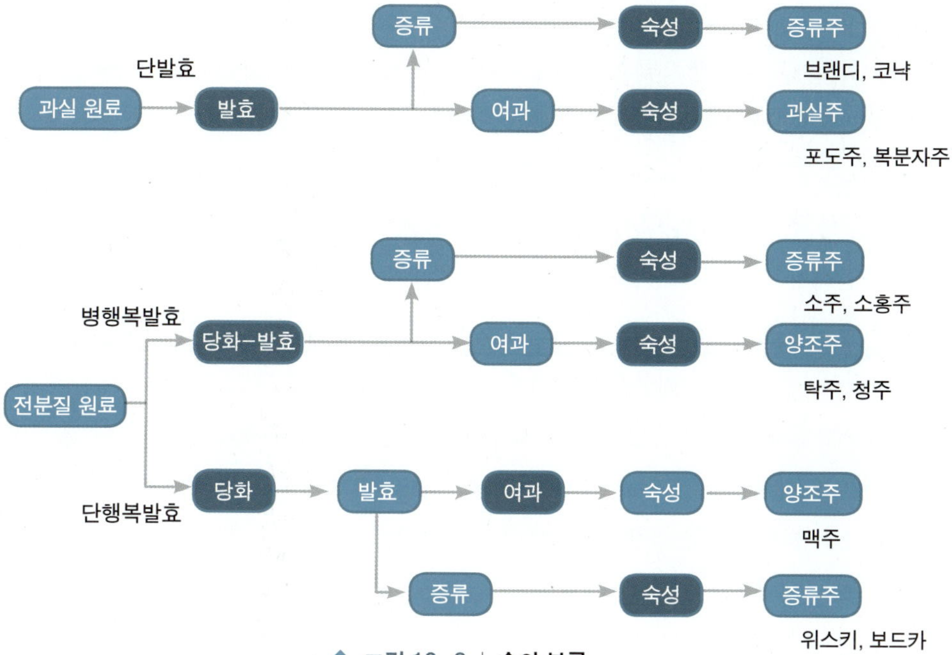

그림 13-8 | 술의 분류

이 당분을 함유한 원료를 지칭하는 것으로 별도의 당화공정을 거치지 않고, 효모만으로도 과실 내에 존재하는 당류를 알코올 발효시켜 주류를 제조하며 이와 같은 발효법을 단발효식이라 한다. 대표적인 술로는 포도주, 복분자주, 사과주, 스파클링 와인샴페인 등이 있다.

그 외의 당질 원료로 제조하는 주류로는 코카사스, 불가리아, 키르키스 지방, 몽고 등에서 양조되는 산양, 염소, 말젖 등에 함유된 유당을 발효시켜 만드는 케피어Kefir,쿠미스Koumiss 등과 벌꿀을 발효시켜 만드는 벌꿀주mead 등이 있다.

전분질 원료는 곡류와 서류감자, 고구마 등의 전분을 이용하여 양조한 술로 탁주, 약주청주, 맥주 등이 있다. 그러나 효모는 전분을 분해하지 못하므로 직접 발효할 수 없다. 따라서 전분질 원료를 이용하여 알코올 발효를 하기 위해서는 전분을 당류로 분해시켜서 효모가 이용할 수 있도록 변화시키는 당화과정 후에 알코올 발효를 시켜서 술로 제조한다.

이와 같이 당화 후에 알코올 발효를 하는 양조법을 복발효법이라 한다. 복발효방식은 병행복발효와 단행복발효로 나누어지는데, 병행복발효란 당화과정이 발효가 이루어지고 있는 술덧 속에서 함께 진행되는 것으로 대표적인 술로는 탁주, 약주, 청주 등이 있다. 단행복발효란 맥주와 같이 맥아로 당화하고 그 당화된 액을 발효시키는 발효로서 알코올발효와 분리시켜 당화가 이루어지도록 하는 발효법이다. 복발효에서 전분의 분해과정 시 당화제의 종류에 따라 제조법이 달라진다. 우리나라를 비롯한 중국, 일본, 동남아시아 지역에서는 병행복발효로서 곰팡이의 전분 분해효소인 아밀레이스를 이용하여 당화하며 대표적인 주류로는 우리나라의 탁주, 약주, 청주와 중국의 황주, 노주 등이 있다. 서양에서는 보리싹인 맥아麥芽에 함유되어 있는 아밀레이스를 당화에 이용하며 대표적인 주류로는 맥주를 들 수 있다.

제조방법에 따라서는 당분을 발효시켜 만드는 양조주와 제조된 양조주를 증류시켜 알코올 함량이 고농도인 증류주 외에 양조주나 증류주를 혼합하거나 증류주에 향료식물이나 과즙 등을 섞어서 만드는 혼성주가 있다.

양조주는 당분이 함유된 곡물이나 과실을 이용하여 만드는 술로서 알코올 발효가 끝난 술을 직접 또는 여과한 것으로 기본적인 술이다. 과일을 이용해서 만든 것으로 와인포도주, 사이다사과주, 샴페인스파클링 와인 등이 있고, 곡류를 이용한 술로 탁주, 약주, 청주, 맥주, 홍주 등이 있으며, 기타 벌꿀을 이용한 벌꿀주, 우유 등을 이용한 유주乳酒 등이 있다.

증류주는 양조주를 증류하여 여과, 숙성, 저장한 것으로 우리나라의 전통 소주, 위스키, 보드카, 그라파grappa, 브랜디, 럼 등이 있다. 혼성주는 양조주나 증류주를 혼합하거나 증류주에 향료식물이나 과즙 등을 섞은 술로서 베르무트vermouth, 리큐어liqueur, 약미주藥味酒 등이 있다.

(1) 당화

알코올을 발효 생산하는 효모는 전분 같은 고분자를 분해하는 효소를 가지고 있지 않기 때문에 포도당과 같은 단순당을 포함하지 않은 원료로 하지 않고 전분을 원료로 술을 빚을 때는 먼저 전분을 발효 미생물이 이용할 수 있는 당류로 분해해야 한다.

양조에서 당화방법은 크게 2가지로 분류되는데, 곰팡이와 맥아를 이용하는 것으로 나눌 수 있다.

곰팡이를 사용하는 방법은 동양에서 주로 사용하는 방법으로, 곰팡이는 진균류로서 균사가 갈색 또는 흑색이 되는 것, 황색, 녹색, 홍색 등 여러 가지 색소를 가지는 포자 또는 여러 빛깔의 색소를 체외로 방출하는 것 등이 있다. 곰팡이류는 광합성을 하지 못하기 때문에 동 · 식물 또는 다른 균류에 기생하거나 다른 생물의 시체나 배설물에 부생하며 번식한다. 생육하면서 단백질, 전분과 같은 고분자물질을 효소enzyme를 이용하여 분해하여 에너지원으로 충당한다. 곰팡이 종류에 따라 배출되는 효소의 종류도 다르기 때문에 이용되는 물질과 환경이 다른 특징이 있다. 쌀 또는 보리의 전분에 누룩곰팡이*Aspergillus oryzae*가 작용하면 당화효소를 배출해서 전분이 분해되어 효모를 발효시킬 수 있는 포도당, 과당, 설탕, 맥아당과 같은 당으로 변화되고 이 분해된 당을 이용해서 알코올이 발생된다.

주로 사용되는 곰팡이는 누룩곰팡이*Aspergillus* 속로서 쌀누룩이나 보리누룩을 만드는 데 쓰이고 있다. 곡류의 전분 당화력이 우수한 누룩곰팡이*A. oryzae*, 검은곰팡이*A. niger* 등이 유명하며, *A. fumigatus* 등은 토양에서 분리되는 사상균絲狀菌으로 질병을 일으키기도 한다. *A. oryzae*는 황국균으로 누룩이나 메주 제조에 사용되며 초기에는 집락의 색이 백색이었다가 황색을 거쳐 황록색으로 변한다. *A. sojae*는 간장 양조에 주로 사용하며, *A. niger*는 흑국균, *Aspergillus kawachii*는 백국으로 불린다.

서양에서 전분의 당화에 사용하는 방법은 싹이 조금 튼 보리 알갱이, 즉 맥아 또는 엿기름을 이용하였다. 우리나라 식혜의 경우는 밥알과 함께 엿기름을 넣어 끓이는데, 엿기름이 바로 싹튼 보리를 말린 맥아이다. 전분분해효소는 α-아밀레이스와 β-아밀레이스가 대표적인 예로서 전분과 같은 고분자 탄수화물을 당분으로 바꾸는 성질을 가지고 있다. 맥아의 전분분해효소 중 α-아밀레이스가 밥의 호화된 탄수화물인 전분의 α-1,4 글루코시딕 연결의 글루코스 체인에 무작위로 작용해서 올리고덱스트린oligodextrin으로 분해시키기에 액화효소라고도 한다. β-아밀레이스는 전분의 말단에서부터 아밀로스amylose를 분해하여 말토스maltose를 생산하며 글루코아밀레이스glucoamylase는 전분의 비환원성말단에서부터 글루코스 단위로 분해하기 때문에 당화효소라고 한다.

(2) 알코올 발효와 효모

당분을 알코올로 변화시키는 발효에 이용되는 미생물은 효모yeast이다. 효모는

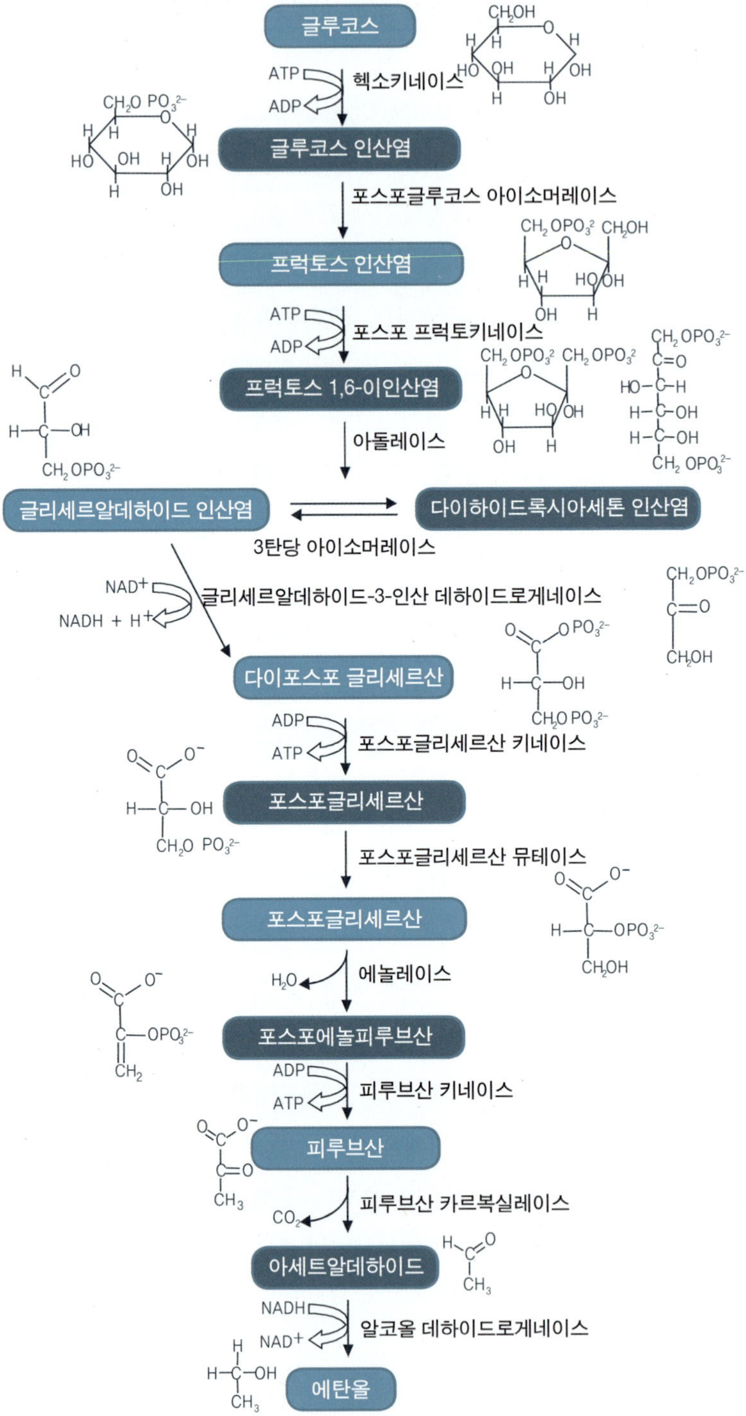

그림 13–9 | **글루코스로부터 에탄올이 만들어지는 대사과정**

자낭균 무리에 속하는 미생물로 곰팡이, 발효균, 이스트라고도 불리며, 곰팡이나 버섯 무리와 함께 진균류에 속하고, 균사가 없으며 엽록소가 없기에 광합성을 하지 못하는 원형 또는 타원형의 단세포 미생물이다.

효모는 발효과정 중에 1분자의 포도당으로부터 2분자의 에틸알코올과 2분자의 이산화탄소를 생성시킨다그림 13-9. 효모의 종류로서는 약탁주효모, 청주효모, 고량주효모, 맥주효모, 포도주효모 등으로 분류할 수 있으며, *Saccharomyces cerevisiae*, *Saccharomyces boulardii*, *Saccharomyces carlsbergensis* 등이 주로 사용된다. *S. cerevisiae*는 글루코스glucose, 말토스maltose, 슈크로스sucrose, 프럭토스fructose 등을 발효할 수 있지만 락토스lactose는 발효하지 못한다. 알코올효모, 빵효모, 청주효모, 상면맥주효모 등이 여기에 속하며, 상면효모는 생육 중에 굳어져 맥주 제조 중에 이산화탄소와 더불어 발효액의 위로 떠오른다.

*S. carlsbergensis*는 하면맥주효모bottom fermentation beer yeast인데, 상면효모에 비하여 낮은 온도에서 발효작용이 왕성하다. *S. cerevisiae*와는 다르게 효모가 밑으로 가라앉으며 라피노스raffinose를 완전히 발효시키는 특징이 있다.

2) 양조용 원료

(1) 전분

전분starch은 식물에서 포도당을 축적하는 다당류로서 아밀로스와 아밀로펙틴의 두 종류가 있다. 아밀로스는 가지 없이 오직 $\alpha-1-4$ 결합을 가진 선형의 글루코스포도당 중합체이고, 아밀로펙틴은 글루코스가 $\alpha-1,4$ 및 $\alpha-1, 6$ 결합으로 이루어진 구조를 하고 있으며 동물에서 발견되는 글리코겐과 유사한 구조를 가지고 있다.

(2) 과일

과일주의 맛은 신맛과 단맛 그리고 쓴맛과 떫은맛이다. 단맛을 내는 주요 성분은 당류로서 포도당, 과당, 글리세롤 등이다. 신맛은 원료 자체에 함유되어 있거나 발효 중에 생성되는 유기산에 의한 것으로 사과산malic acid, 구연산citric acid, 주석산tartaric acid 등이 대표적이다. 쓴맛과 떫은맛을 내는 폴리페놀성 물질로는 안토시아닌, 플라보놀, 프로안토시아니딘 등이 있다. 과실주의 원료로서 과일은 그 품종 특색을 가장 높게 발휘할 시기에 수확된 것으로 오염균의 발생을 방지하기 위해 발효 전까지 품온이 저온으로 유지된 것을 이용한다. 과실주용 재료로서는 당함량이 높고 총산은 0.5~0.6%, pH는 약 3.6 이하의 과일을 이용한다.

(3) 쌀

세계적으로 널리 재배되고 있는 쌀의 품종은 크게 인디카Indica type와 자포니카Japonica type로 구별되며 자포니카형은 길이가 짧고 둥근 형태로 길이와 폭의 비가 1.6~1.8mm 정도이고 인디카형은 가늘고 길며 길이와 폭의 비가 일반적으로는 1.9mm 이상이다. 우리나라에서는 자포니카 품종의 벼가 주로 재배되고 있으며, 탁주, 약주 제조 시 중요한 원료로서 품질의 주질에 미친다. 양조용으로서는 전분질함량이 높은 것이 적합하다.

(4) 누룩

누룩곡자은 소맥, 호맥 등을 분쇄하여 반죽 성형한 후 공기 중의 곰팡이를 자연 번식시켜 각종 효소를 생성, 분비하는 역할을 한다. 청주 또는 약주용 입국은 현대에 일반적으로 백국白麴을 사용하며 산 생성능이 우수하여 잡균의 오염을 방지하기 쉽다.

(5) 밑술

밑술주모 : 酒母은 알코올 발효를 일으키는 효모를 대량 배양한 것으로 술덧주요에 비해 농도가 진하고 산도가 높으며 배양온도가 낮다. 2단 단금본단금할 때에 효모 증식과 발효를 촉진하며 잡균 오염의 위험이 가장 많을 시기에도 잡균을 방지할 수 있는 역할을 한다.

효모의 종류

• *Saccharomyces* 속

다극 출아에 의해서 번식하며 식품공업에서 매우 중요하게 여기는 유용 효모이다. 당을 발효해서 CO_2와 에틸알코올을 생성한다.

대표 효모는 *S. cerevisiae*이며 글루코스, 말토스, 슈크로스, 프럭토스 등을 발효하지만 락토스는 발효하지 못한다. 알코올 효모, 빵효모, 청주효모, 상면맥주효모(top fermentation yeast) 등이 여기에 속한다. 맥주 제조 중에 상면효모는 생육 중에 굳어지며 이산화탄소와 더불어 발효액의 위로 떠 오른다.

• *S. carlsbergensis*

하면맥주효모(bottom fermentation beer yeast)인데, 상면효모에 비하여 낮은 온도에서 발효작용이 왕성하고 한국, 일본, 미국 등에서 생성되는 맥주는 거의 하면효모를 쓰고 있다. *S. cerevisiae*와는 다르게 효모가 밑으로 가라앉으며 라피노스를 완전히 발효시키는 특징이 있다. *S. cerevisiae var ellipsoideus*는 일반적인 *S. cerevisiae*보다 약 2배 정도 크고 세포는 타원형으로서 전형적인 와인 효모이다.

• Candida 속 효모

무포자 형성 효모균으로 곰팡이와 비슷한 위균사를 만들고 다극출아로 증식하며 단세포 단백질 생산에 이용되기도 한다. *C. lipolytica*는 버터의 변패에 관여하며, *C. albican*과 같은 피부질환이나 부인들의 칸디다증(candidosis)의 원인 미생물이다.

• 산막효모

사우어크라우트(sauerkraut), 피클(pickles)과 같은 산성식품의 표면에 증식하여 막을 형성하는 효모를 통틀어 산막효모(film yeast)라 한다. 여기에는 *Pichia* 속, *Hansenula* 속, *Debaryomyces* 속, *Trichosporon* 속 등이 있다. *Pichia* 속은 알코올을 탄소원으로 이용하여 분해 소화시키는 유해균이 대부분이지만 이스트를 생성하기 때문에 일부 와인에 특유의 향기를 주는 역할을 하기도 한다. *D. hansenii*는 식염이 24%(수분활성 0.65)되는 제품에도 증식하여 표면에 막을 형성할 수 있기 때문에 김치와 소금에 절인 고기에 피막을 만들어 생육한다.

과실주의 제조

과실주(적포도주) 양조는 과일에 함유되어 있는 포도당과 같은 탄수화물을 효모가 알코올로 변화시키는 발효과정에 의한 것이다. 알코올 발효과정이 과실주 고유의 품질에 중요한 역할을 한다. 알코올 발효가 끝난 후 숙성과정에 의해 과실주의 품위가 증가하며 향이 증대되고 다양해진다.

1. 재료 및 기구

① 재료 : 포도 또는 과일, 아황산염(메타중아황산칼륨(potassium metabisulfite) $K_2S_2O_5$), 효모, 설탕, 산도조절제(혼합산), 효모영양제, 흡착제, 청징제, 소르빈산칼륨

② 기구 : 1차 발효통, 에어락(air lock), 당도계, 온도계, 2차 발효통, 저울, 사이펀용 이송관, pH 미터, 오크통(또는 오크칩), 여과기, 포도주병, 코르크, 코르크 실러, 수축 필름, 산도 측정 장치, 알코올 측정 장치, 100mL 비커, 시약 스푼, 20mL 피펫

2. 실험방법

(1) 전체 공정

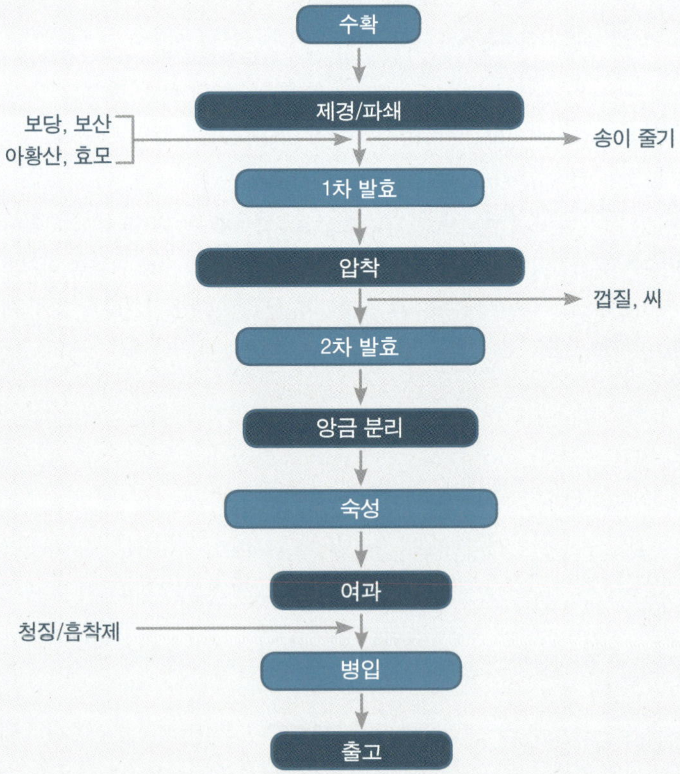

(2) 단계별 실험

① 원료 전 처리(선과, 제경, 파쇄)

껍질색이 진하고 듬성듬성 달려서 골고루 잘 익었으며 상하지 않은 포도알만 줄기를 제거(제경)한 후 선별한다. 포도알을 파쇄한 후 실험에 사용할 파쇄한 포도의 무게를 측정하고 기록한다.

② 아황산 첨가

초산균, 야생효모 등의 번식 방지와 폴리페놀의 산화 방지를 목적으로 메타중아황산칼륨($K_2S_2O_5$)을 40~75ppm의 농도로 첨가하는데, 법적 한계는 아황산(SO_2)으로 350ppm35g/100L 이하이다. 품질이 좋은 과일에 대해서는 메타중아황산칼륨을 50~70ppm, 하급 품질의 원료에는 메타중아황산칼륨 100~150ppm을 첨가한다. 수용액상에서 메타중아황산칼륨 10g/100L는 아황산(SO_2) 약 6g에 상당한다.

③ 가당

포도즙을 소량 채취하여 굴절당도계로 당도를 측정하거나 비중계로 비중을 측정한다. 드라이한 포도주를 만들기 위한 포도즙의 당도가 굴절당도계로는 22~25Brix, 비중계의 비중은 1,088~1,100의 범위에 있어야 한다. 포도즙의 당도 부족 시에는 다음 식에 의해 첨가할 설탕의 양을 계산하여 첨가한다.

$$\text{설탕 필요량} = \text{파쇄한 포도즙량} \times \frac{\text{원하는 당도} - \text{측정한 포도즙 당도}}{(100-\text{원하는 당도})}$$

④ 효모 첨가

25~30℃의 100~200mL 물에 효모를 5g 넣고 30분간 수화시킨다. 파쇄 포도즙에 아황산을 첨가한 후 2시간 이상 경과 후 효모를 첨가하고 교반한다. 포도즙에 효모 녹인액을 첨가할 때에는 포도즙의 온도와 효모액의 온도가 동일하도록 온도를 조절한다.

⑤ 1차 발효

효모 첨가가 끝난 발효통을 뚜껑을 닫고 에어락을 설치한다. 발효 기간 동안 온도는 18~25℃로 유지시키고, 1일 3~6회 교반하여 마개(과모 ; 果帽)가 포도주 발효액에 잠기도록 한다(cap management). 10~15일간 발효시켜 1차 발효를 끝낸다. 이때 당도는 굴절당도계로 약 6~8Brix 정도이다. 1차 발효과정 중에는 발효온도, pH, 당도를 매일 측정한다. 부가적으로 산도, 알코올함량, 환원당함량 등도 측정한다.

⑥ 박 분리

1차 발효가 끝나면 맑은 포도주(free-run 와인)만을 먼저 받고, 치즈 크로스(cheese cloth)나 포도주 여과용 망사에 넣고 가볍게 짜거나 압착기로 압착하여 착즙한 포도주(press wine)는 따로 보관하거나 발효시킨 후 포도주와 혼합한다. 이때 포도주는 단맛이 없으며 알코올이 생성된 풋풋하고 효모취가 나는 영 와인(young wine)이다.

⑦ 2차 발효

찌꺼기를 분리한 포도주를 2차 발효용 발효통에 옮기고 말로래틱(malolactic)용 균주 *Oenococcus oeni* 등를 접종한다. 아황산농도 30ppm 이하, pH 3.3~3.5, 알코올 농도 14% 이하에서 2차 발효가 가능하다. 발효온도는 18~22℃로 유지한다.

⑧ 저장 및 숙성

2차 발효가 끝나면 아황산농도를 50ppm 이상으로 올리게 되면 말로래틱 발효가 중지되기에 메타중아황산칼륨을 40~75ppm(0.004~0.0075%)의 농도(포도주 20L에 메타중아황산칼륨 1~1.5g)로 첨가한다. 죽은 효모의 자가소화에 의한 주질의 악화를 방지하고 맑은 포도주를 만들기 위해 앙금질(racking)을 자주 해야 한다. 포도주의 안정화를 위해 저온 0~4℃에 3~4일간 포도주를 저장함으로써 주석산을 침전시킨 후 여과하는 저온안정화를 한다. 저장온도는 12~15℃로 한다.

⑨ 제성, 살균, 병입

숙성이 끝난 포도주는 알코올함량과 당함량을 조정한다. 잔류 아황산을 측정하고 아황산함량이 0.035% 이내가 되도록 메타중아황산칼륨을 넣고 여과한 후 숙성한다. 병입 후 1달 동안 15~18℃에서 안정화한 후 시음한다.

맥주의 제조

1. 원리 및 이론

맥주는 맥아에서 유래된 당화효소를 사용하여 1차로 대맥에 포함되어 있는 전분에서 당을 추출하고, 추출한 당을 효모에 의해 알코올로 발효시키는 방식인 단식복발효에 의해 양조된다. 맥주는 일반적으로 대맥, 호프, 물로서만 양조하는 맥주 순수령에 의해 발효하지만, 현대에는 보리를 발아시켜 제조한 맥아로 전분을 당화시키고 홉(hop)을 넣으며, 부원료로 백미, 옥수수, 고량(수수), 전분, 당질 등을 효모와 물을 원료로 해서 발효시켜서 만든다. 맥주는 술 속에 이산화탄소가 함유되어 있기 때문에 맥주 특유의 시원함이 있는 청량 알코올 음료이다.

2. 원료 및 기구

① 재료 : 대맥(보리), 호프(hop, 맥아량 대비 5%), 물, 쌀, 소맥(밀) 등

② 기구 : 발효통, 에어락(air lock), 당도계, 온도계, 저울, 병, pH 미터, 여과기, 산도 측정 장치, 알코올 측정 장치

3. 실험방법

(1) 전체 공정

(2) 단계별 실험

① 원료의 정선 및 침지

원료 대맥의 오염물 등을 제거하고 눈이 거친 체로 큰 협잡물을 제거한다. 정선한 대맥을 2~3일간 물에 담가 발아에 필요한 수분을 흡수시킨다. 깨끗한 물에 6시간 침지했다가 4시간 물을 빼는 것을 되풀이하여 물의 흡수량이 41~45%에 이르고 용적이 25% 정도 증대되도록 한다.

② 발아

침지가 끝난 맥아를 바닥에 구멍이 뚫려 있는 발아상에서 습한 공기를 공급하여 5~8일간 발아시킨 것을 녹맥아라고 한다. 보리알의 길이에 대해 뿌리의 길이가 1.52배, 싹이 3/4 정도인 단맥아로 발아시켜 사용한다.

③ 배조, 정선, 저장

녹맥아의 성장을 중지시키고 맥아 특유의 향기와 색소를 갖도록 가열 건조한다. 유근뿌리와 먼지를 제거한 후, 방랭하여 정제한 맥아는 20℃ 이하에서 건조한 조건에서 6~8

주간 숙성한 후 발효에 사용한다. 맥아 내의 당과 아미노산이 반응하여 갈색 색소를 생성한다.

④ 맥아 파쇄

정선한 후 분쇄하고 물과 혼합하여 담금(mashing)한다. 너무 잘게 분쇄하면 여과가 어렵거나 체로 걸러지지 않는 문제점이 있다.

⑤ 당화

맥아와 부원료 중의 성분을 침출하고 맥아 중의 효소에 의하여 전분을 분해하는 당화(담금)를 한다. 약 65℃에서 2~4시간 정도 당화하여 말토스, 덱스트린 등이 생성되도록 한다. 분쇄한 맥아량에 대해 3~4배의 물을 첨가한다. 당화가 종료되면 체를 이용해서 가볍게 찌꺼기만을 제거한다.

⑥ 자비(홉 첨가, 가열, 냉각, 홉 제거)

홉(hop)을 첨가하고 가열하여 맥아즙을 끓인다. 홉량은 맥아 사용량에 대해 5% 정도를 사용한다. 홉을 첨가하여 끓인 맥아즙은 응고성 단백질, 홉과 같은 기타 불순물을 제거한 후, 60℃ 정도까지 예비 냉각한다. 냉장실에서 5~6℃ 정도로 냉각하여 발효통으로 이송하여 발효를 시작한다.

⑦ 발효

전발효는 알코올을 생성하는 과정으로 맥아즙에 효모를 넣고 무균공기를 공급한 후 8℃ 정도에서 5~10일간 발효한다. 발효 종료 시에는 4~5℃로 온도를 낮추어 준다.

후발효는 탄산을 만드는 과정으로 침전물과 가라앉은 효모 등이 혼입되지 않도록 약맥주(若麥酒, new beer)를 분리한 후 후발효조로 이송시킨다. 0~2℃의 저온에서 5~10일(경우에 따라서는 1~3개월)간 발효시킨다.

⑧ 여과

숙성되면 탄산가스 손실을 방지하기 위해 냉소에서 여과하여 저장한다. 필요 시 병입한다.

⑨ 살균/병입

병입한 맥주는 60℃에서 30분간 가온하여 살균하거나 0℃ 이하에서 효모를 제거한다. 살균한 맥주는 6개월에서 1년 정도 보존할 수 있다.

전통주의 제조

1. 원리 및 이론

전통발효주(탁주, 단양법)는 곡류에 함유되어 있는 전분이 수화과정에 의해 수분을 흡수하고 열에 의해 팽윤, 호화된 후 누룩(koji)의 미생물 효소작용에 의한 당화공정을 거친 후에 효모의 알코올 발효공정을 거쳐 전분을 알코올로 전환시키는 과정에 의해 만든다. 일반적으로 쌀전분을 누룩으로 담금할 때 곰팡이(*aspergillus oryzae*, *Rhizopus*, *Absidia*, *Mucor* 등)의 아밀레이스(amylase)에 의해 쌀전분을 당분으로 분해시키고, 효모 *Saccharomyces cereviaise*에 의해 알코올과 여러 향기 성분으로 전환된다.

2. 재료 및 기구

① 재료 : 쌀, 누룩, 효모, 물, 덧술용 찹쌀(중양법), 젖산 4~5mL(또는 구연산 15~20g)

② 기구 : 20L 발효통, 공기차단기, 당도계, 온도계, 저울, 광목천 2~4장, pH 미터, 병, 산도 측정 장치, 알코올 측정 장치, 100mL 비커 등

3. 실험방법

(1) 전체 공정

단양법은 1차 담금 후 발효만 하는 양조법이며, 중양법은 2차 담금은 밑술과 부가적으로 양조 원료를 첨가하여 덧술하는 방법이다.

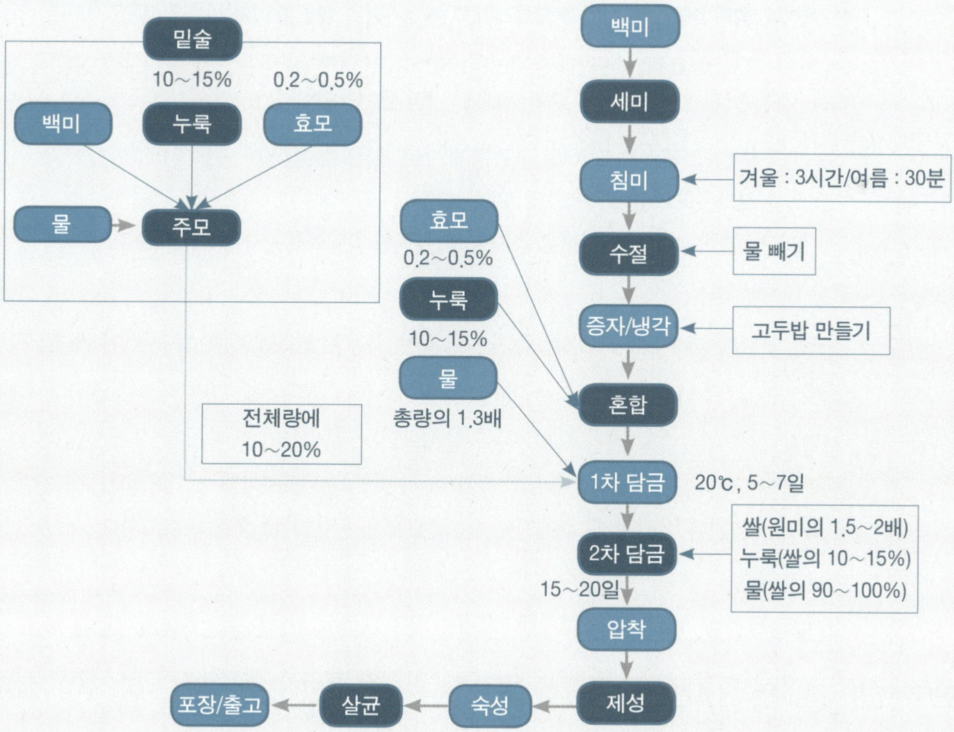

(2) 단계

① 세미, 침미, 수절

쌀의 표면에 붙어 있는 먼지 등을 제거하고 적량의 수분을 흡수시키는 과정이다. 침미시간은 정미비율에 따라 다르며, 여름에는 30분 내외, 겨울에는 3시간 정도의 침미시간이 필요하다. 수절(물 빼기) 후의 원료미의 수분함량은 25~30% 내외가 되도록 한다.

$$\text{흡수율(\%)} = \frac{\text{수절 후의 쌀 무게(kg)}}{\text{원료 쌀 무게(kg)}} \times 100$$

② 증자

고두밥을 만드는 과정으로 수분을 흡수한 쌀 속의 전분을 호화시켜 각종 효소의 작용을 용이하게 받도록 하는 데 있다. 증자시간은 30~50분 정도이며 15~30분 정도 뜸을 들여서 증미 중량이 원미보다 35~45% 증가되도록 한다.

③ 혼합

증자한 원료를 풀어헤쳐서 23~28℃로 낮춘 다음 발효통에 넣고 골고루 저어준다. 누룩은 곡식에 곰팡이를 번식시켜 전분을 당화시킬 수 있는 효소를 포함하도록 만든 것으로 밀, 호밀, 좁쌀 등을 빻아서 소량의 물로 반죽하여 누룩틀로 성형한 후에 공기 중의 곰팡이를 자연 번식시킨 것이다. 원료에 대해 10~15%를 첨가한다.

- 종국(種麴) : 국을 제조할 때 종균(種菌)으로 사용되는 곰팡이 균을 말하며 종국 종류는 조제종국과 분말종국으로 구분한다.
- 입국(粒麴) : 쌀이나 밀가루를 증자한 후 특정한 곰팡이류종국를 인위적으로 번식시킨 것이다.

효모는 원료에 대해 0.2~0.5%를 첨가한다. 물은 증자한 원료에 대해 130~150%를 첨가한다.

④ 발효

발효 중에는 발효온도를 20~25℃로 유지하며 30℃ 이상 올라가지 않도록 한다. 담금한 후 2~3일간은 하루에 2~4번 정도 저어줌으로써 원료가 잘 혼합되도록 한다.

⑤ 탁주 만들기

담금일로부터 5~7일 후에 술을 잘 저은 다음 탁주 여과주머니에 넣고 주물러서 술을 짜낸다. 걸러진 술의 양에 1~1.5배의 물을 첨가해서 알코올 농도 5~8%의 탁주를 만든다. 비발효성 감미료 등을 넣어서 감미를 조절하여 탁주를 만들어 냉장보관하여 완성한다.

⑥ 약주 만들기

탁주를 만들 때, 발효 후 윗부분의 맑은 술을 용수 등을 이용하여 따로 건져낸다. 가라앉은 부분은 여과 주머니에 넣고 서늘한 곳에 매달아 놓아서 맑은 술만을 분리한다. 여과한 술을 3~7일간 발효시키면 알코올 농도 16~18%의 원주가 만들어진다. 밑에 가라앉은 앙금을 분리해 내고 맑은 술만을 냉장저장하거나 60~65℃에서 20~30분간 살균하여 완성한다.

최종 술에는 단맛, 신맛, 쓴맛, 매운맛, 떫은맛, 구수한 맛 등이 잘 어우러져 있어야 좋은 술이다.

증류주의 제조

1. 원리 및 이론

양조의 최종 산물이라고 할 수 있는 증류주는 발효주만큼이나 오래된 역사를 가지고 있다. 옛날부터 생명의 물이라고 불리던 증류주는 발효된 과일즙, 식물즙 또는 양조한 전분물질(여러 가지 곡물) 등을 증류하여 얻은 주정, 소주, 위스키, 브랜디와 같은 알코올 음료이다. 알코올함량 8~14% 내외의 양조주에서 순도 높은 알코올 특유의 휘발성 향을 얻기 위해 원주를 가열해서 알코올을 분리해 내는 것으로 우리의 소주를 비롯하여, 중국의 고량주, 브랜디, 위스키, 진, 보드카 등 알코올 농도가 높은 술들은 모두 증류주에 속한다. 우리나라 법으로는 증류주는 고유의 색택을 가진 액체로서 특유의 향미가 있어야 하며 유해한 메탄올은 0.5(mg/mL) 이하, 알데하이드는 70.0(mg/100mL) 이하로 함유되어 있어야 한다.

2. 재료 및 기구

① 재료 : 발효시킨 발효주

② 기구

- 필수 : 증류장치(소주고리), 비중계, 온도계, 주정계, 알코올 측정 장치
- 선택 : 오크통(오크칩), 향을 내기 위한 여러 약재 등

3. 실험방법

(1) 증류장치

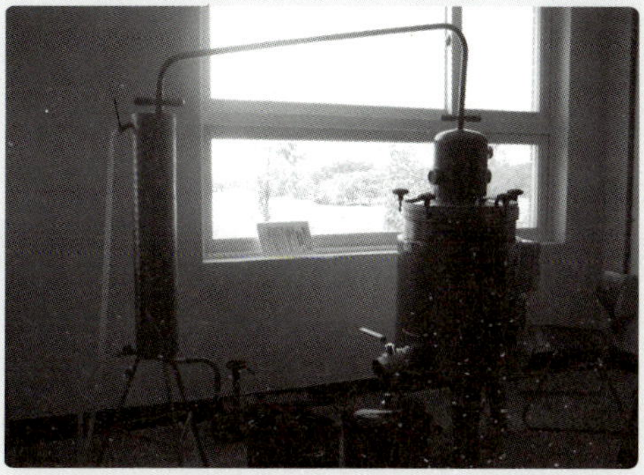

(2) 단계별 실험

① 원료의 발효

과실 또는 곡류를 발효시켜서 알코올이 생성되도록 한다. 위스키용인 경우에는 10% 내외의 알코올분이 함유되도록 한다.

② 원료 투입

증류통(원료 투입통)에 발효시킨 술을 넣는다. 가열하면서 술의 온도를 천천히 상승시킨다. 냉각탑(응축부)과 연결되어 있는 증류통 윗부분에 온도계를 설치하여 술에서 끓어나오는 순수한 에탄올 기체의 온도를 측정하여 85~90℃의 범위로 불의 세기를 조절한다.

③ 본증류(단식 증류)

술찌기를 증류기에 넣고 증류하며 메탄올이 혼합되어 있는 처음 증류액인 머리(head, 전체 증류액의 1~5%)와 수분과 기타 물질들이 혼합되어 있는 꼬리(tail)는 받지 않는다. 냉각수를 자주 교체하여 냉각부의 온도가 상승되지 않도록 조절한다. 가열속도가 빠르거나 고온인 경우에는 알코올 외의 술의 이물질들이 알코올과 같이 증류되기 때문에 탁한 증류주가 응축되는 경우가 많다. 가열 속도를 천천히 승온시키며 온도를 온화한 조건인 85~90℃의 범위에서 가열한다.

④ 냉각 및 응축

응축되어 모아진 증류주의 알코올함량을 주정계를 이용하여 지속적으로 측정한다. 냉각응축된 액체의 알코올함량이 60~70%가 되도록 조절하여 증류한다. 알코올함량이 40% 이하가 되었을 때에는 다량의 수분과 기타 물질들이 혼합되어 있는 꼬리(tail, feints)이므로 별도로 받은 후 따로 재증류한다.

⑤ 2차 증류

술덧을 단식증류기에 넣고 증류하여 주정분은 20% 내외의 1차 증류액(low wine)을 얻은 경우에는 다시 다른 단식증류기에 넣고 재증류하여 2차 증류(추가 선택 작업)액을 구한다. 처음 부분(head)과 향미가 거친 끝부분인 꼬리(tail, feints)는 별도로 끊어내고 가운데 부분(스피릿, spirit)만 받아 오크통에 넣는다.

⑥ 숙성

증류된 술을 필요에 따라 활성탄으로 여과한다. 주정분 60% 내외의 술을 오크통에 주입 후 밀봉하여 최소 2~3개월 냉암소에서 저장 숙성한다. 위스키의 경우 오크통에서 최소 3년 이상은 숙성, 저장하여 둔다. 숙성과정에 위스키의 알코올이 휘발되어 줄어드는데, 연간 2% 정도의 술이 줄어든다. 이를 천사의 몫(angels'share)이라고 한다.

⑦ 혼합 및 병입

각각의 숙성통에 있는 증류주의 알코올함량과 향의 진함 등을 판별한다. 고농도의 증류주와 저농도의 증류주를 혼합(조합, blending)하여 알코올 농도에 맞도록 조절한다. 혼합된 술은 다시 일정 기간 나무통에 저장한 후 병입(bottling)한다.

참고문헌

국내문헌

강윤환 · 김기은 · 민윤식 · 이수정(2003). 식품가공학 실험. 북스힐.

김덕웅 외(2003). 식품가공저장학. 광문각.

김두진 외(2001). 식품가공저장학. 지구문화사.

김병묵 외(2012). 식품저장학. 도서출판 진로.

김일호 외(2011). 한 권에 다 있다 커피의 모든 것. 백산출판사.

노봉수 외(2009). 식품가공저장학. 수학사.

노봉수 외(2015). 식품가공저장학. 수학사.

노봉수 · 이승주 · 백형희 · 윤현근 · 이재환 · 정승현 · 이희섭(2012). 식품재료학. 수학사.

박원종 · 박희용 · 이승기 · 이경행(2002). 식품가공의 이해. 효일.

박현진 · 이철호(2008). 식품저장학. 고려대학교출판부.

(사)한국커피전문가협회(2011). 바리스타가 알고 싶은 커피학. 교문사.

송재철 · 박현정(2001). 최신식품가공학. 유림문화사.

송재철 · 박현정(2004). 최신 식품가공저장학. 효일문화사.

식품의약품안전처(2008). 축산물의 가공 기준 및 성분규격.

식품의약품안전평가원(2011). 장류안전관리매뉴얼.

신성균 · 이석원 · 이수정 · 주난영 · 최남순(2012). 식품가공저장학. 파워북.

신해헌 외(2011). 원론 및 실습 식품가공저장학. 지구문화사.

안용근 · 오성천 · 정인창(2006). 식품가공저장학. 도서출판 효일.

이경애 외(2015). 식품가공저장학. 교문사.

이성갑(2012). 식품가공이용학. 석학당.

이철호 외(2012). 식품저장학. 고려대학교출판부.

장학길 · 유병승(2015). 식품가공저장학. 라이프사이언스.

정강현 · 임지순 · 오문헌 · 김종국(2007). 식품가공학. 문운당.

정강현 · 임지순 · 오문헌 · 김종국(2011). 식품가공학. 문운당.

축산물품질평가원(2013). 축산물등급판정 세부기준.

한국식품과학회(2008). 식품기술대사전. 광일문화사.

국외문헌

Aureli, P., Capurso, L., Castellazzi, A. M., Cherici, M., Giovannini, M., Morelli, L., Poli, A., Pregliasco, F., Salvini, F., and Zuccotti, G. V.(2011) Probiotics and Health: An Evidence–Based Review. *Pharmacol*. Res. 63, 366–376.

Bailey JM, Whelan WJ.(1961). Physical properties of starch. I. Relationship between iodine strain and chain length. J. Biol. Chem. 236: 969–973.

Bang, J. H., Shin, H. J., Choi, H. J., Kim, D. W., Ahn, C. S., Jeong, Y. K., and Joo, W. H.(2012). Probiotic Potential of Lactobacillus isolates. *J. Life* Sci. 22, 251–258.

Biliaderis CG, Grant DR, Vose JR.(1981). Structural characterization of legume starches. II. Studies on acid–treated starches. Cereal Chem. 58: 502–507.

Comer FW, Fry MK.(1978). Purification, modification, and proper– ties of air–classified pea starch. Cereal Chem. 55: 830–840.

Gallant DJ, Bouchet B, Baldwin PM. 1997, Microscopy of starch: evidence of a new level of granule organization. Carbohyd. Polym. 32: 177–191.

Leach HW, Schoch TJ.(1962). Structure of starch granule. III. Solubilities of granular starches in dimethyl sulfoxide. Cereal Chem. 39: 318–327.

Lotong. L.(1998). Koji. Microbiology of Fermented Foods. pp. 658–695.

Schoch TJ, Mayward EC.(1968). Preparation and properties of various legume starch. Cereal Chem. 45: 564–569.

Schoch TJ.(1964). Swelling power and solubility of granular starches. In: Methods in Carbohydrate Chemistry, Vol 4. Whistler RL(ed). Academic Press, New York, NY, USA, pp. 106–108.

Taizo M.(1990), Characteristics, function and application trend of starches. Getggan Food Chem. 11: 35–40.

Waigh TA, Hopkinson I, Donald AM, Bultler MF, Heidelbach F, Riekel C.(1997). Analysis of the native structure of starch granules with X–ray microfocus diffraction. Marcromolecules 30: 3813–3820.

Wong RBK, Lelievre J.(1982). Comparison of the crystallinities of wheat starches with different swelling capacities. Starch 34: 159–161.

Wootton M, Bamunuarachchi A.(1978). Water binding capacity of commercial

produced native and modified starches. Starch 30: 306–309.
Wurzburg OB.(1986a). Forty years of industrial starch research. Cereal Food World. 31: 897–899.

웹사이트

EC%A2%85%EB%A5%98.png(2016. 1. 12)
http://campus.yonam.ac.kr/lecture/07900_05104/(2016. 1. 12)
http://creationwiki.org/File:Dicotyledon_seed_anatomy.png(2016. 1. 2)
http://seehint.com//hint.asp?no=13369(2016. 1. 12)
http://seehint.com//hint.asp?no=13369(2016. 1. 12)
http://seehint.com//hint.asp?no=13369(2016. 1. 12)
http://www.6xc.com.au/potato-1-science/(2016. 1. 12)
http://www.cheese.com
http://www.fooduniversity.com
http://www.geochembio.com/biology/organisms/potato/#tuber(2016. 1. 12)
http://www.seedbiology.de/structure.asp(2016. 1. 12)
http://www.seehint.com/catalog/2011%5C2011_10/%EA%B3%BC%EC%9D%BC%
http://www.tradifood.net(한국식품연구원)
https://jb004.k12.sd.us/MY%20WEBSITE%20INFO/BIOLOGY%201/PLANT%20 KINGD
OM%20LINKS/PEANUT%20SEED.htm (2016. 1. 12)

INDEX

찾아보기

저자소개

차윤환

연세대학교 생명공학과 박사

현재 숭의여자대학교 식품영양과 교수

조석철

연세대학교 생명공학과 박사

현재 서원대학교 식품공학과 교수

강병선

경희대학교 식품공학과 박사

천안연암대학 친환경원예과 교수

현재 한국식문화개발연구소 대표

한명륜

단국대학교 식품공학과 박사

현재 혜전대학교 식품영양과 교수

조은아

연세대학교 생명공학과 박사

한국생명공학연구원(KRIBB) 연구원

현재 Phyto Corporation, Head of R&D team

식품가공저장학

2016년 2월 23일 초판 인쇄
2016년 2월 26일 초판 발행

지은이 | 차윤환 · 조석철 · 강병선 · 한명륜 · 조은아
발행인 | 유제구
발행처 | 파워북
주 소 | 경기도 고양시 일산동구 호수로 358-25
동문굿모닝타워2차 529호
전 화 | (02) 730-1412
F A X | (031) 908-1410
등 록 | 1997. 1. 1 제 300-1997-13
편 집 | 북스북스(hynho3196@nate.com)

정가 21,000원
ISBN 978-89-8160-262-8 (93590)

잘못된 책은 바꿔드립니다.